Biología 3

SECUNDARIA

Las células y los niveles de organización del cuerpo
Estructuras y funciones de la nutrición
Estructuras y funciones de la relación
Genética, reproducción y desarrollo en el ser humano
Salud, noxas y enfermedades de los sistemas orgánicos

María Victoria Bisheimer
Adriana Haydeé Capurro
Virginia Chirino
Ricardo Alberto Ferriz

nueva edición

doceOrcasediciones

Biología 3: Las células y los niveles de organización del cuerpo. Estructuras y funciones de la nutrición. Estructuras y funciones de la relación. Genética, reproducción y desarrollo en el ser humano. Salud, noxas y enfermedades de los sistemas orgánicos / Maria Victoria Bisheimer ... [et.al.]. - 2a ed. –
Buenos Aires: Doce Orcas Ediciones, 2009. 192 p. : il. ; 28x20 cm. - (Educación Media)

ISBN 978-987-25537-2-2

1. Biología. 2. Enseñanza Secundaria. 3. Libros de Texto. I. Bisheimer, Maria Victoria
CDD 570.712

Moldes 2089 PB "A" (CP 1428)
Ciudad Autónoma de Buenos Aires, Argentina
Correo electrónico: doceorcas@fibertel.com.ar
Página web: www.doceorcasediciones.com.ar
Queda hecho el depósito que dispone la ley 11.723

Impreso en Argentina. Printed in Argentina
Primera edición: febrero de 2006
Segunda edición: enero de 2010

ISBN 978-987-25537-2-2

Biología 3

SECUNDARIA

Las células y los niveles de organización del cuerpo
Estructuras y funciones de la nutrición
Estructuras y funciones de la relación
Genética, reproducción y desarrollo en el ser humano
Salud, noxas y enfermedades de los sistemas orgánicos

nueva edición

doceOrcasediciones

Biología 3
doceOrcas ediciones

Dirección editorial
Eduardo M. Fernández
Miriam Feresin

Supervisión de contenidos
Fernando D. Majas

Edición
Carolina Arentsen
Laura Peña

Corrección
Quatro Vías, soluciones editoriales

Diseño y diagramación
Marcelo Scaravaglione

Ilustración
María del Carmen Fernández

Fotografía
Micaela Colace, Daniel Quaini, Daniel O, Forcelli, Rocío Alem
y Archivo doceOrcas

Fotografía de tapa
Alejandro Alem

Documentación
María del Carmen Fernández

Tratamiento de imágenes
Pablo E. Fernández

Acerca del libro

Los contenidos de Biología 3 se integran en seis bloques temáticos principales, tres de los cuales (que incluyen la mayor parte de los capítulos) resumen el estudio de los sistemas orgánicos del cuerpo humano:

1. Las células y los niveles de organización del cuerpo.
Este bloque está centrado en el estudio de los biomateriales, las células y los niveles de organización supracelulares (desde los tejidos a los sistemas). Presenta, desde un enfoque integral, todos los sistemas orgánicos cuya estructura y función se estudiará en cada capítulo respectivo.

2. Estructuras y funciones de la nutrición.
Este bloque inicia el estudio de las estructuras y funciones orgánicas, con el estudio de los órganos y sistemas orgánicos encargados de la nutrición: los alimentos, los nutrientes y el sistema digestivo, el sistema respiratorio, el sistema circulatorio y el sistema excretor.

3. Estructuras y funciones de la relación.
Este bloque continúa el estudio de las estructuras y funciones orgánicas, presentando ahora los sistemas orgánicos encargados de la relación del cuerpo con su medio interno y externo: el sistema osteoartromuscular, el sistema nervioso, los órganos sensoriales y el sistema endocrino. También se introducen nociones acerca de las características anatómicas (locomotoras y nerviosas) de la evolución humana.

4. Genética, reproducción y desarrollo en el ser humano.
Este bloque culmina el estudio de las estructuras y funciones orgánicas, dedicándose a los principios de la herencia y los estudios de genética, así como los fundamentos de las funciones de reproducción y desarrollo del ser humano. Se incluyen nociones acerca de la adolescencia y diferentes aspectos de la salud reproductiva.

5. Salud, noxas y enfermedades de los sistemas orgánicos.
Se completa el estudio del organismo humano con una presentación general sobre las acciones de salud, las noxas y las enfermedades que se relacionan con los sistemas orgánicos en la etapa crítica de la adolescencia. También se aborda la problemática de la drogradependencia y de las enfermedades de transmisión sexual.

Acerca de los capítulos

El **copete** y las **imágenes** de la primera página desarrollan un **enfoque histórico** como introducción al tema, a partir de los grandes descubrimientos.

La introducción presenta la **función general** del sistema orgánico (u otro nivel de organización) que se estudia en el capítulo.

A partir de la presentación general de la estructura del sistema, se organiza el **análisis sistémico** o **enfoque principal** que examina la estructura y la función.

Las plaquetas **"Prevención y salud"** presentan diferentes aspectos de la salud y la enfermedad en relación con los sistemas orgánicos.

Las páginas de **"Taller"** proponen actividades especiales como las investigaciones, las simulaciones y el trabajo de campo, mientras que las páginas de **"Experiencias"** presentan experimentos de laboratorio para aplicar los contenidos.

La página de **"Estructura y función comparadas"** presenta un enfoque evolutivo que permite la comprensión de los sistemas orgánicos en comparación con otros organismos y los articula con los contenidos de Biología 2.

La página de **"Actividades"** incluye un amplio banco de ejercicios y propuestas prácticas para enfocar los contenidos presentados en el capítulo.

Las preguntas de la **"Autoevaluación"** permiten comprobar los conocimientos adquiridos. Las **respuestas a la Autoevaluación** se encuentran en las páginas finales del libro.

Índice temático

Las células y los niveles de organización del cuerpo

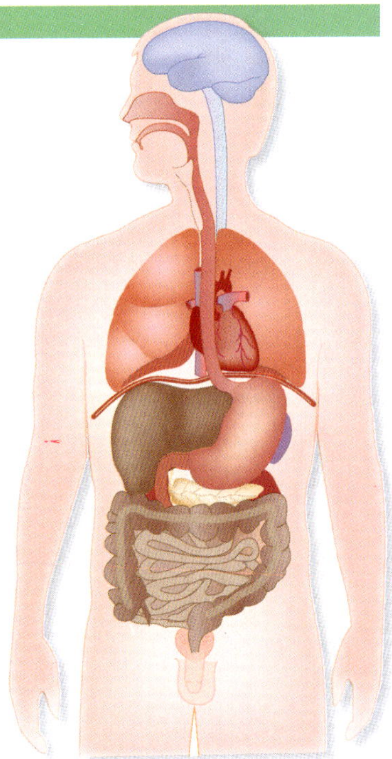

Estructuras y funciones de la nutrición

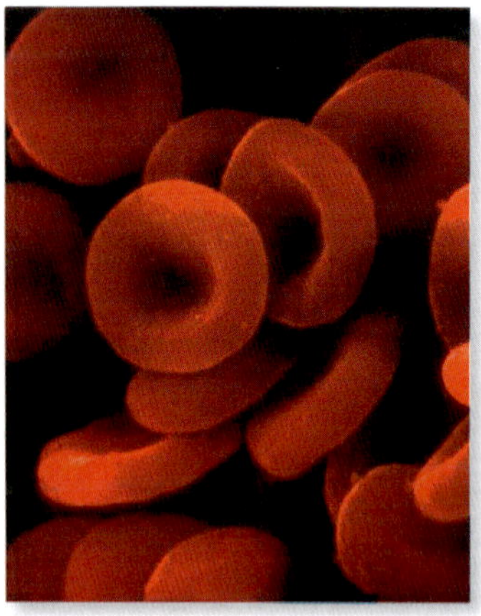

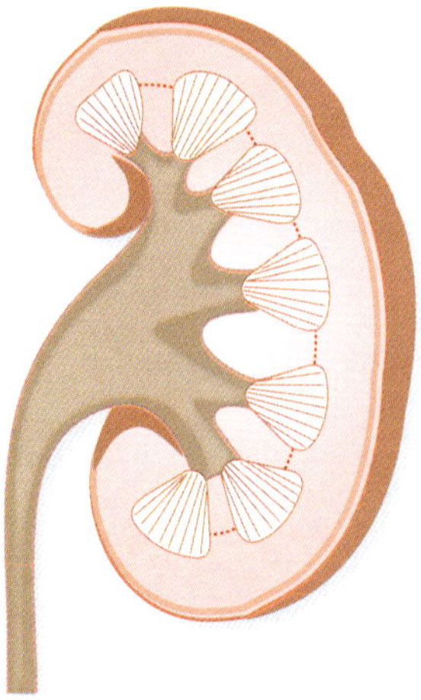

Estructuras y funciones de la relación

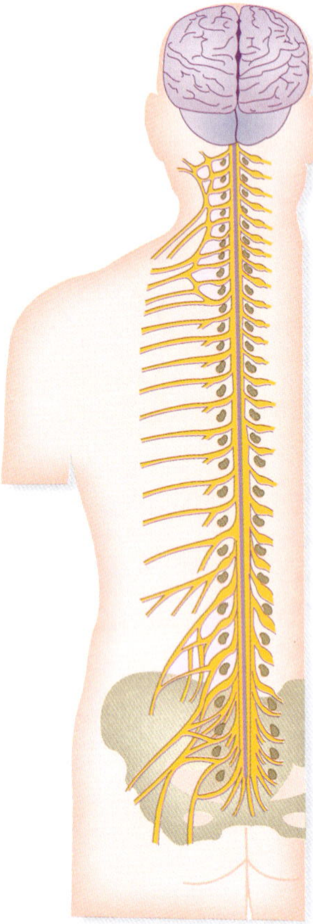

Genética, reproducción y desarrollo en el ser humano

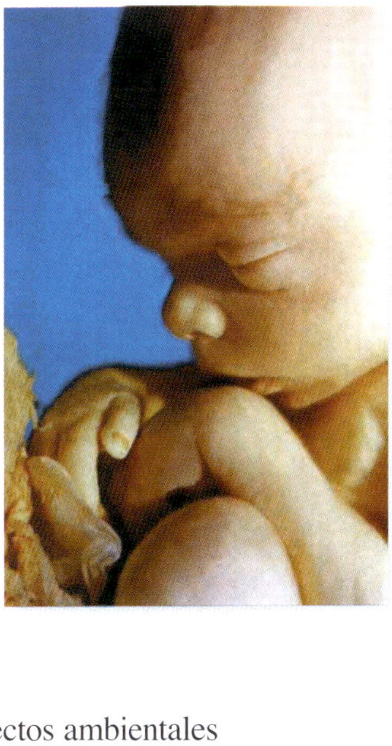

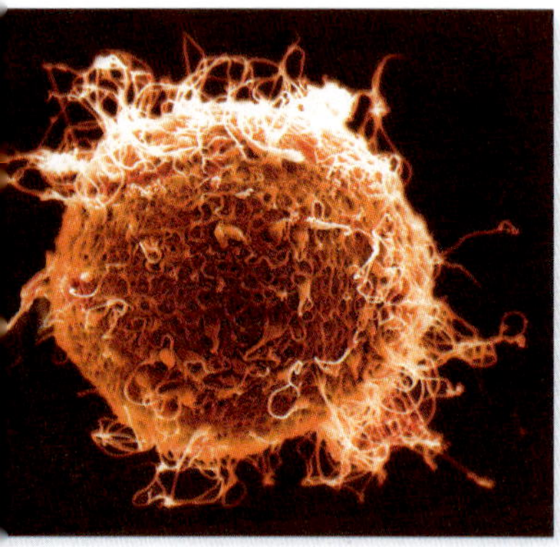

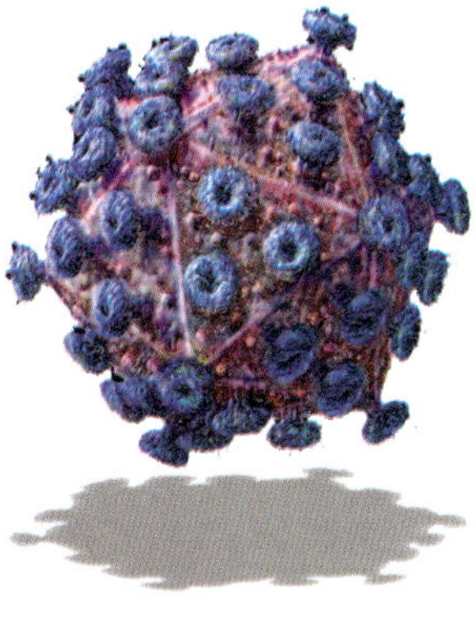

La química de la vida

En 1953, a los 23 años, el Dr. James D. Watson llegó como todas las mañanas a su laboratorio de la Universidad de Cambridge para encontrarse con su colega Francis Crick. Ambos sabían que estaban a punto de descifrar la estructura de una molécula poco conocida en ese entonces, llamada ácido desoxirribonucleico (ADN). La estructura del ADN contiene la clave de la naturaleza de la materia viva. En 1962, J. D. Watson, F. Crick y M. Wilkings recibieron el Premio Nobel de Fisiología y Medicina por el descubrimiento de la estructura del ADN.

J.D. Watson (izquierda) y F. Crick (derecha) en 1953, con una maqueta que muestra la estructura de doble hélice de la molécula de ADN.

Elementos comunes. En el ser humano están presentes los mismos elementos químicos, o clases de átomos, de la corteza terrestre, aunque en diferente proporción. Sin embargo, entre los más importantes figuran el carbono, el hidrógeno, el oxígeno y el nitrógeno (y en menor proporción, el azufre y el fósforo), todos los cuales constituyen los biomateriales de la estructura celular.

Las moléculas de la vida

Tradicionalmente se ha dividido a los compuestos químicos en orgánicos e inorgánicos. Los compuestos orgánicos son aquellos que contienen **carbono** y se los encuentra en los seres vivos. Los compuestos inorgánicos, de estructura sencilla y moléculas relativamente pequeñas, están en las rocas, los minerales, el agua, etc. Actualmente se sabe que importantes compuestos inorgánicos como el agua (H_2O), el oxígeno (O_2), la sal de mesa (NaCl) y el dióxido de carbono (CO_2), entre otros, son incorporados por los organismos y pasan a formar parte de su estructura celular y son requeridos para sus procesos metabólicos.

No obstante, el carbono, el hidrógeno, el oxígeno, el nitrógeno, el azufre y el fósforo representan el 99% de la composición de los denominados **compuestos orgánicos**, caracterizados por cadenas formadas por enlaces de carbono. Estas moléculas "orgánicas" suelen ser más grandes y complejas que las "inorgánicas". Esto se debe a la capacidad que poseen los átomos de carbono de unirse con otros en forma estable. Este es el motivo por el cual los organismos presentan grandes moléculas, como lípidos, proteínas, hidratos de carbono y ácidos nucleicos, que son características de la vida, y que fuera de las **células** (unidades estructurales y funcionales de la vida) sólo se hallan presentes en los **virus** (considerados actualmente **complejos supramoleculares**, en el límite de la vida).

Otros elementos que también son importantes, aunque se los encuentra en pequeñas cantidades, son el calcio, el sodio, el hierro, el potasio y el magnesio.

Es necesario aclarar que, a pesar de que la gran mayoría de los compuestos orgánicos se formaron en el interior de algún organismo, hay excepciones como el petróleo. Si bien éste deriva de restos de organismos, su origen se debe a las transformaciones que se produjeron durante el transcurso de millones de años, en las que intervinieron factores físicos, como las grandes presiones y temperaturas.

El agua

Entre los compuestos inorgánicos más importantes para la vida, figura sin duda, el agua. Todos los seres vivos están formados por 75% a 90% de agua. Esta sustancia está presente en las células y en los líquidos circulantes de plantas y animales.

Una serie de características la convierten en una sustancia primordial para la vida.

Propiedades del agua

El agua exhibe un **gran poder disolvente**. Casi todas las reacciones químicas celulares tienen lugar en un medio acuoso, ya que esto permite la actividad enzimática (las enzimas son los catalizadores, o sustancias que aceleran las reacciones químicas dentro de las células). Además, como muchas moléculas orgánicas e inorgánicas se encuentran disueltas en agua (sales, azúcares, gases y otras) funciona como un **medio de transporte** o **circulación** de dichas sustancias. Un ejemplo es la sangre que, en los vertebrados, contiene un 90% de agua.

El agua posee alto calor específico (el **calor específico** es la cantidad de calor, medido en **calorías**, necesaria para aumentar en un grado centígrado la temperatura de un gramo de una sustancia). Esto significa que el agua requiere una gran cantidad de calor para elevar su temperatura. Por esta razón, funciona como un estabilizador de la temperatura. A su vez, posee **calor de vaporización elevado**, lo que, a su vez, requiere la entrega de gran cantidad de calor para pasar del estado líquido al gaseoso. Muchos organismos utilizan la transpiración como mecanismo de refrigeración de sus cuerpos.

En el agua líquida existen uniones que ligan a las moléculas entre sí. Esto se manifiesta a través de la **gran fuerza cohesiva** y la **alta tensión superficial** de sus moléculas. La fuerza cohesiva es la responsable de que el agua que circula por las plantas pueda formar columnas estrechas que se extienden desde las raíces hasta las hojas. La tensión superficial alta se produce porque las moléculas que están debajo de la superficie del líquido mantienen sujetas a las de más arriba. Así, es posible llenar un vaso de agua ligeramente por encima del borde sin que se derrame y que ciertos insectos puedan caminar sobre el agua.

Dipolo

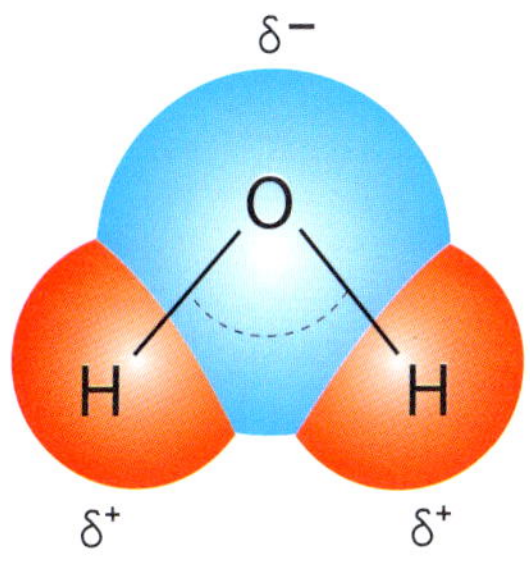

δ^+ región ligeramente positiva
δ^- región ligeramente negativa

La molécula de agua se describe como **dipolar**, con una región ligeramente negativa que rodea al átomo de oxígeno y otra ligeramente positiva que rodea a los átomos de hidrógeno.

Los insectos acuáticos se sostienen en el agua por la tensión superficial.

Electronegatividad y compuestos iónicos

La **electronegatividad** de un elemento es la capacidad que tienen sus átomos de atraer electrones. Depende de la estructura atómica del elemento.

Los elementos más electronegativos son los **no metales**, como el flúor, el cloro y el oxígeno. Los elementos menos electronegativos, también llamados electropositivos, son los **metales**, como el potasio, el sodio y el calcio. Si interactúan uno o más átomos, de los cuales uno es más electronegativo que el otro, puede producirse una transferencia de uno o más electrones: del menos electronegativo al más electronegativo. Como resultado, se obtiene un compuesto iónico como la sal común o cloruro de sodio (NaCl).

Los **iones** son átomos o grupos de átomos con cargas positivas (cationes) o negativas (aniones) según hayan perdido o ganado uno o más electrones, respectivamente. Diversos iones inorgánicos son importantes en diversas funciones, como el anión cloruro (con carga negativa) y el catión sodio (con carga positiva). El fosfato inorgánico es un ion complejo necesario para la síntesis de **ATP** (adenosintrifosfato, molécula que transporta energía); de los fosfolípidos de la membrana plasmática; de los nucleótidos (constituyentes del ADN, o ácido desoxirribonucleico, y el ARN, o ácido ribonucleico); de las fosfoproteínas y de los azúcares fosforilados.

temasrelacionados

En el capítulo 2, se detallan las características de las células. En el capítulo 4, se analizan los biomateriales y nutrientes en la dieta.

Las macromoléculas

Así como una pared se construye pegando cierta cantidad de ladrillos uno a uno, las **macromoléculas** (del griego *macros*, grande) se forman a partir de moléculas más pequeñas que se unen mediante **enlaces covalentes** (al igual que los formados entre sí por los átomos de carbono). Las macromoléculas son **polímeros** (del griego *poli*, que significa mucho; y *meros*, unidad) mientras que las unidades que los componen se denominan **monómeros** (*monos*, que significa uno). La síntesis de moléculas más complejas a partir de monómeros más simples se denomina **polimerización**.

Existen cuatro tipos principales de macromoléculas: los **carbohidratos** (también denominados hidratos de carbono, glúcidos, azúcares o sacáridos); los **lípidos**, las **proteínas** y los **ácidos nucleicos**. Cada una de estas familias se compone de distintas unidades monoméricas que conforman sus macromoléculas.

prevención y salud

Caries dentales

Cuando la higiene bucal no es adecuada, se forman las **caries**. Para evitar esto es muy importante cepillar correctamente los dientes después de cada comida, utilizar hilo dental y evitar el exceso de dulces, como las golosinas. La consulta periódica al odontólogo es una buena manera de prevenir ésta y otras enfermedades bucales.

Los carbohidratos

Los carbohidratos son un grupo de biomoléculas que contienen carbono, hidrógeno y oxígeno. Incluyen a los azúcares, el almidón, el glucógeno y la celulosa, entre otros. El glucógeno es la fuente de almacenamiento de energía que les permite a los seres humanos y otros animales tener un rápido acceso a ella. En las plantas, esta función la cumple el **almidón**, mientras que la **celulosa** es un importante material estructural de las paredes celulares de estos organismos, que en los humanos suministra la **fibra** de la dieta, que contribuye a la función intestinal.

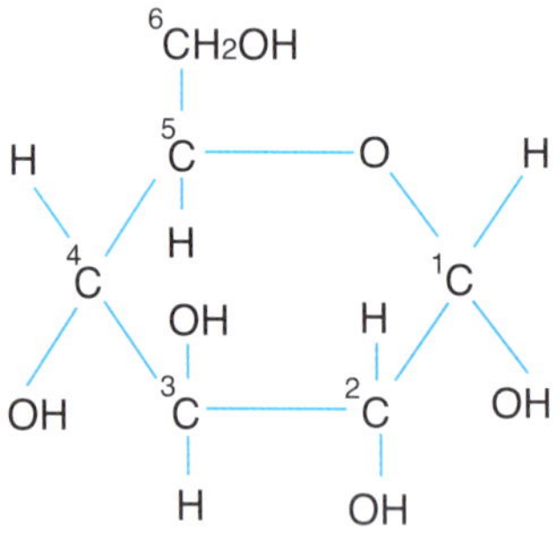

α-Glucosa

Monosacáridos

Los **monosacáridos** son los carbohidratos más simples. Se caracterizan por ser compuestos dulces, cristalinos y solubles en agua. Su fórmula general es $(CH_2O)_n$. Los monosacáridos más comunes son las hexosas (seis carbonos por molécula) y de éstas, la más conocida es la **glucosa**. Otras hexosas son la **fructosa** y la **galactosa**. Estos azúcares, que poseen los mismos átomos y la misma cantidad de ellos, tienen distintas propiedades debido a que sus átomos ocupan diferentes posiciones dentro de la molécula.

Disacáridos

Los **disacáridos** ($C_{12}H_{22}O_{11}$) son azúcares dobles formados por la unión de monosacáridos que se combinan en pares. Este tipo de azúcares se caracterizan, al igual que los monosacáridos, por ser dulces, formar cristales y ser solubles en agua. Algunos ejemplos de ellos son la **lactosa** (azúcar de la leche) que está formada por monómeros de glucosa y galactosa, y la **sacarosa** (azúcar común) formada por la unión de la glucosa y fructosa.

Formación de disacáridos

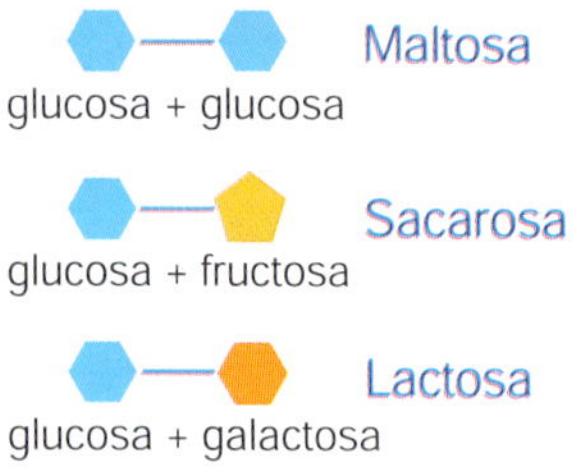

Polisacáridos

Cuando un hidrato de carbono presenta menos de veinte monómeros se suele denominar **oligosacárido** (trisacárido, formado por tres, tetrasacárido, por cuatro, etc.) y si supera este número, **polisacárido**. Las cadenas de polisacáridos pueden ser ramificadas o no. Pueden compactarse, plegándose sobre sí mismas, lo que las convierte en compuestos ideales para ser almacenados, como ocurre con el glucógeno en el hígado y el músculo de los humanos o el almidón en las plantas. Otros polisacáridos tienen funciones diferentes, como la **heparina**, que es un anticoagulante. A diferencia de los restantes hidratos de carbono, los polisacáridos no son dulces, no forman cristales y no son solubles en agua debido al gran tamaño de las moléculas.

Los lípidos

Los **lípidos** son moléculas orgánicas formadas por carbono, hidrógeno y oxígeno, aunque este último se halla en menor proporción que en los carbohidratos. Se caracterizan por ser insolubles en agua aunque son solubles en solventes orgánicos, como el alcohol y el cloroformo. Se pueden agrupar en: **grasas** y **aceites**, por un lado, y **esteroides** y **carotenoides**, por otro.

Los lípidos cumplen numerosas funciones biológicas:

- Son una reserva de energía: las semillas de las plantas poseen lípidos como reserva de energía, de modo que cuando éstas germinan, las nuevas plantas pueden crecer lo suficiente hasta lograr abastecerse por sí mismas.
- Son excelentes aislantes térmicos: la capa de grasa subcutánea de los animales ayuda a mantener la temperatura corporal.
- Repelen el agua: los animales secretan aceites sobre la superficie de la piel, las plumas y el pelo; una capa de cera cubre las hojas de las plantas evitando la evaporación.
- Son aislantes eléctricos: un lípido (mielina) recubre los nervios.

Gráfico de un fosfolípido

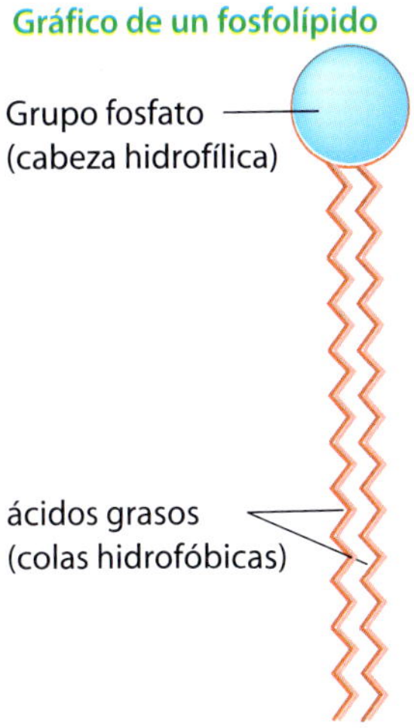

La membrana celular está formada por un tipo de lípidos denominados **fosfolípidos**. Éstos son triglicéridos en los que un ácido graso ha sido reemplazado por un compuesto que contiene fosfato. El grupo fosfato es hidrofílico (soluble en agua) y el resto de la molécula es hidrofóbica (insoluble en agua).

Grasas y aceites

Tanto las **grasas** como los **aceites** son **triglicéridos**, formados por la unión de tres moléculas de **ácidos grasos** con una molécula de **glicerol**. Difieren entre sí porque los primeros a temperatura ambiente son sólidos y los segundos, líquidos.

Los ácidos grasos contienen un grupo carboxilo (-COOH) y una cadena de carbonos e hidrógenos cuya longitud varía para cada tipo. Algunos ácidos grasos poseen uniones dobles entre los átomos de carbono de la cadena, llamándose **insaturados**. Estos dobles enlaces provocan torcimientos en las cadenas hidrocarbonadas que impiden que las moléculas lipídicas puedan compactarse, por lo que tienden a ser líquidos a temperatura ambiente, como ocurre con la mayoría de los lípidos vegetales. Los ácidos grasos **saturados**, en cambio, no presentan ningún doble enlace, por lo que sus cadenas se encuentran saturadas con átomos de hidrógeno.

Las grasas animales se caracterizan por tener ácidos grasos saturados y largos que permanecen empaquetados apretadamente, y son sólidas a temperatura ambiente.

Formación de un triglicérido

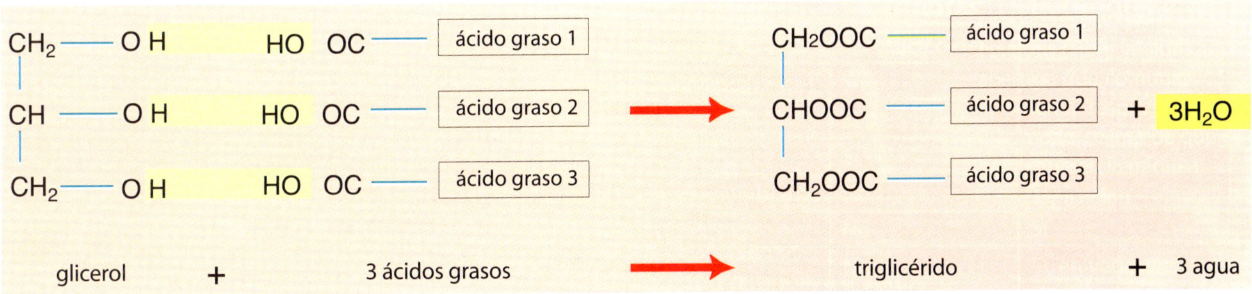

Esteroides y carotenoides

Los **esteroides** tienen una estructura general basada en cuatro anillos de carbono. Cada variedad de esteroide tiene unida una cadena lateral que le confiere características particulares. Entre los esteroides más conocidos se encuentra el colesterol. Éste es un constituyente fundamental de las membranas celulares ya que les otorga fluidez e impide que se rompan. Las **hormonas sexuales** (testosterona y progesterona) se sintetizan a partir del colesterol, así como las **sales biliares**.

Por su parte, los **carotenoides** son pigmentos que absorben la luz. El beta-caroteno puede ser convertido en vitamina A.

Las proteínas

Las **proteínas** son moléculas orgánicas muy grandes que no se solubilizan en agua. Contienen carbono, hidrógeno, oxígeno y nitrógeno, y en ocasiones, también azufre y fósforo. Su estructura es compleja y cada tipo de proteína tiene una forma particular que está directamente relacionada con su función biológica.

Las proteínas son polímeros y los **aminoácidos** son los monómeros que las conforman.

Estructura de un aminoácido

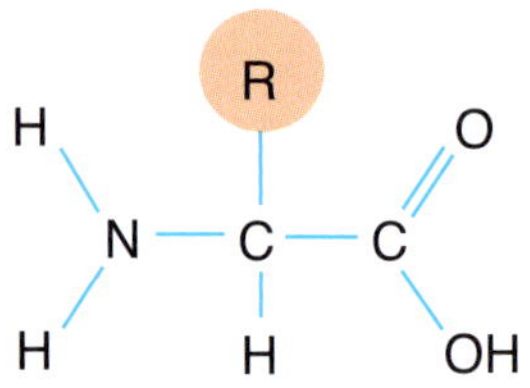

El grupo R (resto o residuo) afecta la estructura tridimensional de la molécula y, por lo tanto, su función. En el aminoácido glicina, R es un átomo de H; en alanina, es CH_3, y en metionina, $CH_2CH_2SCH_3$.

Los 20 aminoácidos que forman las proteínas

Alanina	Cisteína	Isoleucina	Serina
Arginina	Fenilalanina	Leucina	Tirosina
Ácido aspártico	Glutamina	Lisina	Treonina
Ácido glutámico	Glicina	Metionina	Triptofano
Asparragina	Histidina	Prolina	Valina.

Enlace peptídico

Tan sólo veinte aminoácidos diferentes se combinan para formar todas las variedades de proteínas existentes. Estos aminoácidos poseen un grupo básico **amino** (-NH_2) y un grupo ácido **carboxilo** (-COOH). Dos aminoácidos pueden juntarse en una reacción de condensación que ocurre entre el grupo amino de uno y el grupo carboxilo de otro para formar un enlace peptídico. Al formarse este enlace covalente se libera una molécula de agua. La unión de varios aminoácidos da lugar a la formación de un polipéptido.

Formación de enlace peptídico

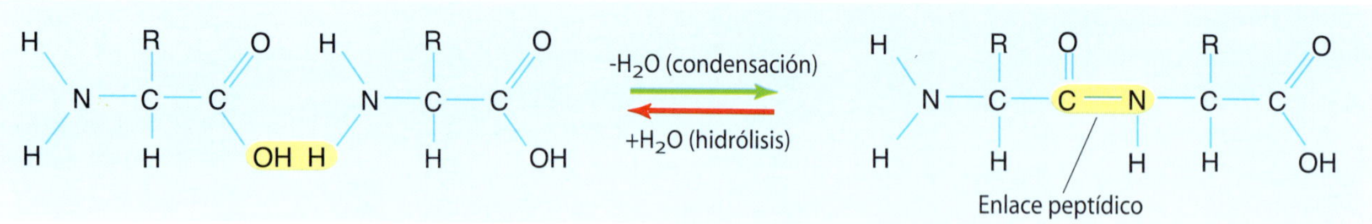

Estructura de las proteínas

La **estructura primaria** de las proteínas se halla determinada por el orden en que los aminoácidos están unidos.

Las cadenas de aminoácidos pueden experimentar pliegues que se producen debido a uniones entre los aminoácidos (muchas veces distantes entre sí dentro de la cadena polipeptídica). Estas uniones son de una naturaleza diferente de las uniones peptídicas y son posibles debido a las atracciones que se generan por las diferencias de cargas. De esta manera se constituye la **estructura secundaria**. La más común es la **α-hélice**, donde la cadena se enrosca sobre sí misma formando una hélice o resorte. La **queratina**, una proteína que se encuentra en la piel, el cabello y las uñas, tiene un gran número de α-hélices. Las enzimas y los anticuerpos también tienen α-hélices. Otra estructura secundaria menos común es la **lámina plegada-β** que le da fuerza a la proteína. La seda es muy resistente debido a que tiene la proteína fibrina muy rica en este tipo de enlaces.

Las estructuras secundarias pueden plegarse sobre sí mismas y, de esta manera, la proteína completa adquiere una **forma tridimensional** que le es característica y a la que se denomina **estructura terciaria**.

A su vez, existen proteínas aun más complejas, en las cuales interviene más de una cadena polipeptídica (cada una es una subunidad) con sus estructuras terciarias respectivas. La **estructura cuaternaria** está determinada por las uniones entre las subunidades y su modo de interacción.

temasrelacionados

En el capítulo 4 se amplía la información sobre la importancia de las proteínas en la dieta, y en el 7 se presenta la hemoglobina y otros pigmentos respiratorios.

Un buen ejemplo de estructura cuaternaria se presenta en la **hemoglobina**. Esta proteína se encuentra dentro de los glóbulos rojos y es la encargada de transportar oxígeno de los pulmones a los tejidos y dióxido de carbono en sentido contrario. Está formada por cuatro subunidades y por cuatro grupos no proteicos que contienen hierro. La conformación tridimensional de toda la estructura es esencial para su correcto funcionamiento. La falta, el agregado o la sustitución de uno solo de los aminoácidos que la conforman modifican su estructura cuaternaria y alteran su funcionamiento provocando enfermedades.

Según su forma, las proteínas se presentan como: globulares y fibrosas. Las **proteínas globulares**: están plegadas de manera que presentan formas esféricas. Son levemente solubles en agua (forman coloides). Actúan en el organismo estabilizando el pH interno. Las membranas plasmáticas poseen proteínas globulares que transportan sustancias dentro de la célula y fuera de ella; también están presentes en las membranas de las organelas. Los anticuerpos, especializados en la defensa del organismo, también son proteínas globulares. Otras proteínas globulares con importantes funciones estructurales son la actina, que participa en la contracción muscular, y la tubulina, que forma los microtúbulos ("esqueleto" de la célula).

Las **proteínas fibrosas** son totalmente insolubles en agua. Se caracterizan por tener largas cadenas polipeptídicas con numerosas uniones cruzadas que las mantienen juntas dándoles la fuerza necesaria para cumplir la función estructural que desempeñan. La queratina y el colágeno (presente en huesos, cartílagos, tendones, ligamentos, tejido conectivo y piel) son las proteínas fibrosas más abundantes en los seres humanos.

Importancia de las enzimas

Muchas veces, para que una reacción se produzca en el laboratorio es necesario entregar energía a los reactivos, por ejemplo, calentándolos. Segundo a segundo tienen lugar en el cuerpo miles de reacciones necesarias para la subsistencia de los organismos, aunque las mencionadas condiciones no pueden recrearse dentro de las células ya que las altas temperaturas son incompatibles con la vida. Aquí es donde intervienen las **enzimas**, que son **proteínas catalizadoras** que **aceleran** la velocidad de las reacciones químicas en los seres vivos. Las enzimas disminuyen el umbral de energía que una reacción necesita superar para llevarse a cabo, este umbral se denomina **energía de activación**.

Para ello, cuentan con sitios de unión a los reactivos, de modo que acercan las moléculas reaccionantes lo suficiente como para que la reacción se produzca. Son tan eficientes que, aunque **actúan en pequeñas cantidades**, logran acelerar las reacciones en un millón a un trillón de veces. Las enzimas son **específicas**, existe una enzima para cada tipo de reacción, actúan a una **determinada temperatura y pH**, y se **recuperan sin cambios químicos** después de terminada la reacción. Las enzimas a su vez llevan el control de las reacciones metabólicas, ya que muchas de ellas tienen un orden específico y un compuesto es convertido en otros productos por reacciones en cadena, lo que se llama ruta metabólica.

Acción enzimática

prevención y salud

Aminoácidos esenciales

Existen dos tipos de aminoácidos, aquellos que pueden ser sintetizados por nuestro organismo y los que no. Estos últimos se denominan **esenciales** y deben ser incorporados con los alimentos. En el hombre estos aminoácidos esenciales son: isoleucina, leucina, treonina, valina, metionina, fenilalanina y triptofano abundantes en las carnes pero no así en todos los vegetales. Por esta razón, cuando se decide seguir una dieta vegetariana, es importante consultar a un nutricionista para informarse sobre qué vegetales pueden aportarlos. La carencia de estos aminoácidos puede, a corto plazo, ocasionar alteraciones graves en el organismo y, en último término, conducir a la muerte.

Los ácidos nucleicos

Todos los organismos vivientes poseen ácidos nucleicos bajo la forma de ácidos, **desoxirribonucleico** (**ADN**) y **ribonucleico** (**ARN**). El ADN posee toda la información genética del organismo y es la molécula que permite transmitirla a la descendencia.

Los ácidos nucleicos son polímeros lineales cuyos monómeros son los **nucleótidos**. Éstos están formados por un **grupo fosfato**, una **base nitrogenada**, que puede ser una **purina** o una **pirimidina**, y un azúcar de cinco carbonos (**pentosa**), que es la **desoxirribosa**, en el ácido desoxirribonucleico, y la **ribosa**, en el ácido ribonucleico.

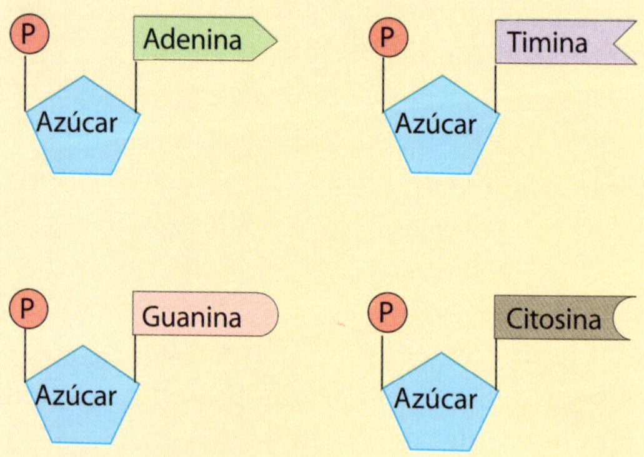

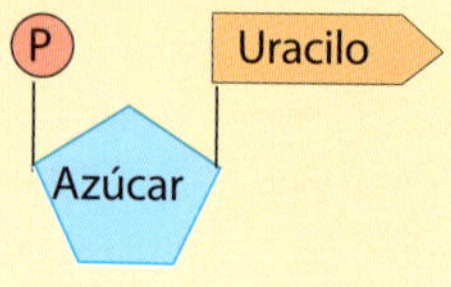

Los nucleótidos están formados por un azúcar pentosa unido covalentemente a un grupo fosfato y a una base nitrogenada. Las bases nitrogenadas pueden ser pirimidinas, con un único anillo, o purinas, con dos anillos fusionados. La diferencia entre el ADN y el ARN es que en el ADN las pirimidinas son: timina (T) y citosina (C), y las purinas: adenina (A) y guanina (G), mientras que el ARN contiene uracilo (U) en lugar de timina.

Las moléculas de ARN y ADN

En las células eucariotas, como las humanas, el ARN se encuentra en el núcleo, aunque en su mayoría se halla en el citoplasma y generalmente es de cadena simple, mientras que el ADN es de cadena doble y está únicamente dentro del núcleo. Las dos cadenas de nucleótidos del ADN son paralelas y están enrolladas en espiral, unidas entre sí a nivel de las bases que se asocian siempre de la siguiente manera: timina (T) con adenina (A) y citosina (C) con guanina (G), es decir, una purina con una pirimidina.

Estructura de un fragmento de ARN

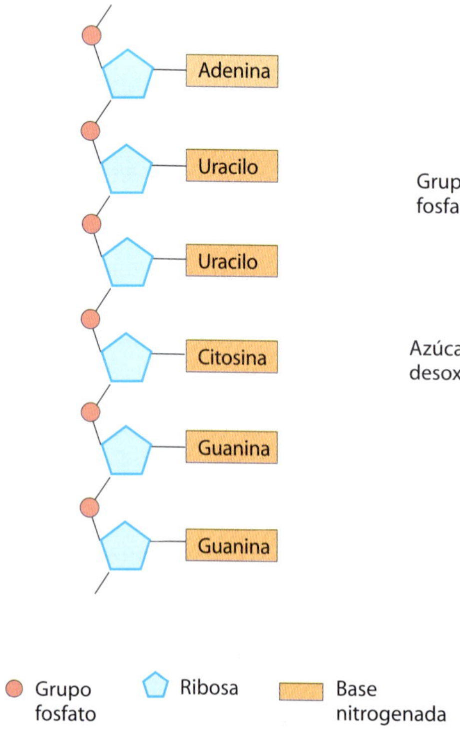

Estructura de un fragmento de ADN

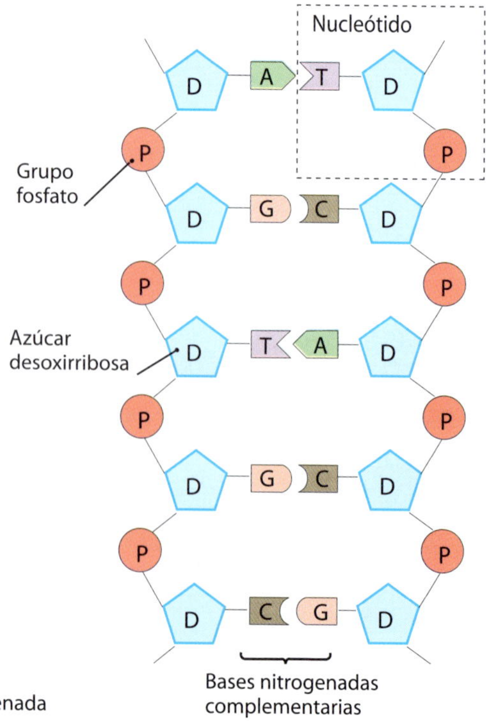

El código genético

El **código genético** es la secuencia de bases (o nucleótidos) que codifican cada aminoácido. Existen 64 combinaciones posibles, aunque sólo 20 aminoácidos; de manera que más de una combinación puede codificar el mismo aminoácido, además de existir señales de terminación e inicio. Como se presenta en todos los seres vivos (incluidos los virus que están en el límite de la vida), se lo considera **universal**.

Se estima que en los seres humanos existen alrededor de 1,7 metros de ADN por célula, que se encuentran enrollados y compactados dentro del núcleo. Esto da una idea del tamaño descomunal de estas moléculas.

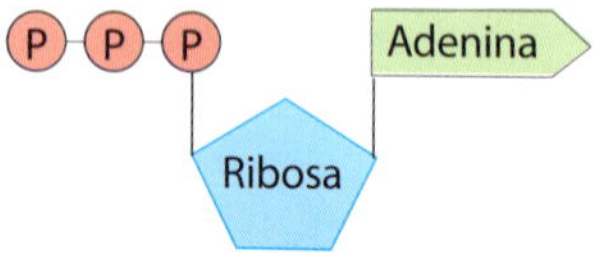

ATP (adenosintrifosfato)

Los nucleótidos no son únicamente los monómeros a partir de los que se sintetizan los ácidos nucleicos. Existen algunos de ellos con otras funciones biológicas, como el **ATP** o **adenosintrifosfato**, que está formado por una pentosa, la ribosa, y la base nitrogenada adenina unida a tres fosfatos. Los dos fosfatos terminales de esta molécula almacenan alta energía y basta que se rompan para liberar la energía química.

Estructura y función comparadas

Las biomoléculas en los seres vivos

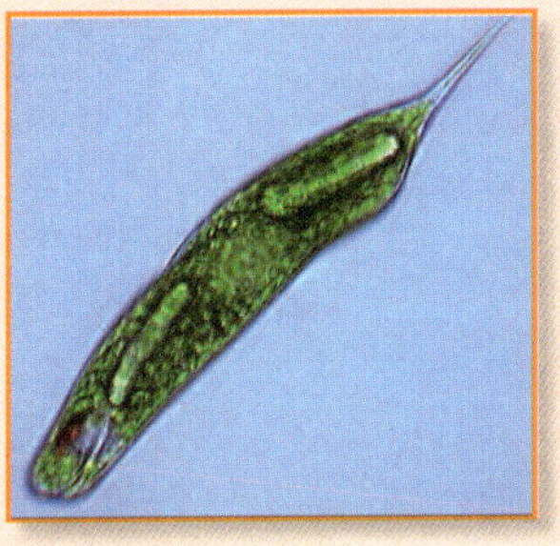

Euglena

Flor de azalea

Medusa

Las diferentes biomoléculas se presentan en todos los seres vivos, aunque las proporciones o la estructura molecular varía ampliamente.

En primer lugar, el porcentaje de agua puede alcanzar hasta un 95 % del peso corporal en las medusas y peines de mar.

Además, los iones minerales pueden encontrarse en diferentes proporciones de acuerdo con las biomoléculas en las que intervienen como cofactores (o grupos prostéticos en el caso de las proteínas), por ejemplo, en la hemeritrina, en diferentes anélidos y gusanos pripapúlidos, o en las bacterioclorofilas de las bacterias púrpura y verdes del azufre.

En los tunicados existen células especiales con vanadio, los vanadiocitos.

Las membranas y las paredes celulares de diferentes organismos varían también en su composición.

Por ejemplo, en la mayoría de los hongos existen paredes de **quitina** (un polisacárido nitrogenado), mientras que la **celulosa** es típica de las plantas verdes (viridiplantas).

Por otra parte, en las algas rojas también existe la celulosa, mientras que en las algas pardas, los **galactanos**, otro tipo de polisacáridos.

En las bacterias, las membranas están formadas por **mureína**, un polisacárido formado por moléculas de ácido murámico, mientras que en las arqueas son más comunes las glucoproteínas y las proteínas.

La quitina también forma parte de la cubierta corporal de los anélidos y los artrópodos.

En cuanto a las membranas, en la mayoría de los organismos se presentan **triglicéridos** (enlaces ésteres entre el glicerol y los ácidos grasos) y **fosfolípidos**, tanto en las bacterias como en los eucariotas, mientras que en las arqueas éstos faltan, y en cambio se forman enlaces éteres con terpenos (diéteres o tetraéteres, según los grupos). Los terpenos son también un tipo de lípidos muy característico de diferentes algas y plantas terrestres.

Otra variación importante entre los diversos grupos de organismos se relaciona con la presencia de sustancias de reserva. En los animales (como en el ser humano) es el glucógeno, mientras que el almidón es característico de las plantas. En las algas rojas se presenta un almidón de estructura molecular diferente, el **almidón de florídeas**, mientras que en las algas pardas y doradas es la **crisolaminarina**, y en las euglenas, gotas de aceite.

También están presentes gotas de aceite en el citoplasma de diversas bacterias, incluidas las cianobacterias, o algas azules.

Diferentes pigmentos otorgan coloración diferencial a los distintos grupos de algas y a las plantas.

- Las **ficobilinas**, características de las algas rojas y azules, le otorgan a las células color rojo o azul.
- Las **xantófilas**, como la fucoxantina y la luteína, dan color amarillo, dorado, pardo o violeta.
- Los **carotenoides**, de color rojo o naranja, son comunes también en los frutos y flores de las angiospermas.
- Las **flavonas** son otras sustancias que dan coloraciones amarillas y rojas.

En los eucariotas, diferentes tipos de esteroides caracterizan a cada grupo. Por ejemplo, el **fitosterol** es característico de las plantas verdes, el **colesterol** de los animales y el **ergosterol** de los hongos.

En cuanto a los ácidos nucleicos, se presentan algunas diferencias entre los diversos grupos de organismos.

En los procariotas (y también en las mitocondrias y los plastos de los eucariotas), el ADN es circular, mientras que en los restantes organismos (en el núcleo) es lineal y con extremos amino y carboxilo libres.

Por su parte, los virus pueden tener en su constitución tanto ARN como ADN, generalmente con una cápsula proteica.

EXPERIENCIAS

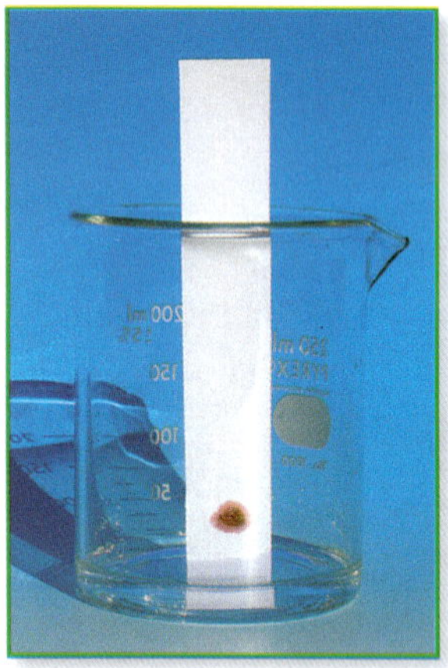

1. Realización de una cromatografía en papel

La cromatografía en papel es una técnica sencilla para el reconocimiento de pigmentos vegetales.

Materiales

Un mortero; hojas de remolacha; una hoja de acelga, alcohol etílico, acetona, un vaso de precipitado, papel secante, tijera.

Procedimiento

1. Machaquen en el mortero las hojas de remolacha y de acelga con alcohol, luego filtren el machacado.
2. Preparen una solución de alcohol y acetona en partes iguales y colóquenla en el vaso de precipitado hasta 1 cm de altura.
3. Recorten una tira rectangular de papel secante.
4. Pongan una gota de la solución de remolacha y acelga a 2 cm de la base de la tira de papel secante.
5. Ubiquen la tira dentro del vaso de precipitado que contiene el solvente. Tengan cuidado de que la siembra no quede sumergida en el solvente. Esperen unos veinte minutos.
6. Retiren la tira, observen el movimiento de los distintos componentes de los pigmentos de la muestra y marquen con un lápiz los diferentes puntos obtenidos.
7. Midan la distancia recorrida sobre el papel de la sustancia separada y la distancia recorrida por el solvente.

2. Detección de almidón en los alimentos

La tintura de yodo es un reactivo que sirve para detectar almidón. Su color original es marrón pero en contacto con el almidón cambia a violeta. No detecta la glucosa.

Materiales

Tintura de yodo; distintas frutas, verduras, pan, arroz y fideos; una fuente; un cuchillo; un gotero; glucosa; un tubo de ensayo, agua.

Procedimiento

1. Coloquen en la fuente rebanadas de fruta y verdura. Por ejemplo: papa, banana, manzana, cebolla, zanahoria. Pongan un puñado de granos de arroz y otro de fideos.
2. Dejen caer una gota de tintura de yodo sobre cada una de las muestras. Observen que sucede.
3. Llenen el tubo de ensayo con agua hasta la mitad, luego coloquen una pizca de glucosa y agiten. Agreguen dos gotas de tintura de yodo a la solución y observen qué sucede.

Análisis y conclusiones

a) ¿Cuántas bandas de colores lograron diferenciar en la tira de papel?

b) ¿Cuál de estos alimentos contienen almidón?

c) La intensidad del color está en relación directa con la cantidad de almidón presente. ¿Cuál de los alimentos tiene más almidón?

d) Hagan una lista de otros alimentos que contienen almidón o que poseen otros azúcares, como la sacarosa o la celulosa.

ACTIVIDADES

1. Lean la información y demuestren la acción de las enzimas

Las enzimas son proteínas con diferentes acciones dentro del organismo. En la saliva se encuentra una enzima llamada ptialina, su acción consiste en romper los enlaces glucosídicos del almidón hasta convertirlo en sus monómeros: la glucosa. Utilizaremos la tintura de yodo para detectar la actividad enzimática.

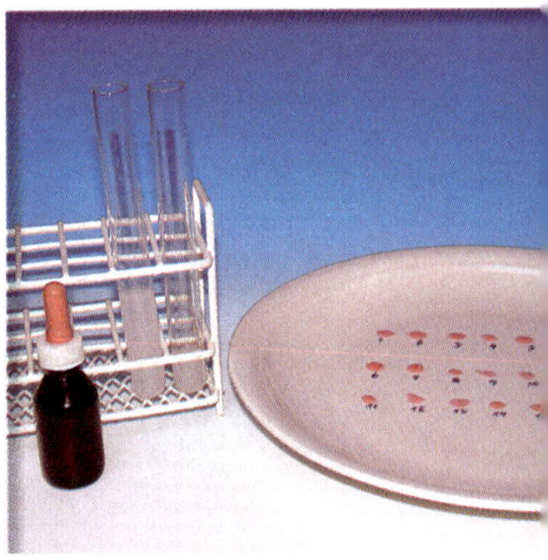

Materiales

Almidón, tintura de yodo, dos tubos de ensayo, un gotero, un plato blanco.

Procedimiento

1. Coloquen 10 o 15 gotas de la tintura de yodo sobre el plato, en hileras para que puedan ser numeradas. En uno de los tubos de ensayo, mezclen un poco de almidón con agua hasta lograr una mezcla opaca. Utilicen el gotero para colocar una gota de la mezcla sobre la primera gota de yodo.
2. Junten toda la saliva que puedan en el segundo tubo de ensayo y luego viertan en ella la solución de almidón. Mezclen bien y mantengan el frasco a temperatura corporal (37 °C).
3. Anoten el momento de mezclar el almidón con la saliva; saquen una gota cada 5 minutos y colóquenla sobre las gotas del plato según el orden en que fueron numeradas. IMPORTANTE: Laven el gotero entre la extracción de una muestra y la siguiente.

2. Indiquen el nombre de los monómeros que forman los siguientes polímeros: proteínas, lípidos y ácidos nucleicos.

a. Representen en un esquema la estructura de cada uno de estos monómeros.

b. Indiquen al menos tres funciones que cumplan cada una de estas macromoléculas.

autoevaluación

Elijan la respuesta correcta

1. En los seres vivos, el porcentaje de agua varía entre:
- a) 75 y 90; ☐
- b) 45 y 60; ☐
- c) 30 y 50. ☐

2. Las enzimas son fundamentales para los organismos porque:
- a) son importantes para la estructura celular; ☐
- b) son reservorios de energía; ☐
- c) aceleran las reacciones químicas. ☐

3. La α-hélice de una proteína constituye:
- a) la estructura primaria; ☐
- b) la estructura secundaria; ☐
- c) la estructura terciaria. ☐

4. Un nucleótido está formado por:
- a) grupo carboxilo + azúcar + base nitrogenada; ☐
- b) fosfato + agua + base nitrogenada; ☐
- c) fosfato + azúcar + base nitrogenada. ☐

5. $C_6H_{12}O_6$ es un:
- a) monosacárido; ☐
- b) disacárido; ☐
- c) polisacárido. ☐

6. La unión de dos aminoácidos forma:
- a) una unión proteica; ☐
- b) un enlace peptídico; ☐
- c) un enlace aminoacídico. ☐

7. La diferencia principal entre las grasas y los aceites es:
- a) que las grasas son sólidas a temperatura ambiente y los aceites no; ☐
- b) tienen fórmulas completamente distintas; ☐
- c) los aceites son solubles en agua y las grasas no. ☐

8. Una de las siguientes proteínas no forma α-hélices:
- a) queratina; ☐
- b) hemoglobina; ☐
- c) fibrina. ☐

9. ¿Cuál de estos tres seres almacena glucógeno como reserva energética?
- a) un alga; ☐
- b) un burro; ☐
- c) un pino. ☐

10. Los carotenoides tienen coloración:
- a) rojo y naranja; ☐
- b) amarillo, pardo, dorado o violeta; ☐
- c) azul. ☐

2 La célula

En 1676, el conserje y pulidor de lentes holandés Anton van Leeuwenhoek (1632-1723) descubrió, además de microorganismos unicelulares, a los que denominó animálculos, dos tipos de células humanas, las células sanguíneas y los espermatozoides. Este investigador trabajó hasta los 82 años y observó reiteradamente el mundo microscópico, además de pulir 419 lentes que empleó en sus propios microscopios con una resolución de 200 aumentos.

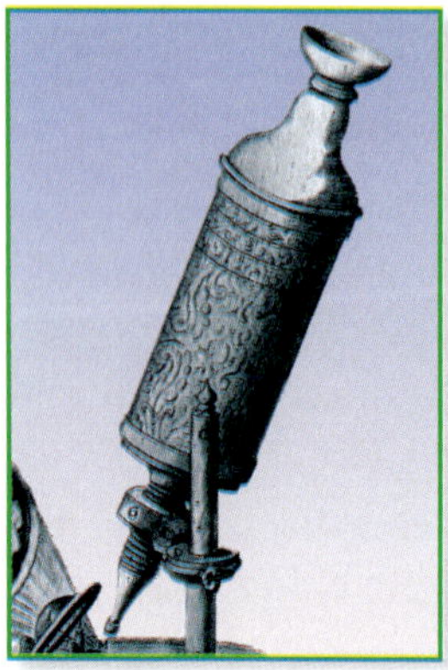

A pesar de que su microscopio óptico era simple (constaba de una única lente), Leeuwenhoek realizó observaciones muy precisas, las que presentó a la Real Sociedad de Londres, la institución científica más importante de la época.

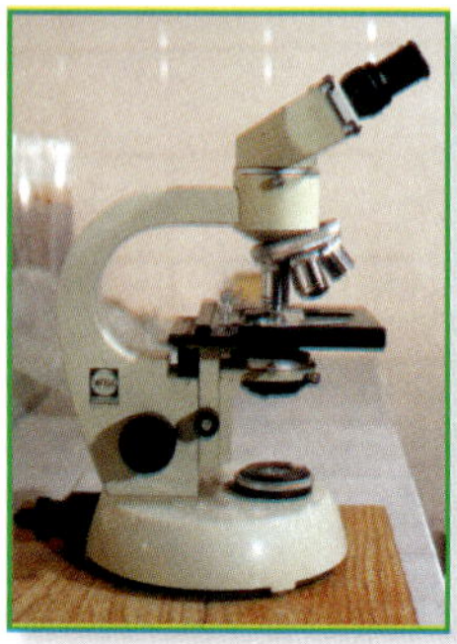

Microscopio óptico. En 1665, el tecnólogo y científico inglés Robert Hooke (1635-1701), famoso por otros inventos, como la bomba de vacío y la lámpara de aceite, había inventado un microscopio compuesto, consistente en dos lentes, con el que describió el corcho, o tejido suberoso vegetal.

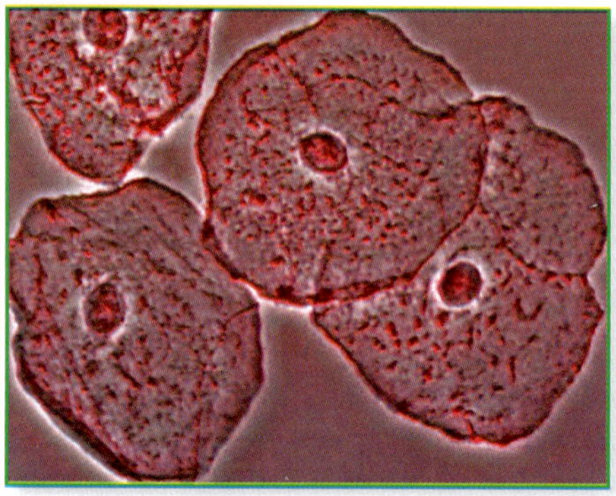

Observación microscópica. Las células epiteliales humanas vistas a través del microscopio óptico muestran zonas oscuras (son los núcleos).

La célula como unidad básica de la vida

En la actualidad, y gracias a los adelantos científico-tecnológicos en Microscopía, Óptica, Bioquímica, Biología molecular, Técnicas de coloración y Paleobiología (el estudio de la vida en el pasado), todos los biólogos aceptan los **postulados de la Teoría Celular**:

- La **célula** es la unidad anatómica, funcional y que da origen a todo ser vivo.
  - Es **anatómica**, porque todos los organismos están formados por una o más células.
  - Es **fisiológica**, porque cada célula realiza las funciones vitales necesarias para sobrevivir.
  - Es **reproductora**, porque cada célula proviene de otra preexistente.
  - Es **hereditaria**, porque transmite información (las características propias de su especie) a las células hijas.

Dos siglos más tarde de las observaciones de Hooke y Leeuwenhoek, el médico alemán Rudolph Virchow amplió la **Teoría Celular** a partir de la observación de muestras de tejidos humanos, en especial de tejido nervioso, y detectó por primera vez las características especiales de las neuronas.

En este sentido, las células humanas no son la excepción y exhiben las mismas características de otras células eucariotas, a pesar de la especialización funcional que desarrollan en diferentes tejidos, órganos y sistemas orgánicos del cuerpo.

La investigación en Citología humana comenzó con el desarrollo del microscopio óptico compuesto.

En la mayoría de las células humanas, al igual que en todas las células conocidas, es posible distinguir tres regiones bien diferenciadas: el **citoplasma**, el **núcleo** y la **membrana plasmática**.

Las células humanas entre "otras" células

Las células humanas, al igual que todas las células (tanto procariotas como eucariotas), se caracterizan por los siguientes elementos:

- **Membrana celular, plasmática o citoteca:** es la envoltura que constituye el límite exterior de la célula, la protege y aísla del medio circundante. Está formada por una bicapa de fosfolípidos con proteínas que la atraviesan o yacen por encima o por debajo. Es selectiva y semipermeable, porque permite un intercambio de materia y energía de acuerdo con los requerimientos celulares.
- **Citoplasma:** es una zona gelatinosa, coloidal, formada por una parte semilíquida con moléculas disueltas y partículas sólidas en suspensión.
- **Ribosomas:** son corpúsculos esferoidales, sin membrana definida, encargados de la síntesis de las proteínas celulares, que están formados por **ácido ribonucleico** (**ARN**).
- **Metabolismo:** consiste en el conjunto de reacciones químicas que posibilitan el mantenimiento de la vida y que se producen en el citoplasma.
- **Material genético:** se localiza en la molécula de ADN (ácido desoxirribonucleico) que contiene la información hereditaria de cada especie y se transmite de la célula progenitora a las células hijas.

Microfotografía electrónica. En un esfuerzo para aumentar el poder de resolución visual de los microscopios, se crearon los microscopios **electrónicos**, que utilizan una fuente de radiación más corta que la luz. El **microscopio de transmisión** (**MET**) se desarrolló en 1932, mientras que el de **barrido** o **escaneo** (**MEB**), en 1965. Pueden aumentar el tamaño de las imágenes observadas hasta 1.000.000 de veces. Las imágenes obtenidas con el MEB son tridimensionales.

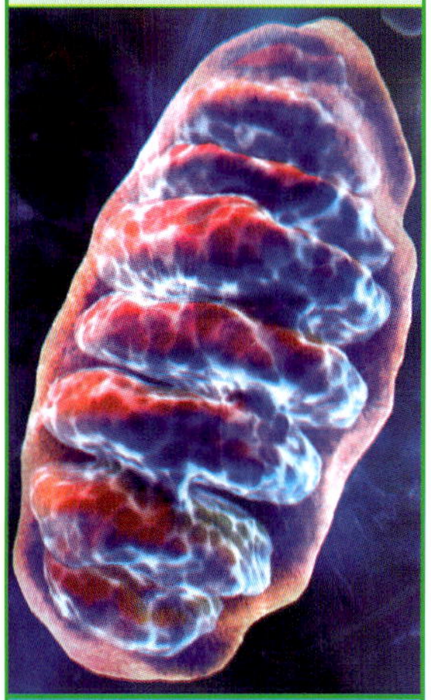

Fotografía con microscopio electrónico de barrido (MEB) de una mitocondria coloreada artificialmente.

Membrana plasmática

El modelo corriente de membrana, el **mosaico fluido**, fue propuesto por S. J. Singer y G. L. Nicholson en 1972. Con este nombre se describe la naturaleza del fluido viscoso que forma las membranas y que permite el movimiento (especialmente en aquellas ricas en colesterol). Los lípidos que forman la membrana son **fosfolípidos**. Cada una de estas moléculas tiene una parte **hidrofílica**, o cabeza, soluble en agua, y otra **hidrofóbica**, o cola, que la repele.

Las proteínas externas o internas a la bicapa se denominan **extrínsecas**. A su vez, las proteínas **intrínsecas** forman **canales hidrofílicos** para el pasaje de iones y moléculas solubles en agua. También forman parte de la membrana carbohidratos que están unidos a los lípidos y a las proteínas formando **glucolípidos** y **glucoproteínas**, respectivamente. Estos componentes varían su número de acuerdo con el tipo de célula. Por ejemplo, son abundantes en los eritrocitos, los glóbulos rojos de la sangre, en los cuales forman una cubierta denominada **glucocálix** que los protege de agresiones mecánicas y químicas, además actúan en el **complejo de histocompatibilidad** en el cual las células reconocen "lo propio de lo ajeno".

Esta membrana es esencial para la célula, ya que la mantiene aislada del ambiente extracelular mientras permanece constante su medio interno. Además, al limitarla, define su extensión.

temasrelacionados
En el capítulo 1 se analizan las principales biomoléculas.

Estructura de la membrana

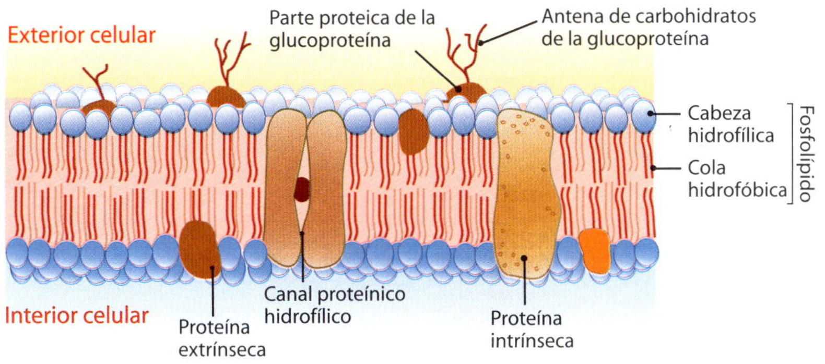

El transporte celular

La célula animal, al igual que las restantes células, experimenta un continuo intercambio de materia y energía con el medio: ingresan nutrientes y egresan sustancias de desecho a través de la membrana plasmática por diversas vías.

Transporte pasivo y activo

El **transporte pasivo** es el pasaje de sustancias **sin gasto de energía** a favor del gradiente de concentración. Este mecanismo presenta dos modalidades:

a) Por difusión simple, como es el caso del pasaje de agua, dióxido de carbono y oxígeno.

b) Por difusión facilitada, que posibilita el paso de moléculas más grandes, como azúcares (glucosa) y aminoácidos, así como también de iones (partículas cargadas eléctricamente). Este pasaje se produce por acción de proteínas de la membrana que son de dos clases: **proteínas de canal**, que se abren y cierran como un poro, y **permeasas** o **proteínas transportadoras**, que se unen a la molécula que debe pasar y cambian su conformación para darle paso.

El **transporte activo** es el pasaje de iones y moléculas en contra del gradiente de concentración; requiere aporte energético y la participación de proteínas denominadas **transportadoras**, o ***carriers***. Existen diferentes variantes:

a) Monoporte o uniporte: es el pasaje en una sola dirección hacia el interior de la célula.

b) Transporte acoplado o **cotransporte:** es el pasaje simultáneo de dos moléculas o iones, que puede ser: **simporte** (pasaje de dos solutos en una misma dirección), **antiporte** (pasaje de dos solutos en direcciones contrarias) o **cotransporte** (pasaje acoplado como en el caso de la bomba sodio-potasio).

Transporte de masas

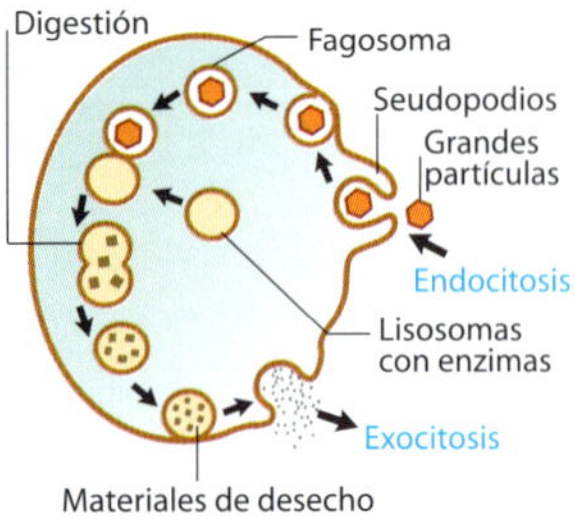

Existe un tipo especial de transporte que permite el ingreso (**endocitosis**) o la salida (**exocitosis**) de grandes partículas, mediante la formación de extensiones citoplasmáticas (**seudopodios**) o invaginaciones. La endocitosis puede involucrar partículas sólidas o células (**fagocitosis**), o bien partículas líquidas (**pinocitosis**).

Transporte celular pasivo

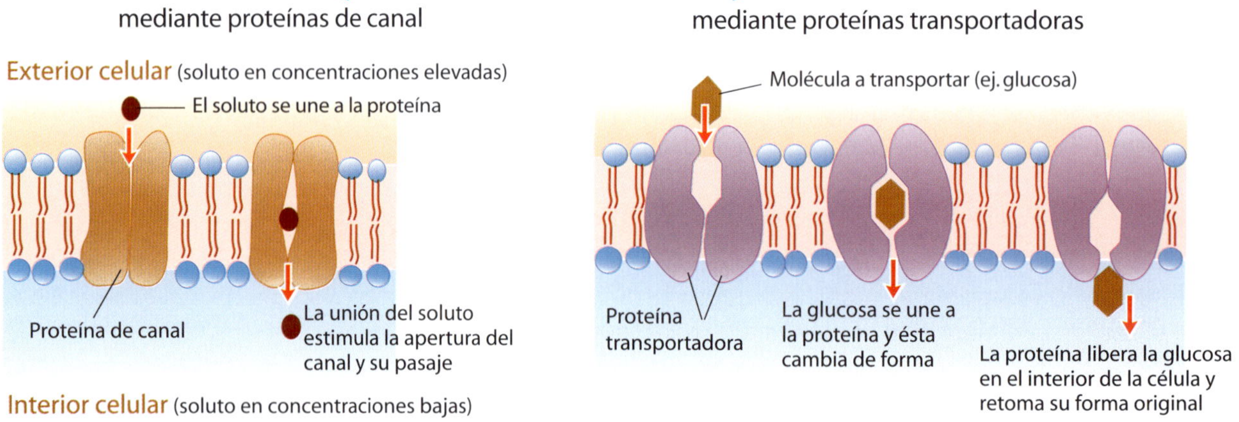

Transporte celular activo

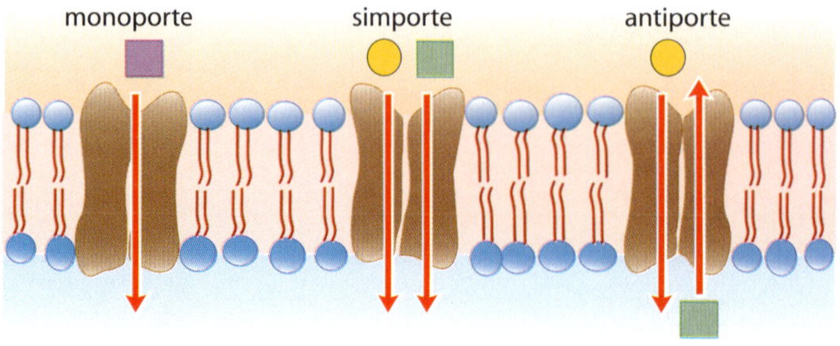

Las células humanas entre las células eucariotas

Al igual que las restantes células eucariotas, que pertenecen tanto a los organismos unicelulares como a los pluricelulares, las células humanas presentan:

- un **núcleo celular** circunscripto por una membrana nuclear, o **carioteca**, atravesada por los **poros nucleares** (el núcleo se pierde en algunas células, como los eritrocitos, que toman la forma de discos bicóncavos; a estas células se las denomina **anucleadas**);
- material genético organizado en el interior del núcleo y unido a proteínas básicas denominadas **histonas**, formando los **nucleosomas**, unidades organizacionales de los **cromosomas** o vehículos de la herencia;
- **cromosomas lineales** cada uno con su propia información genética;
- **ribosomas 80 S** (S es el coeficiente de sedimentación medido en Svedberg, 1 S = 10^{-13} segundos);
- un **citoesqueleto celular** formado por proteínas contráctiles como la **actina** y la **tubulina**;
- un **sistema complejo de endomembranas** o **membranas internas**, conectado con la carioteca;
- en general, células de mayor tamaño (siempre superior a 6 μ), que se reproducen por dos mecanismos diferenciados: la **mitosis**, en que se forman dos células hijas sin reducción del número de cromosomas (las células permanecen diploides), y la **meiosis**, relacionada con la sexualidad y la producción de gametos (se forman cuatro células hijas con reducción del número de cromosomas y los diploides pasan a haploides, los gametos);
- un sistema de proteínas reguladoras especiales, las **chaperoninas**.

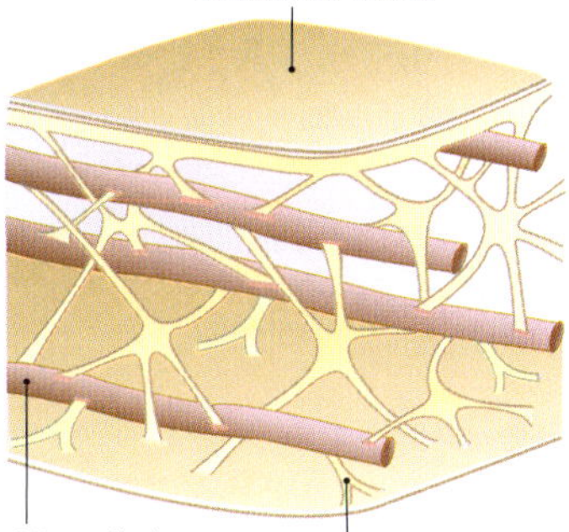

El **citoesqueleto** no es una estructura permanente aunque es responsable de la forma, los movimientos celulares y las corrientes citoplasmáticas.

Las endomembranas y el citoesqueleto

El citoplasma eucariota contiene sistemas de endomembranas y se halla atravesado por el citoesqueleto que forma un entramado de proteínas; fue descubierto con la microscopía electrónica a partir del uso de marcadores fluorescentes.

El **citoesqueleto** está compuesto por distintas estructuras que son:

- **Microtúbulos:** tubos huecos de tubulina con función de sostén, que participan en el movimiento de las organelas citoplasmáticas y en la división celular formando el **huso mitótico**. Además, son componentes estructurales de los centríolos, las cilias y los flagelos.
- **Microfilamentos:** filamentos de actina que cumplen funciones de sostén y movimiento celular, y también participan en la mitosis.
- **Filamentos intermedios:** constituidos por proteínas fibrosas, con función de sostén estructural que forman redes conectoras entre la citoteca y la carioteca.

El **sistema de endomembranas** comprende, principalmente, el **retículo endoplasmático** y el **aparato de Golgi**.

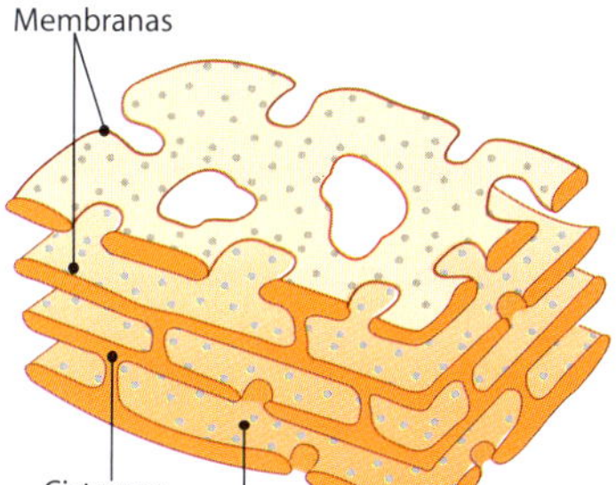

El **sistema de endomembranas** se encarga de la síntesis y el transporte, y es el sitio donde tienen lugar numerosas reacciones metabólicas.

Estructuras principales de endomembranas

Retículo endoplasmático rugoso o granular (RER)	Red formada por canales conectados a la membrana nuclear en cuyas paredes se encuentran adheridos los ribosomas.	Interviene en la síntesis de proteínas destinadas a la exportación o secreción y a la incorporación de membranas.
Retículo endoplasmático liso o agranular (REL)	Estructura similar al RER aunque sin ribosomas, conectada con el anterior.	Interviene en la síntesis de lípidos y en la modificación de proteínas fabricadas por el RER, así como en la formación de hormonas esteroideas en los testículos y los ovarios.
Aparato de Golgi (dictiosomas)	Conjunto de sacos membranosos aplanados y apilados (con forma de panqueques dilatados en sus bordes).	Se encarga de empaquetar y distribuir sustancias provenientes de los retículos. Clasifica las proteínas que se distribuirán hacia la membrana plasmática, serán secretadas y quedarán englobadas en los lisosomas.

El núcleo: centro de control celular

El núcleo fue descubierto en el año 1831 por el botánico inglés Robert Brown. Se halla delimitado por la carioteca, que es una envoltura de naturaleza fosfolipídica y proteica constituida por dos membranas concéntricas cribadas por poros que favorecen el intercambio fluido de moléculas entre el núcleo y el citoplasma.

En su interior está presente la **cariolinfa**, **carioplasma** o **jugo nuclear**, en estado de gel, que contiene ácidos nucleicos (ADN y ARN), proteínas, nucleótidos y glúcidos, además de los **nucléolos**, cuerpos esféricos formados por ARN y proteínas, encargados de ensamblar ribosomas.

Las **histonas**, proteínas básicas, se asocian con el ADN y lo ayudan a formar la **cromatina**, que se condensa en el momento de la división celular, se superenrolla y compacta formando estructuras filamentosas e independientes llamadas **cromosomas** (en griego, significa cuerpos coloreados). Después de la duplicación del ADN que se realiza antes de la mitosis, los cromosomas presentan dos partes idénticas llamadas **cromátidas**, y una región estrangulada, el **centrómero**, que puede ubicarse en el centro o en posición periférica.

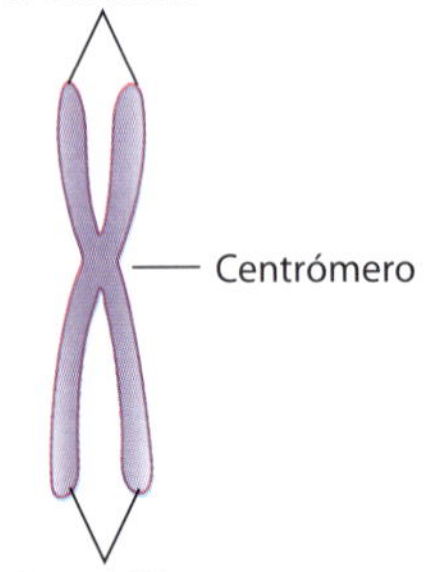

Estructura de un cromosoma

Estructura del núcleo

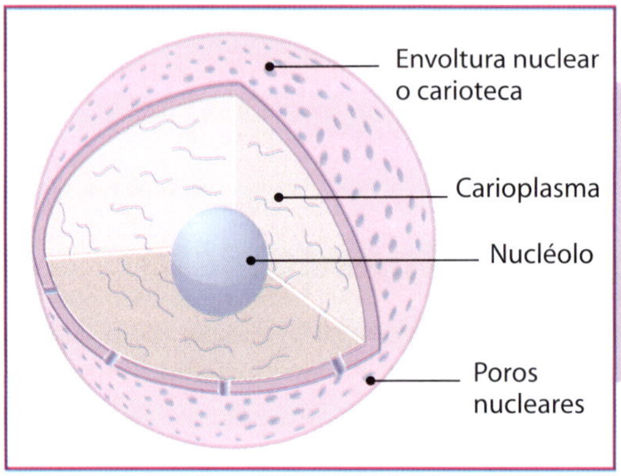

El **núcleo celular** es la mayor organela eucariota; tiene forma esferoidal u ovoide y alrededor de 10 μ de diámetro por 20 μ de longitud. Es el centro de control y organización de la célula eucariota. El nucléolo es una estructura esferoidal que elabora el ARN ribosómico, que formará parte de los ribosomas.

Cariotipo (conjunto de cromosomas) humano

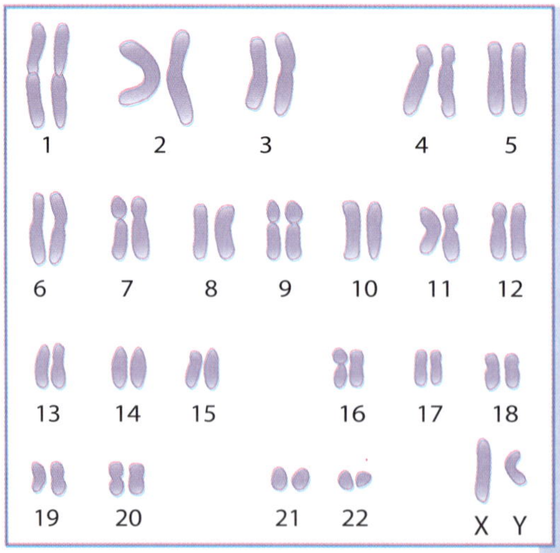

La información completa que se halla almacenada en los cromosomas recibe el nombre de **genoma**. En el ser humano hay 3.000.000.000 de nucleótidos organizados en 23 pares de cromosomas (46) que caracterizan a la especie humana y se evidencia en las células somáticas que son diploides, es decir que contienen toda la dotación cromosómica de la especie.

Las células del cuerpo se dividen por mitosis para facilitar la regeneración de los tejidos.

Las células sexuales, o gametos, que posibilitan la reproducción sexual y la continuidad de la especie, sufren un proceso de división reduccional denominado meiosis: por eso son haploides, contienen 23 cromosomas, o sea la mitad de la dotación cromosómica de la especie. Al producirse la fecundación se restituye la ploidía en el cigoto o célula huevo.

temasrelacionados

En el capítulo 12, se amplía la información sobre la herencia y la genética.

Locomoción y división celular

Además del citoesqueleto celular formado por proteínas contráctiles, los microtúbulos y microfilamentos intervienen en otras dos importantes funciones celulares: la **locomoción celular** y la **división celular**. La primera se realiza a partir de los **cuerpos basales** o estructuras de anclaje de las organelas locomotoras principales, los **flagelos** (y las **cilias**).

Por otra parte, la segunda actúa en el **crecimiento**, que se relaciona con un incremento en el volumen protoplasmático, con el consiguiente aumento del tamaño celular y el número de células.

La **mitosis** es el mecanismo mediante el cual las células humanas, al igual que las restantes células eucariotas (sin excepciones), se dividen periódicamente permitiendo el reemplazo y el crecimiento.

Sin embargo, la modalidad de la mitosis particular que tiene lugar en las células humanas y de otros animales difiere de otros tipos celulares eucariotas:

- es de tipo **abierto**: se desintegra la carioteca nuclear al comenzar;
- es **centriolar**, o **céntrica**, ya que las fibras que permiten el desplazamiento de los cromosomas durante la división derivan de los centríolos.

A través de la parte media de las células, los centríolos organizan los microtúbulos del citoesqueleto en un **huso mitótico**.

Las células no necesariamente se dividen en forma continua por mitosis. Hay intervalos denominados **interfases**. La suma de la interfase y la mitosis, o división celular, constituye el **ciclo celular**.

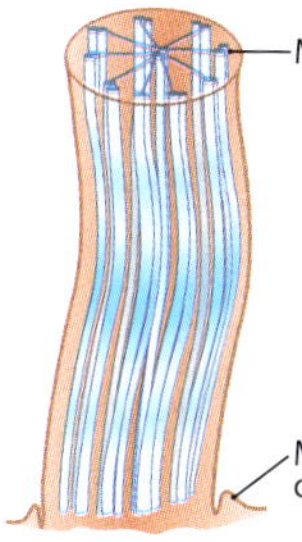

Las cilias y los flagelos (cuerpos basales) están formados por nueve pares periféricos y dos pares centrales de microtúbulos.

Ciclo celular

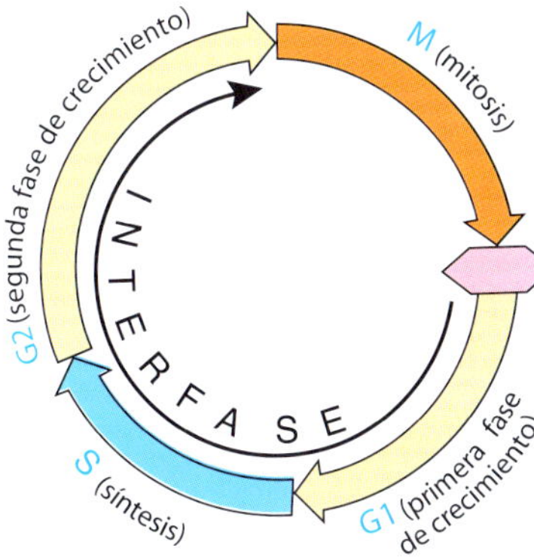

Luego de la división mitótica, la célula ingresa en la interfase, en la **primera fase de crecimiento** (**G1**) en la que se fabrican los nuevos componentes celulares. La fase G1 varía en extensión de una célula a otra. A continuación, sigue la **fase S** o **de síntesis**, durante la cual las cromátidas sintetizan un complemento de ADN idéntico y cada centríolo se replica. Finalmente, tiene lugar la **fase G2** o **de crecimiento**, más breve y que prepara a la célula para la división.

Etapas de la división celular

1. **Interfase.** Los cromosomas están dispersos en forma de los gránulos de cromatina y la carioteca está intacta. Se replica o autoduplica el ADN.
2. **Profase.** La carioteca se desintegra. Los centríolos se hacen visibles y comienzan a migrar. Las fibras del huso se diferencian del citoesqueleto. Los cromosomas se acortan y condensan. Se observan claramente uno o más nucléolos.
3. **Metafase.** Los cromosomas divididos en sus cromátidas se sitúan en la placa ecuatorial de la célula. Se diferencian los polos del huso.
4. **Anafase.** Arrastrados por las fibras del huso, los cromosomas hijos diferenciados migran a los polos opuestos de la célula.
5. **Telofase.** Se forma nuevamente la carioteca. Los cromosomas se alargan y se vuelven invisibles.
6. **Citocinesis.** Se separa el citoplasma (con sus organelas) entre las células hijas.

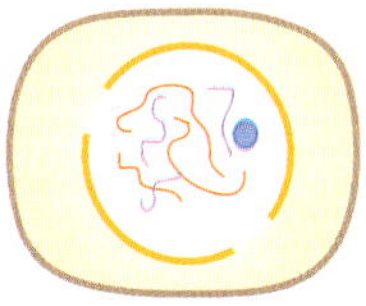
1. Interfase

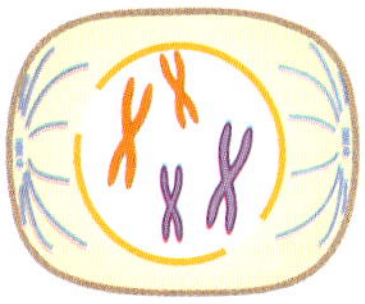
2. Profase

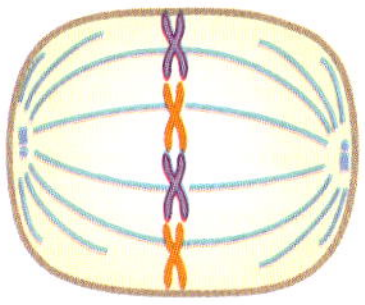
3. Metafase

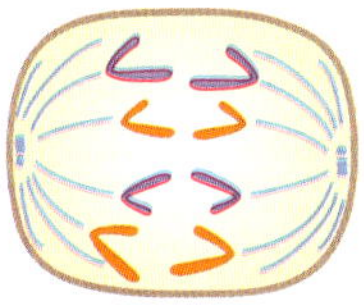
4. Anafase

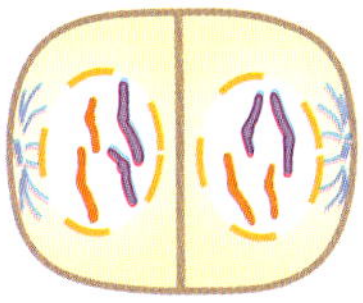
5. Telofase

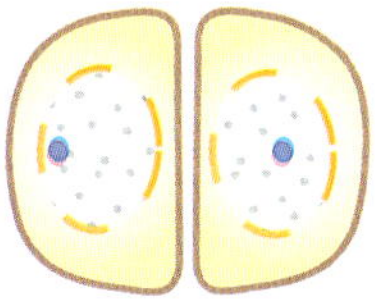
6. Citocinesis

Las células humanas como células animales. Nutrición celular

Todas las células, especializadas o no, requieren nutrientes orgánicos para su funcionamiento. Es el caso, por ejemplo, de las células presentes en la médula ósea que darán origen a las diferentes líneas de células sanguíneas (glóbulos rojos, glóbulos blancos, etcétera). Estos nutrientes orgánicos son elaborados de dos maneras diferentes, o sea que existen dos tipos diferenciados de **nutrición celular**: la **autótrofa** (en que se sintetizan los nutrientes orgánicos a partir de sustancias inorgánicas) y la **heterótrofa** (en que se degradan las partículas de alimentos para obtener los nutrientes orgánicos necesarios).

Las células animales son heterótrofas y, por lo tanto, presentan **fagocitosis** y formación de **fagosomas** o vesículas con alimentos, en relación con el transporte de masas ya analizado.

La característica, o señal, más distintiva de muchas células eucariotas, incluidas las animales, tanto autótrofas como heterótrofas, es la **compartimentalización celular** o división de trabajo mediante la diferenciación de las **organelas**, estructuras rodeadas tanto de membranas simples como dobles (los ribosomas, en cambio, carecen de membranas). Por ejemplo, las **mitocondrias** (organelas encargadas de la respiración celular) y los **cloroplastos** (encargados de la fotosíntesis en las células autótrofas) tienen dobles membranas, mientras que los **lisosomas**, principalmente en las células animales, poseen una membrana simple.

Los lisosomas o vesículas digestivas se forman en el aparato de Golgi de las células animales y contienen enzimas.

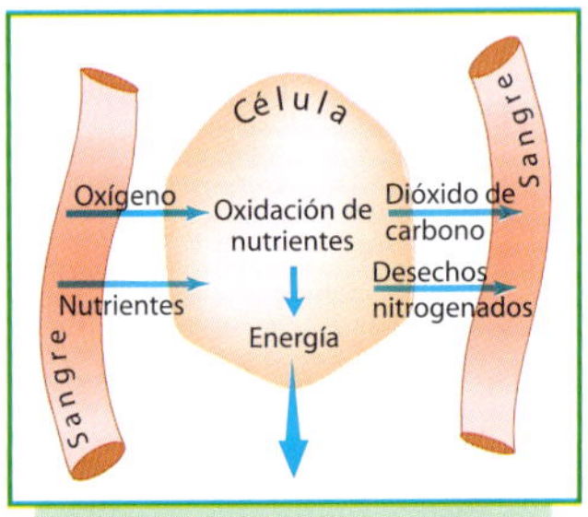

Cada célula utiliza nutrientes para producir energía: a cada una debe ingresar el oxígeno molecular de la respiración y los nutrientes simples (glucosa, ácidos grasos, aminoácidos) de la degradación de otros más complejos. En la célula se produce la oxidación celular y la obtención de energía en forma de ATP (adenosintrifosfato), la moneda energética celular.
Como productos o salidas de este proceso, retornan desde las células a la sangre dióxido de carbono y desechos celulares como la urea, el ácido úrico y otros.

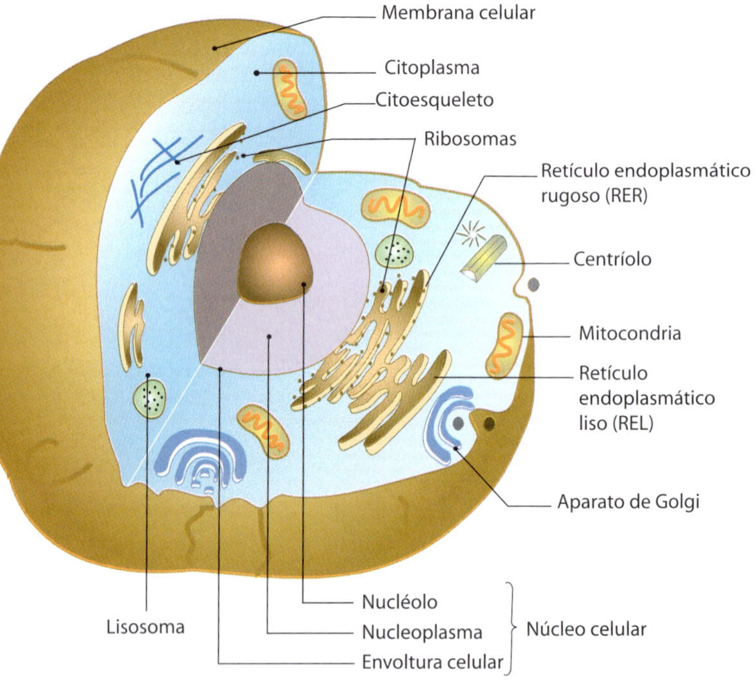

temasrelacionados
En el capítulo 4 se analiza la función de digestión (química y mecánica).

Todas las células humanas varían en tamaño y forma por su especialización y división de trabajo. No obstante, en todas ellas prácticamente se pueden reconocer las mismas estructuras y organelas. En general, todas las células animales se caracterizan por: presencia de lisosomas, mitocondrias con crestas planas o en forma de platos, ausencia de plastos y vacuolas, ausencia de pared celular y presencia de centríolos y organelas de locomoción (cilios y flagelos).

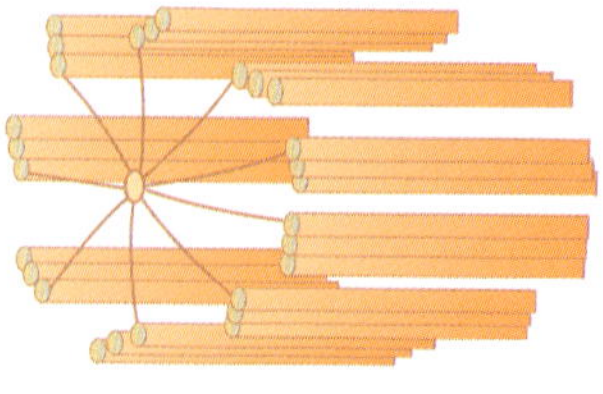

Centríolo

Teoría del endosimbionte y origen de las organelas celulares

Para explicar el origen de las organelas eucariotas, en el año 1970 la bióloga estadounidense Lynn Margulis postuló la **teoría endosimbiótica**, que sostiene la naturaleza bacteriana, tanto de las mitocondrias como de los cloroplastos. Las mitocondrias presentes en muchas células eucariotas con respiración aerobia (que utilizan oxígeno) habrían derivado de las proteobacterias, un grupo de bacterias con **citocromos**, proteínas respiratorias que captan el oxígeno ubicadas en los pliegues de sus membranas. Además, los científicos cuentan con otras evidencias en apoyo de esta teoría.

- Las mitocondrias y los cloroplastos son organelas semiautónomas que crecen y se reproducen por sí mismas.
- Poseen un ADN propio, de tipo procariota, pequeño y circular, como los nucleoides bacterianos.
- Presentan una doble membrana, como resabio de la fagocitosis inicial que les dio origen (una vesícula que contiene una célula).
- El tamaño de las mitocondrias y los cloroplastos es semejante al de las células procariotas.
- Presentan ribosomas propios, de tamaño y forma redondeada al igual que los ribosomas bacterianos utilizados para la síntesis de proteínas específicas.

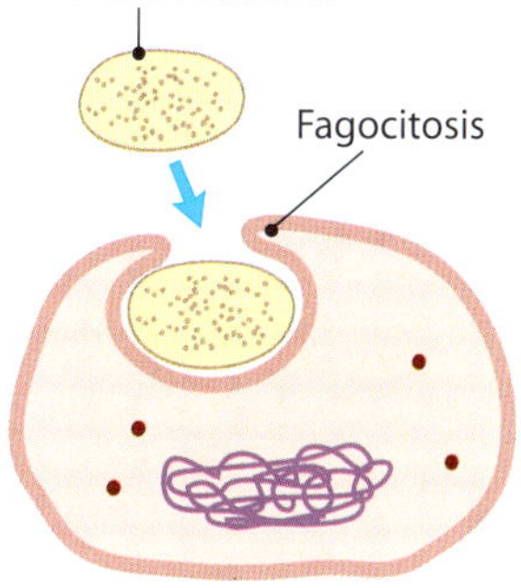

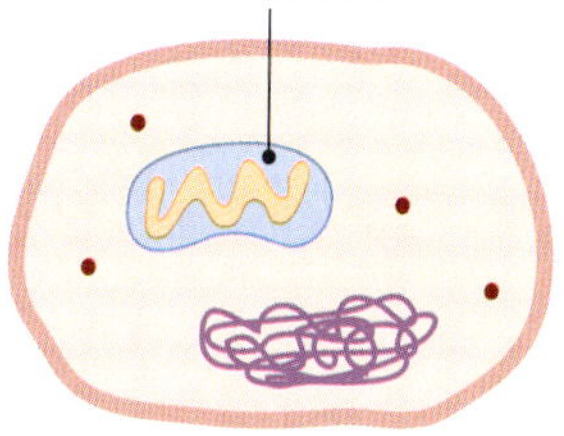

Respiración celular

Las mitocondrias suministran el sitio para dos etapas clave del metabolismo: el ciclo de Krebs y la cadena respiratoria. El **ciclo de Krebs**, o **de los ácidos carboxílicos**, transforma la molécula de piruvato, obtenida en la glucólisis que tiene lugar en el citoplasma, y como resultado se transportan protones y electrones a las proteínas de la **cadena respiratoria**. Las consecuencias de este proceso son: la producción de dióxido de carbono, el aprovechamiento del oxígeno para la degradación de la glucosa y otros nutrientes simples, y la obtención de energía en forma de **ATP** (**adenosintrifosfato**).

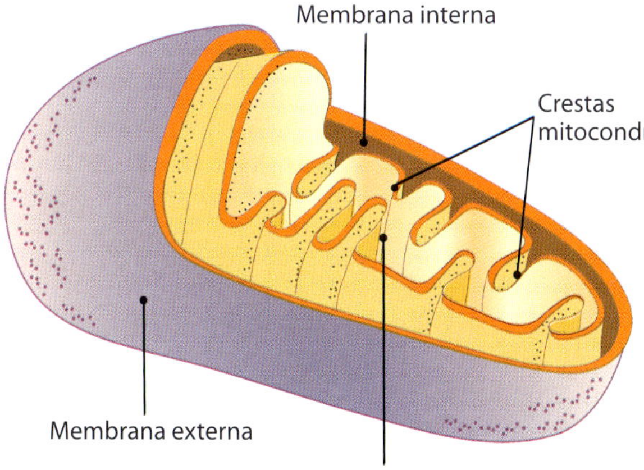

Las mitocondrias se caracterizan por una doble membrana que rodea a una matriz mitocondrial. La membrana interna forma pliegues característicos, que en las células animales, al igual que en las células de los hongos, son planas o en forma de platos. Las enzimas del ciclo de Krebs así como las de la degradación de los ácidos grasos se encuentran en la matriz mitocondrial. Los citocromos y otras proteínas de la cadena respiratoria se ubican en las crestas mitocondriales.

La diversidad de las células humanas

El funcionamiento del organismo depende de células especializadas. Por ejemplo, las células de la pared del miocardio son alargadas y de gran tamaño. Sus contracciones permiten el bombeo de sangre del corazón, mientras que las células secretoras del páncreas se especializan en la elaboración del jugo pancreático. Cada órgano, cada tejido del cuerpo está constituido entonces por células especializadas que permiten la ejecución precisa de sus funciones.

La **diferenciación celular** de los distintos tejidos se lleva a cabo durante el desarrollo embrionario en cuanto a forma, función, variedad y condiciones bioquímicas.

En el cuerpo humano existen más de 200 tipos diferentes de células que difieren entre sí por su tamaño, forma y función.

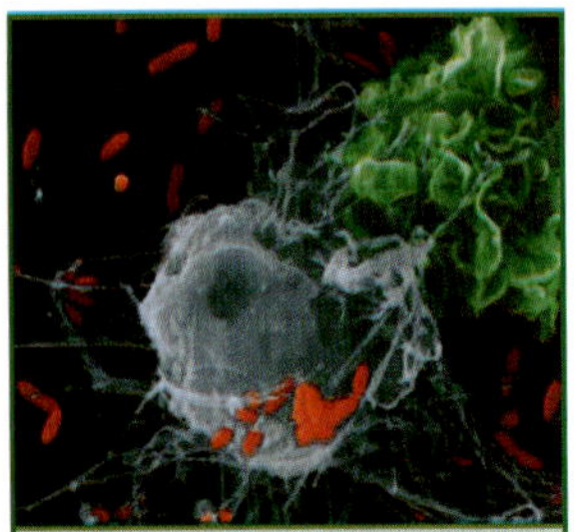

Una misma célula puede variar su forma de acuerdo con el medio en que se encuentre, por ejemplo, el adipocito o célula grasa, cuando se encuentra formando una masa, adopta una forma poliédrica debido a la presión ejercida por las células vecinas. En cambio, cuando está más libre, se advierte su forma redondeada y de anillo o sello.
En el caso de los leucocitos macrófagos se evidencia la influencia del medio, ya que en el torrente sanguíneo son esféricos, pero al pasar a los tejidos circulan desplazándose con movimientos ameboideos y adoptan una forma irregular.

Tamaños celulares

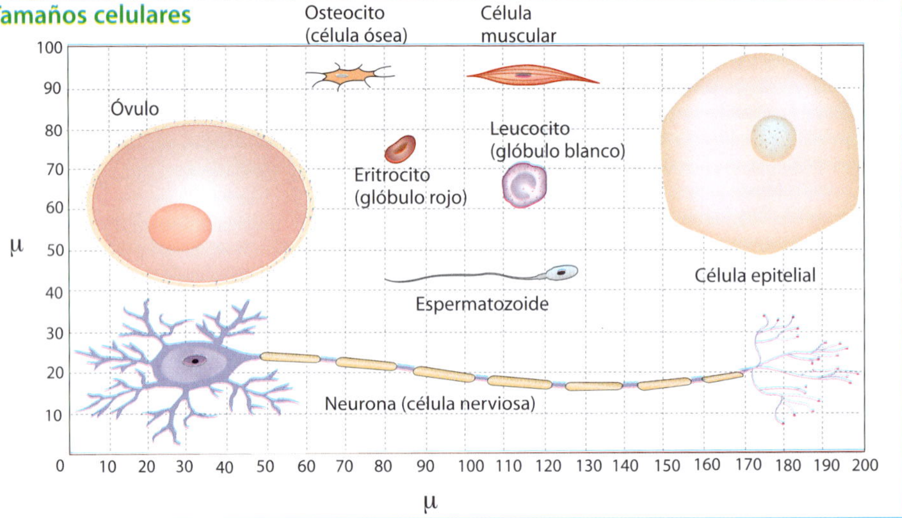

El tamaño de las células humanas varía desde 7 micrones de diámetro, en los eritrocitos, hasta 200 micrones, en el óvulo maduro. En algunos casos se exceden estas dimensiones, ya que las fibras musculares esqueléticas o estriadas pueden alcanzar una longitud de 3 cm, y el axón de una neurona llega a medir un metro, aunque sus diámetros son microscópicos.
El tamaño de un órgano o de un ser vivo está relacionado con su número de células y no con las dimensiones que éstas presentan.

Actividad metabólica y forma de las células humanas

La **forma** de las células humanas pueden variar de acuerdo con su **actividad metabólica**, como es el caso de las células conectivas (los **fibroblastos** con mucha actividad celular son muy ramificados, a diferencia de los **fibrocitos** que son alargados y de pocas prolongaciones debido a la reducción del trabajo metabólico).

La morfología también cambia debido a la **función**: las **fibras musculares** son alargadas para permitir la contracción muscular que produce un acortamiento en sentido longitudinal. De acuerdo con su contracción se dividen en tres tipos: **cardíaca** con un núcleo central, alargada y de extremos romos; **estriada** o **esquelética**, que se diferencia por la presencia de varios núcleos periféricos y porque posee una contracción rápida y voluntaria. En cambio, la fibra muscular **lisa** tiene forma fusiforme, con un núcleo central y su contracción es muy lenta e involuntaria.

Las neuronas poseen prolongaciones ramificadas (una larga llamada axón y varias cortas denominadas dendritas) para facilitar la transmisión de los impulsos nerviosos.

temasrelacionados

En el capítulo 3 se analizan los restantes niveles de organización del cuerpo humano, de los tejidos a los sistemas. En los capítulos 4 al 13 se amplía la información sobre las características de diferentes sistemas orgánicos.

Estructura y función comparadas

Diversidad celular en los seres vivos

El funcionamiento de un organismo, unicelular o pluricelular, depende de las características morfológicas de las células, ya que la célula es la unidad estructural, funcional y genética de la vida.
En primer lugar, existen dos modelos estructurales básicos de células: procariota y eucariota.
Las células procariotas son de tamaño pequeño (de 0,2 a 10 micrones) y se reproducen por fisión binaria (amitosis). En cambio, las células eucariotas suelen ser mayores y se reproducen por mitosis convencional.

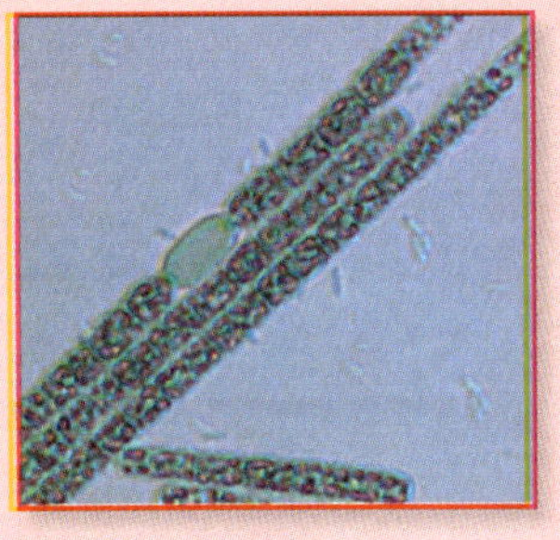

Microfotografía óptica de cianobacteria.

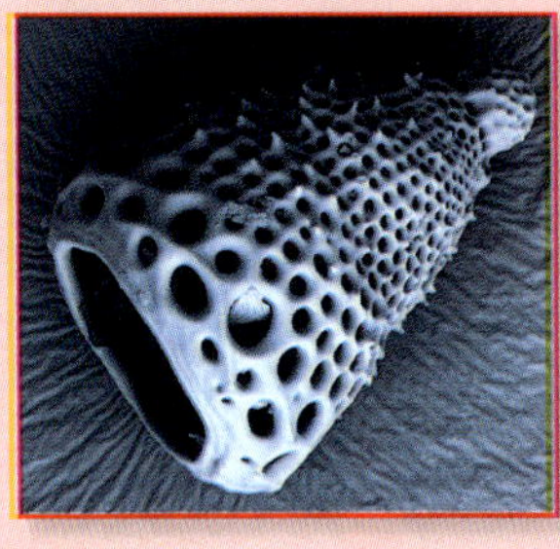

Microfotografía electrónica de radiolario, protozoo marino.

- Las células procariotas (bacterias, arqueas o arquibacterias, cianobacterias o algas azules) se caracterizan por:
  - Ausencia de núcleo celular.
  - Baja compartimentalización celular.
  - Cromosoma circular (nucleoide) sin unión a histonas.
  - Ausencia de citoesqueleto y sistemas de endomembranas.

Dentro de las bacterias existen dos tipos morfológicos también muy definidos: las **bacterias Gram positivas** (se tiñen con la coloración de Gram), como los clostridios, estreptococos, actinomicetes y lactobacilos, con una pared de mureína gruesa que rodea a la única membrana, la interna o plasmática.
En cambio, las **bacterias Gram negativas** (no se tiñen), como las cianobacterias, las proteobacterias o bacterias púrpura, las bacterias verdes azufrosas y otras, además de una pared muy fina aunque dividida, tienen una **membrana externa** de lipoproteínas.
Entre las células eucariotas, se exhibe igualmente una gran variedad morfológica y diferentes tipos de organelas.
En primer lugar, las células autótrofas, en especial las vegetales, suelen tener dos organelas especiales: las vacuolas y los plastos.
Vacuolas: son bolsas envueltas por una membrana que contiene sustancias, como sales y azúcares, disueltas en agua. En las células animales por lo general no se observan; en organismos unicelulares como los protozoos se presentan en abundancia ya que están asociadas a su nutrición, y en las células vegetales son muy importantes porque ocupan un gran volumen en el citoplasma cuando se unen formando la gran vacuola central que desplaza el núcleo a la periferia y controla la turgencia celular.
Plastos: son corpúsculos rodeados por endomembranas característicos de las células vegetales, hay varios tipos de acuerdo con su contenido. El más importante es el **cloroplasto**, que contiene un pigmento de color verde fotosintético llamado clorofila a través del cual el organismo realiza la fotosíntesis, captando la energía luminosa del sol y transformándola en energía química que almacena en compuestos energéticos como la glucosa. Los cloroplastos están formados por una doble membrana, una externa lisa y otra interna que forma un entramado denominado estroma, en él se ubican unos sacos aplanados donde se produce el proceso de fotosíntesis, los tilacoides, que contienen la clorofila, forman pilas que reciben el nombre de granas. Son organelas semiautónomas con ADN y ribosomas de tipo procariota.
Las células vegetales y de algunas algas, como las algas pardas y las rojas, tienen paredes celulares de celulosa o glucosaminoglucanos, polisacáridos complejos.
Los hongos tienen células con vacuolas y pared celular de quitina, aunque presentan los característicos lisosomas de las células animales.

Estructuras	Procariotas	Eucariotas
Núcleo organizado	No (nucleoide)	Sí
Membrana plasmática	Sí	Sí
Citoplasma	Sí	Sí
Ribosomas	Sí	Sí
Organelas y endomembranas	No	Sí
Mitocondrias	No	Sí
Cloroplastos	No	Sí, en vegetales
Aparato de Golgi	No	Sí
Citoesqueleto	No	Sí
Lisosomas y peroxisomas	No	Sí
Centríolo	No	Sí, en animales
Retículo endoplasmático	No	Sí
Vacuolas	No	Sí
Pared celular	Generalmente presente y con peptidoglucanos	Puede existir en hongos (con quitina) o en vegetales (con celulosa)

TALLER

1. Observaciones microscópicas

La observación microscópica es la base fundamental del trabajo citológico (estudio de las células). Para ello se requiere gran prolijidad y cuidado del microscopio y del material que se va a observar.

Materiales

Bisturí o cortante, bandeja, pinza, portaobjetos, cubreobjetos, azul de metileno (colorante), Lugol (colorante), microscopio óptico, palito de helado.

Procedimiento

1. Corten un trozo delgado de pollo asado con un bisturí o cortante, apóyenlo sobre una bandeja y traten de separar con la aguja de disección los hilos en forma longitudinal de arriba hacia abajo.
2. Ubiquen la muestra obtenida con una pinza sobre el portaobjetos y agréguenle una gota de azul de metileno.
3. Retiren el excedente de colorante, coloquen un cubreobjetos y observen con el microscopio con distintos aumentos. Muevan el tornillo micrométrico para enfocar. Ajusten la luz que llega al microscopio (si la fuente es externa) mediante el movimiento del espejo.
4. Dibujen y señalen las estructuras reconocidas.
5. Enjuáguense la boca con dos buches de agua, luego pasen delicadamente por la cara interior de las mejillas un palito de helado.
6. Extiendan suavemente la muestra obtenida sobre un portaobjetos y dejen secar durante cinco minutos.
7. Tiñan el material con una gota de solución de Lugol y dejen secar por dos minutos. Luego agreguen con un gotero o jeringa una gotita de agua para retirar el excedente de colorante e inclinen el preparado hacia un costado, sobre la pileta, con el objetivo de que se deslice el líquido sobrante.
8. Ubiquen la muestra en un cubreobjetos y observen al microscopio con diferentes aumentos.
9. Dibujen y señalen las estructuras que reconocen.

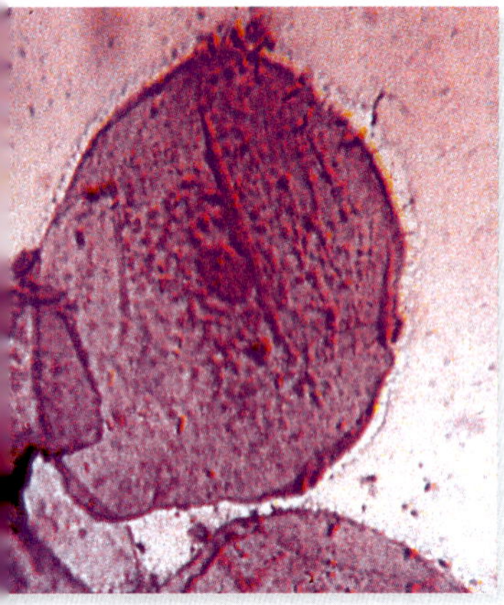
Microfotografía de célula de la mucosa epitelial.

Conclusiones

a) ¿A qué tipo de tejido pertenece la primera muestra observada y describan su forma y sus características generales?

b) Expliquen cuántos núcleos celulares pudieron observar en este caso y si advierten la presencia de uno o más nucléolos.

c) ¿Qué forma presentan las células de la segunda observación y a qué tejido pertenecen?

d) ¿Cuál es su función y qué diferencias y semejanzas presenta con las células de la primera observación?

e) Expliquen si, en este caso, pudieron reconocer núcleos o nucléolos.

f) Señalen que efectos tiene el uso de la coloración para la observación de las células. ¿Qué zona se tiñe diferencialmente en cada célula?

g) Hagan un dibujo en la carpeta de cada célula observada.

h) Comparen sus observaciones con las de otros compañeros.

i) Hagan un informe acerca de la diversidad y especialización celular en los tejidos y órganos del ser humano.

1. **Completen la ilustración de una célula animal generalizada colocando dentro de los casilleros el número de referencia de la columna de la derecha.**

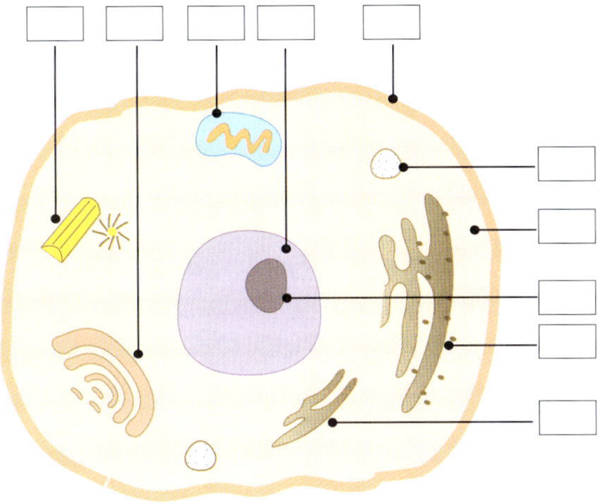

1 RER
2 Citoplasma
3 Núcleo
4 REL
5 Aparato de Golgi
6 Lisosomas
7 Membrana celular
8 Nucléolo
9 Mitocondria
10 Centríolo

2. **Elaboren una red conceptual utilizando veinte conceptos inclusores acerca de las principales características de las células humanas.**

3. **Realicen un ensayo sobre la manipulación del genoma (previa búsqueda bibliográfica e informática) y hagan un análisis reflexivo a partir de la interpretación de artículos periodísticos sobre la temática.**

autoevaluación

Elijan la respuesta correcta

1. **Al igual que todas las células, las células humanas tienen:**
   a) membrana plasmática; ☐
   b) leucoplastos; ☐
   c) pared celular. ☐

2. **Los ribosomas son organelas:**
   a) sin membrana; ☐
   b) con una membrana simple; ☐
   c) con una membrana doble. ☐

3. **En el modelo de mosaico fluido, las proteínas:**
   a) sólo están por fuera de la membrana; ☐
   b) atraviesan la membrana o son internas; ☐
   c) están por dentro, por fuera y atravesando la membrana. ☐

4. **El simporte es:**
   a) el pasaje de dos solutos en una misma dirección hacia la región intracelular; ☐
   b) el pasaje de un único soluto hacia el interior celular; ☐
   c) el pasaje de dos solutos en direcciones contrarias como en la bomba de sodio-potasio. ☐

5. **Los citocromos, proteínas especiales, se localizan en:**
   a) la matriz celular; ☐
   b) las crestas mitocondriales; ☐
   c) el citoplasma. ☐

6. **Las células humanas comparten con otras células eucariotas:**
   a) mitocondrias con crestas planas; ☐
   b) citoesqueleto celular; ☐
   c) cloroplastos. ☐

7. **Los cromosomas se alinean en el ecuador durante:**
   a) la telofase; ☐
   b) la profase; ☐
   c) la metafase. ☐

8. **Las células humanas, al igual que otras células animales, y a diferencia de las células vegetales, poseen:**
   a) pared celular; ☐
   b) centríolos; ☐
   c) mitocondrias. ☐

9. **Los lisosomas son:**
   a) sistemas de tuberías intracelulares; ☐
   b) organelas energéticas de doble membrana; ☐
   c) organelas digestivas de membrana simple. ☐

10. **Las células humanas que carecen de núcleo celular son:**
   a) eritrocitos; ☐
   b) leucocitos; ☐
   c) fibras musculares. ☐

Tejidos, órganos y sistemas

De 1797 a 1801, el ilustre patólogo francés Xavier Bichat (1771-1802) realizó importantes estudios acerca de la relación entre los tejidos y los órganos. Describió 21 tipos de tejidos diferentes, entre ellos el nervioso y el muscular. Este aporte se encadenó con el realizado por el anatomista italiano Giovanni Battiste Morgagni (1682-1771), que describió el aspecto normal y patológico de diferentes órganos, como el corazón, los riñones y el hígado.

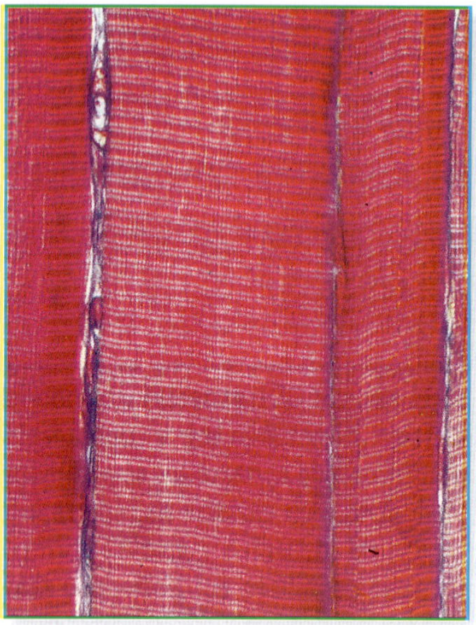

Tejido muscular estriado. Las bandas representan zonas de proteínas contráctiles.

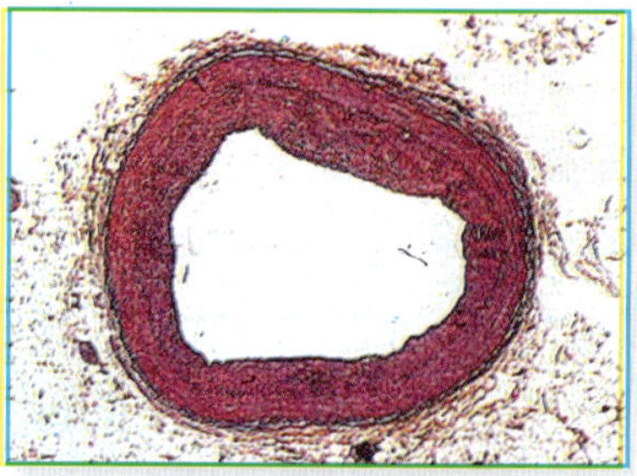

Sección transversal de un órgano. Corresponde a la arteria coronaria que irriga el corazón.

El ser humano, una "maquinaria" compleja

En los organismos pluricelulares, las células se disponen en tejidos, los tejidos en órganos y, en los más complejos, como el ser humano, los órganos en sistemas orgánicos. De esta manera, el ser humano alcanza los **niveles de organización celular**, **tisular**, **orgánica** y **sistémica**.

- Un **tejido** es un conjunto de células, junto con la sustancia y secreción intercelular que ellas producen, especializado en realizar determinadas funciones. Por ejemplo, la sangre es un tejido que consta de diferentes tipos celulares, como los eritrocitos y los leucocitos, y una sustancia intercelular líquida, el plasma. El estudio de los tejidos es realizado por la rama de la Biología y la Medicina que se denomina **Histología**.
- Un **órgano** es una parte del cuerpo que forma una unidad estructural y funcional, y se compone de más de un tejido. Por ejemplo, en diferentes órganos animales, como el corazón, se incluyen tejidos especializados, como el miocardio, o tejido muscular cardíaco, y el pericardio, o tejido conectivo fibroso que lo recubre.
- Finalmente, un **sistema orgánico** se considera una colección de órganos con funciones particulares, como el sistema digestivo, que consta de diversos órganos, entre ellos el estómago, el intestino delgado y el hígado.

Niveles de organización en el cuerpo humano

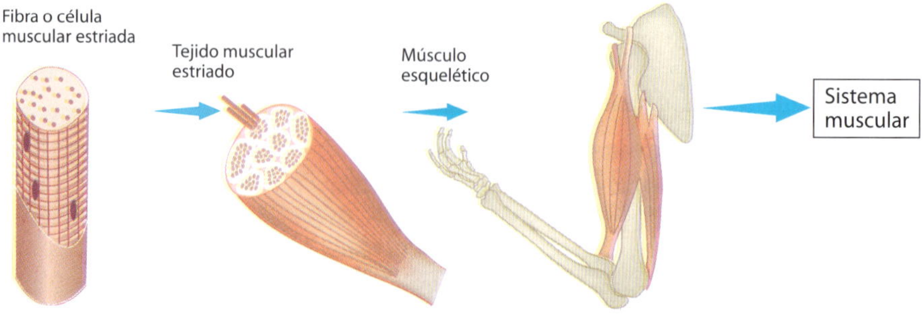

Regiones del cuerpo y distribución de los órganos

El ser humano, como otros animales, presenta una **simetría bilateral**. Se reconoce un único plano de simetría que divide el cuerpo en dos mitades prácticamente idénticas: **izquierda** y **derecha**.

Por su postura bípeda, se distinguen a su vez dos regiones, una **anterior** (que equivale a la ventral de diversos animales cuadrúpedos) y otra **posterior** (que corresponde a la dorsal de otros animales).

Por otra parte, el cuerpo humano se divide en varias regiones principales: **cabeza**, **cuello**, **tórax** y **abdomen** (las últimas tres forman en conjunto el **tronco**), así como las **extremidades superiores** (unidas al cuerpo por los **hombros**, o **cintura escapular**) e **inferiores** (unidas al cuerpo por la **cadera**, o **cintura pélvica**).

En las extremidades se distinguen varias zonas: **brazos**, **antebrazos** y **manos** (en las superiores) y **muslos**, **piernas** y **pies** (en las inferiores).

Regiones corporales

temas relacionados

En el capítulo 13 se analizan las características fisonómicas relacionadas con el sexo o caracteres sexuales secundarios.

Los tejidos

Como se explicó al analizar los niveles de organización, los tejidos son agrupaciones de células que cumplen determinadas funciones. Cada agrupación de células, o **población celular** que constituye un tejido, ocupa un lugar determinado y cumple una función específica.

Generalmente, los tejidos se caracterizan por el predominio de un tipo de células. También puede estar presente una **matriz intercelular**, que por lo general es una sustancia gelatinosa (aunque también líquida, como el plasma sanguíneo) ubicada entre las células y que cumple diferentes funciones:

- Ayuda a la difusión de los nutrientes, los gases, las hormonas y los desechos a través de las células.
- Permite que diferentes materiales se depositen en ella otorgándole características especiales (por ejemplo, la hidroxiapatita, un material muy duro, en el tejido óseo).
- Actúa como barrera contra los microorganismos.

Tejido epitelial

Se caracteriza por presentar muy poca o ninguna sustancia intercelular; sus células se ajustan unas con otras.

Existen dos tipos de tejido epitelial: el de **revestimiento** y el **glandular**.

1. Tejido epitelial de revestimiento

- Cuando el tejido epitelial de revestimiento tapiza superficies y cavidades que están en contacto o se comunican con el exterior, como la piel, la boca o el esófago, se denomina **epitelio verdadero**.
- Cuando tapiza cavidades cerradas, que en condiciones normales no se comunican con el exterior, se denomina **falso epitelio**, entre ellos se encuentran: el **endotelio**, capa de células que envuelve los vasos sanguíneos y el **peritoneo** o **mesotelio**, capa de células que recubre la cavidad general del cuerpo.

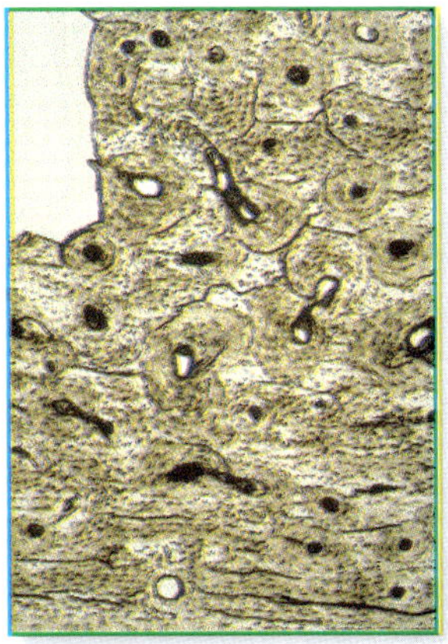

Microfotografía de tejido óseo.

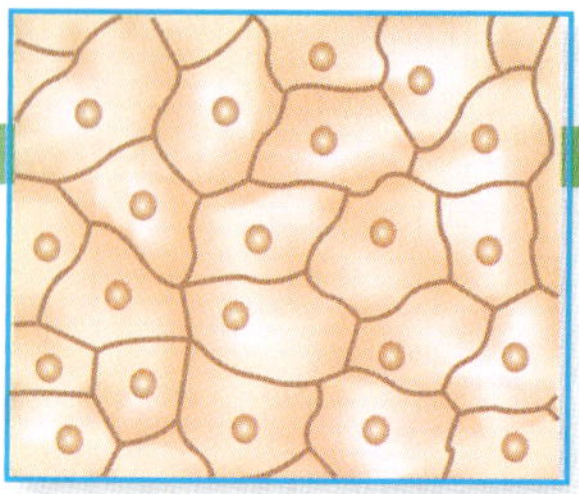

Una sola capa de células planas forma el revestimiento de la cara interior de las mejillas.

Los epitelios de revestimiento pueden ser:

a) **Epitelio simple:** formado por una sola capa de células, por ejemplo, en la cara interior de las mejillas, en gran parte del aparato digestivo.

b) **Epitelio estratificado:** formado por varias capas de células que se renuevan constantemente. Presenta un crecimiento continuo a partir de la membrana basal (capa germinativa) que reemplaza las células resecas y muertas. Constituye, por ejemplo, parte de la piel, la boca y el esófago.

c) **Epitelio seudoestratificado:** formado por gran variedad de tipos celulares que cumplen diversas funciones. Las células están apoyadas sobre la membrana basal. En las vías aéreas superiores, por ejemplo, hay tejido pseudoestratificado constituido por células que producen mucus y células ciliadas que se baten en todas direcciones para expulsar las partículas extrañas.

2. Tejido glandular

Constituye parte de glándulas endocrinas, exocrinas y mixtas o anficrinas.

Tejido conectivo

El **tejido conectivo** permite la unión y relación de otros tejidos y les brinda soporte. Está constituido por células y gran cantidad de **sustancia intercelular**. La células más abundantes son los **fibroblastos**, de aspecto fusiforme. La sustancia intercelular está compuesta por **fibras** (elásticas, colágenas y reticulares) y la matriz intercelular propiamente dicha.

El tejido **adiposo** y el **conjuntivo mucoso** son tipos especializados de tejido conectivo.

- El tejido adiposo almacena grasas en sus células, los **adipocitos**, y forma una capa aislante debajo de la piel que retiene el calor dentro del cuerpo.
- El conjuntivo mucoso, de aspecto gelatinoso, se caracteriza por presentar una gran cantidad de matriz amorfa, fibroblastos y poca cantidad de fibras. Es abundante en la etapa embrionaria, en el adulto se lo encuentra en la pulpa dental y en los discos intervertebrales.

temasrelacionados

En el capítulo 6 se analiza la función y distribución de los capilares sanguíneos y linfáticos en los tejidos. En el capítulo 8 se amplía la información sobre los tejidos óseo y muscular, y en el 11 se estudian las glándulas endocrinas y exocrinas.

Tejido conectivo

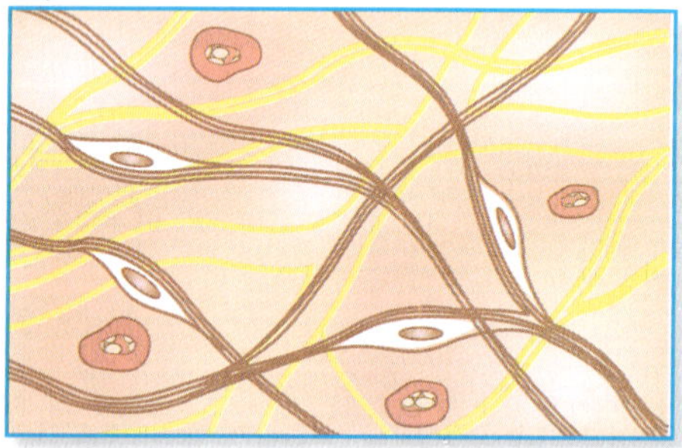

Tejido adiposo

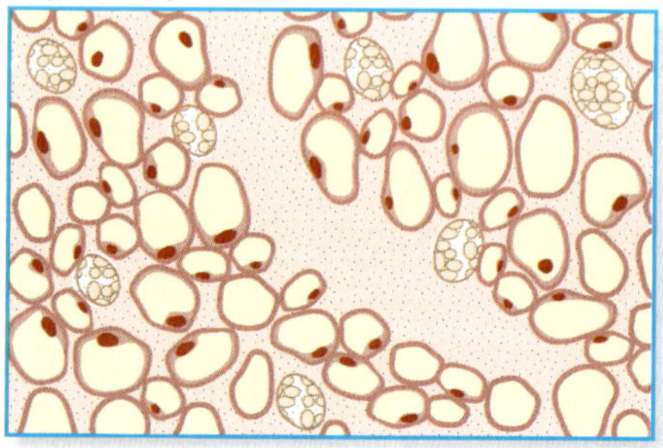

Tejido óseo

El **tejido óseo** forma y refuerza el esqueleto. Las **células óseas** (**osteocitos**) están dispuestas usualmente en capas cilíndricas alrededor de un canal central (el canal de Havers) que contiene un vaso sanguíneo. Los **canalículos** (canales diminutos) conectan las células entre sí y con el canal central.

La matriz dura del tejido óseo llena más espacio que las células óseas y otorga resistencia al tejido. Está construida como una trama de fibras de colágeno (una proteína fibrosa resistente a la tracción) embebidas en una sustancia cementante, que contiene cristales de hidroxiapatita.

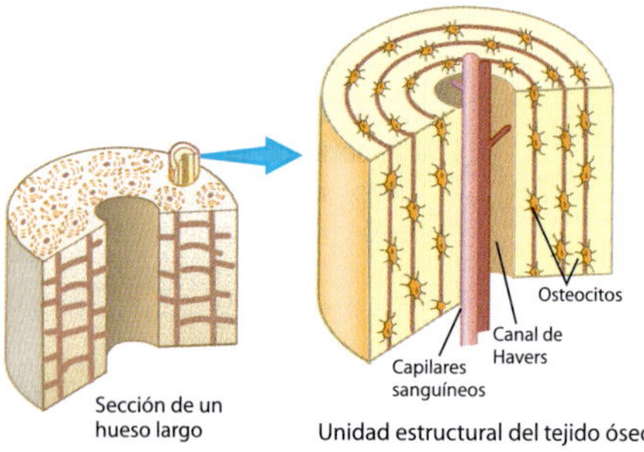

Unidad estructural del tejido óseo

Tejido cartilaginoso

El **tejido cartilaginoso** es más flexible que el óseo y tiene una matriz con mayor cantidad de células. A diferencia del tejido óseo, las células se presentan solitarias o en pequeños grupos en la matriz, que a su vez forma una trama densa de fibras de colágeno embebidas en un gel firme, además de la presencia de fibras elásticas. Otra característica importante del tejido cartilaginoso es la ausencia de capilares sanguíneos.

Según su elasticidad o rigidez se lo divide en:

Hialino: se lo encuentra en articulaciones con gran movilidad, las diartrosis.

Fibroso: está compuesto por fibras colágenas y elásticas, se lo encuentra en articulaciones con poca movilidad, las anfiartrosis.

Elástico: está formado principalmente por fibras elásticas, por ejemplo, en el pabellón de la oreja.

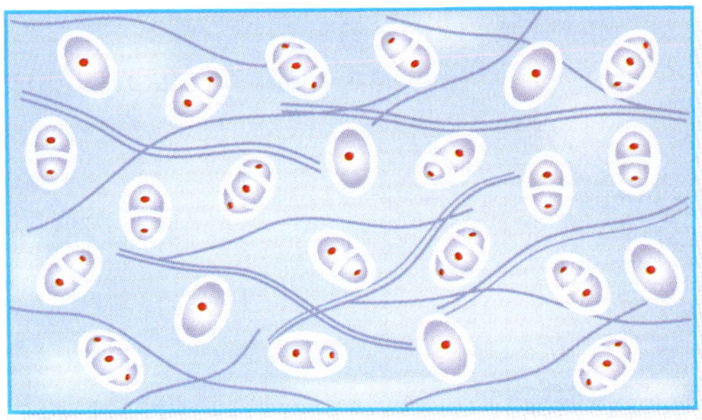

temasrelacionados

En el capítulo 2 se presentan los diferentes tipos celulares en el ser humano. En el capítulo 6 se analiza el ciclo cardíaco y se amplía la información sobre la sangre. En el capítulo 8 se detalla la estructura interna de las fibras musculares estriadas. En el capítulo 9 se presenta la estructura, función y clasificación de las neuronas.

Tejido muscular

La característica distintiva del tejido muscular es la capacidad de contraerse, o **contractilidad**. Está constituido por haces de células, o **fibras musculares**, cuya contracción y relajación originan los movimientos corporales, externos o internos (del funcionamiento de los órganos).

Se distinguen dos tipos de tejidos musculares: **liso** y **estriado**; este último se divide en **esquelético** y **cardíaco**.

Músculo liso: su contracción y relajación son involuntarias. Se lo encuentra en las vísceras huecas; es el responsable, por ejemplo, de la modificación del diámetro de los vasos sanguíneos y de la motilidad del sistema digestivo.

Músculo estriado: se denomina de este modo debido a la presencia de bandas claras y oscuras alternadas. El **músculo cardíaco** es involuntario, está formado por fibras musculares estriadas que se articulan entre sí. El **músculo esquelético** es voluntario y es el que nos permite movilizarnos y desarrollar nuestra vida de relación.

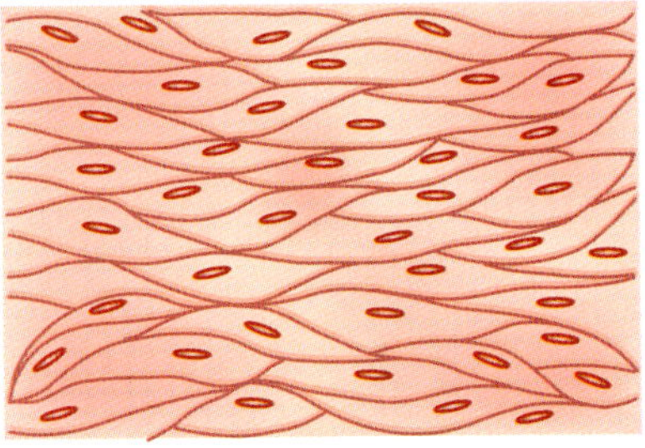

El **músculo liso** se encuentra en las paredes de los vasos sanguíneos del canal alimentario, la vejiga y otros órganos huecos. Consiste en células alargadas y en forma de huso (fusiformes) que se entrelazan. Se contraen más lentamente que el músculo esquelético, aunque no experimentan fatiga.

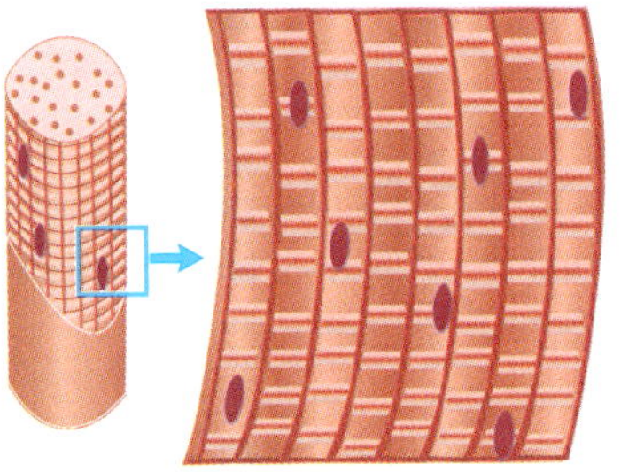

El **músculo esquelético** se conecta con los huesos. Consiste en haces de fibras musculares paralelas. Cada fibra es larga y fina, de hasta 40 mm de longitud, fusionadas en los extremos y con numerosos núcleos en la periferia celular. Se contraen y relajan con rapidez, aunque experimentan fatiga.

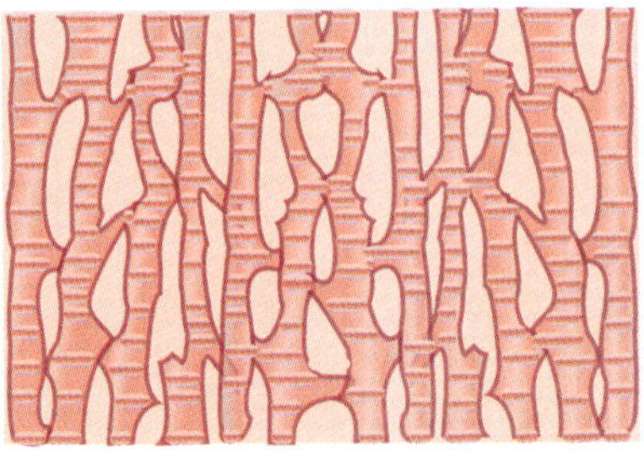

El **músculo cardíaco** se localiza en el corazón (miocardio). Consiste en células que se ramifican y unen; son uninucleadas y se contraen y relajan en forma rítmica de manera involuntaria.

prevención y salud

Acné

Una afección común en los adolescentes, que se desarrolla en un gran porcentaje de varones y mujeres durante la pubertad, se relaciona con la secreción de las glándulas sebáceas en la piel de la cara, la espalda y el pecho. Para el cuidado de la salud epidérmica es importante llevar a cabo un plan alimentario equilibrado, la práctica de ejercicio físico y la limpieza de la piel con jabones neutros.

Tejido nervioso

Las **neuronas** son las células especializadas del tejido nervioso que forman una red a través de todo el cuerpo, que conduce y coordina los impulsos nerviosos gracias a las prolongaciones especiales, las **dendritas**, cortas y ramificadas, y los **axones**, muy largos.

Además de las neuronas, el sistema nervioso posee otro tipo de células, las **células de la glía**, no excitables (no conducen impulsos nerviosos), que brindan soporte físico, nutren las neuronas liberando factores que estimulan el crecimiento nervioso y cumplen variadas funciones, por ejemplo, el mantenimiento de la unión neuronal (**neuroglia**), la eliminación de cuerpos extraños (**microglia**) y la formación de la vaina de mielina (**oligodendrocitos**, en el cerebro y la médula espinal, y **células de Schwann**, en los nervios periféricos).

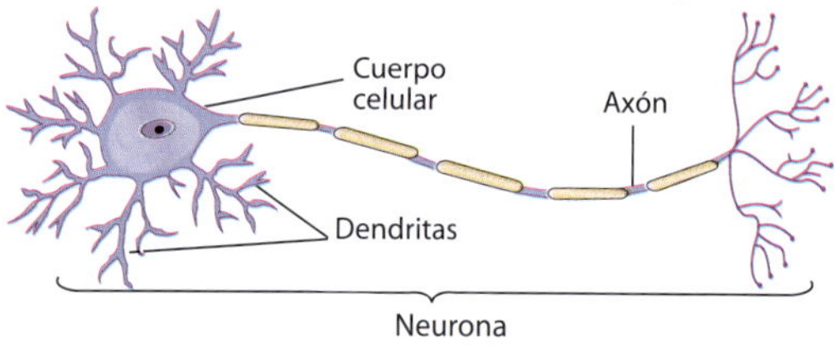

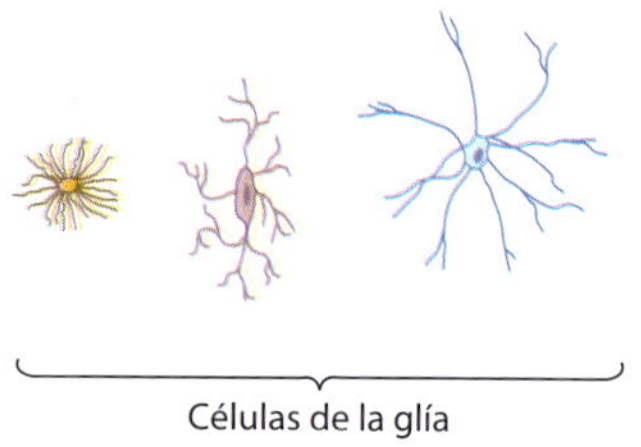

Tipos celulares de la sangre

La sangre es un tejido especial con una sustancia intercelular líquida, el **plasma**.

Los elementos figurados, o células sanguíneas, son los **eritrocitos** o glóbulos rojos, los **leucocitos** o glóbulos blancos, y las **plaquetas** (en realidad, son fragmentos celulares).

La mayoría de las células sanguíneas se originan en la médula ósea, tejido que ocupa el centro de los huesos largos (aunque los linfocitos se acumulan en los **ganglios linfáticos**, el **bazo** y el **timo**, donde se multiplican y maduran).

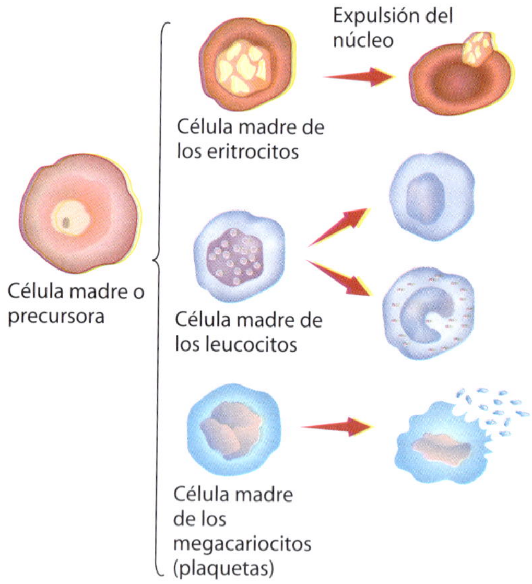

temas relacionados

En el capítulo 6, se amplía la información sobre el sistema circulatorio y la sangre, así como las características del sistema linfático.

Cavidades del cuerpo

El ser humano, como otros vertebrados, es un animal **celomado** y **triblástico**.

Esto significa que:

- posee una **cavidad general del cuerpo**, o **celoma**, revestida por un epitelio característico, el **peritoneo**;
- en su desarrollo se distinguen tres hojas embrionarias: **ectodermo** (del que derivan, por ejemplo, la piel, los órganos sensoriales y el sistema nervioso), **mesodermo** (que se relaciona con los huesos y los músculos, además del sistema reproductor y las vías urinarias) y **endodermo** (que origina, por ejemplo, los órganos del sistema digestivo).

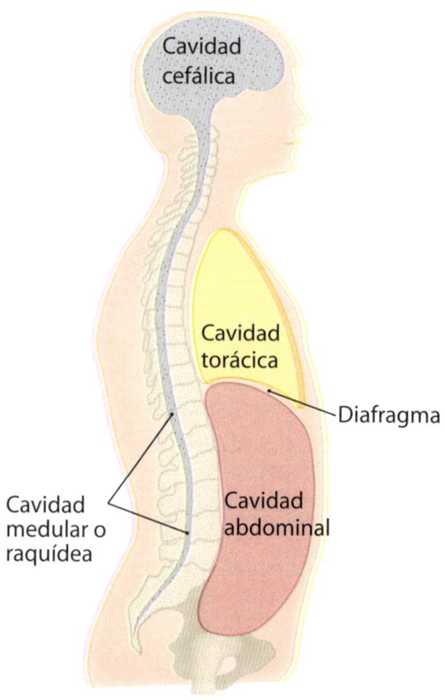

Los órganos del cuerpo

Los **órganos** son de diferentes tipos y tamaños y cumplen funciones determinadas, por ejemplo: el cerebro es el centro del control y coordinación, el corazón bombea la sangre, los pulmones permiten el ingreso y egreso de aire en la respiración, el estómago realiza la digestión del alimento y la vejiga urinaria almancena la orina.

La **cavidad general del cuerpo** se divide en zonas diferenciales donde se alojan los distintos órganos.

- En la **cavidad cefálica** se encuentra el cerebro y en el **canal medular**, la médula espinal, los dos órganos centrales del sistema nervioso.
- En la **cavidad torácica** se alojan el corazón y los pulmones.
- En la **cavidad abdominal**, finalmente, están los órganos del sistema digestivo (intestinos, estómago, hígado), el bazo, los riñones, la vejiga urinaria y las gónadas (órganos genitales masculinos y femeninos).

Los sistemas orgánicos

Los **sistemas orgánicos** son conjuntos de órganos con un origen embrionario común y que cumplen funciones relacionadas, por ejemplo, los riñones y la vejiga forman parte del sistema urinario, mientras que el cerebro y la médula espinal son los órganos centrales del sistema nervioso.

Sistema esquelético
Sistema muscular
Sistema nervioso
Sistema respiratorio
Sistemas circulatorio y linfático
Sistema digestivo
Sistema urinario
Sistema sensorial (disperso)
Sistema glandular endocrino (disperso)
Sistema reproductor masculino
Sistema reproductor femenino

Principales órganos del cuerpo

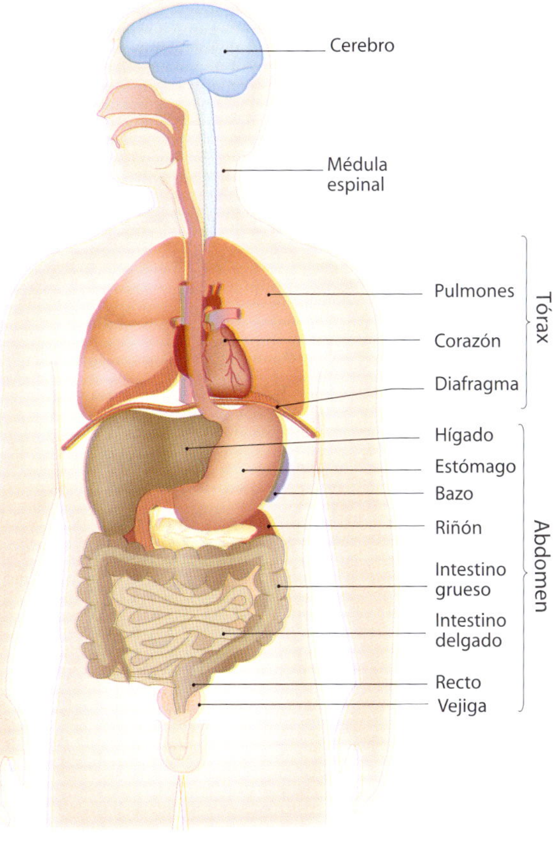

prevención y salud

La meningitis

El encéfalo y la médula están cubiertos por tres membranas vascularizadas especiales de tejido conectivo, las **meninges**, que los protegen, los sostienen y nutren.

La meningitis conforma un grupo de enfermedades infecciosas originadas por diversos microorganismos, principalmente bacterias, como los meningococos y *Haemophilus*, así como también algunos virus o incluso ciertos protozoos. Los síntomas de la enfermedad incluyen vómitos y náuseas, cefaleas persistentes, fotofobia e irritabilidad, además del riesgo de lesiones nerviosas. La principal forma de prevención es la vacuna contra la meningitis.

temas relacionados

En el capítulo 7, se presenta un mecanismo de regulación homeostática: el balance hídrico; y en el capítulo 11, se estudia la retroalimentación negativa en la función glandular.

Estructura y función comparadas

Niveles de organización y cavidades en los seres vivos

Hepática (briófito).

Estrella de mar (equinodermo).

Asno (vertebrado).

En cuanto a los niveles de organización, los seres vivos varían desde el nivel celular hasta el nivel sistémico, o de sistemas orgánicos.

En las bacterias, cianobacterias, arqueas, en la mayoría de los protozoos y en diversas algas se alcanzan los niveles celular y colonial (excepcionalmente se forman seudotejidos en algunas algas verdes, como las charófitas, y en las algas pardas).

En diversas bacterias, cianobacterias, algas, algunos animales, como los poríferos, y diversos hongos se alcanza el nivel de organización colonial.

Para los hongos superiores (hongos tabicados), los mohos gelatinosos y algunas algas verdes y amarillas existe otro tipo de organización, el nivel **sifonal**, o **plasmodial** (multinucleado).

En las hepáticas (entre las plantas) se alcanza el nivel de organización tisular (de tejidos). Ciertos autores señalan que no superan el nivel colonial. Este mismo nivel se relaciona con la organización de los cnidarios y los ctenóforos (peines de mar).

En algunos musgos (entre las plantas) y en los platelmintos (entre los animales) se alcanza el desarrollo de órganos. En los helechos, las gimnospermas y las angiospermas se diferencian dos sistemas orgánicos: caulinar (tallo, hojas) y flores/esporangios. Aunque algunos autores sostienen que las plantas vasculares no superan el nivel orgánico ni los musgos, el nivel tisular.

Entre los animales existen diferentes tipos de simetría: **tetrarradial**, **hexarradial** u **octorradial** primaria (cuatro, seis u ocho planos de simetría, en los cnidarios); **birradial** (dos planos de simetría, en los ctenóforos o peines de mar); **pentarradial** secundaria (en los equinodermos, que se caracterizan por una simetría **bilateral** en la larva, aunque radial en el adulto con cinco planos de simetría), y bilateral (en la mayoría de los animales, desde los platelmintos hasta los mamíferos). Por otra parte, las esponjas carecen de planos de simetría (**asimétricas**).

En cuanto a la diferenciación de hojas embrionarias, la mayoría de los animales son **triblásticos** (ectodermo, endodermo y mesodermo), aunque los cnidarios y probablemente también los ctenóforos (peines de mar) son **diblásticos** (falta el mesodermo).

En relación con las cavidades corporales, se diferencian tres grupos principales: **acelomados** (sin cavidades), como los platelmintos; **pseudocelomados** (con un falso celoma sin cubierta celular), como los nematodos o gusanos cilíndricos, y **celomados** (con un verdadero celoma rodeado por el peritoneo), en otros grupos como los anélidos y los vertebrados. Por otra parte, existen grupos de animales en que el celoma está obliterado (hemocele), en relación común con un sistema circulatorio abierto.

Algunos animales, incluidos ancestralmente los vertebrados, desarrollan segmentación corporal o **metamería**. En los anélidos, cada segmento corporal es un somito con su propia cavidad celómica. En los vertebrados y equinodermos existe la **trimería**, con tres cavidades corporales.

En los artrópodos se da una organización especial, la **tagmatización** o regionalización de los segmentos corporales (cabeza, tórax y abdomen), aunque el celoma está obliterado.

ACTIVIDADES

1. Completen una tabla comparativa en la carpeta de los tipos de tejidos que se encuentran en diferentes órganos. Indiquen las principales características de las células que los componen en relación con la función que cumplen.
2. Diferencien los tres tipos de tejidos musculares y su distribución en el cuerpo. Comparen las características de estas células con los tejidos de revestimiento. ¿En qué zonas del cuerpo se encuentran las mucosas? ¿Qué órganos del cuerpo se ubican en las diferentes cavidades?
3. Comparen el tejido óseo con el cartílago. Tengan en cuenta las siguientes características: distribución y número de células; la matriz intercelular; presencia de capilares.
4. Investiguen sobre las características del tejido hepático y los hepatocitos.
5. Busquen información adicional y analicen la presencia de diferentes tipos de tejidos en distintos órganos del cuerpo, por ejemplo, endotelio, células sanguíneas y tejido conectivo en las venas. Averigüen, también, cómo se establece la unión entre las células (en cada tejido y entre tejidos diferentes). En relación con esto definan los siguientes términos: lámina basal, desmosomas, unión neuromuscular, sinapsis, sincisios y placenta.
6. Analicen qué son las faneras y con qué tejidos corporales se relacionan. ¿Qué diferencias se observan en la piel de los diferentes grupos de vertebrados?
7. Relean el capítulo 2 e indiquen en la carpeta las principales características celulares de los tejidos principales: tipo de organelas, forma de las organelas, presencia o ausencia de mitocondrias, vellosidades o núcleo celular, extensión y desarrollo del retículo endoplasmático y el aparato de Golgi en relación con la actividad metabólica celular.

autoevaluación

Elijan la respuesta correcta

1. **Los tejidos son agrupaciones de células:**
   a) no especializadas; ☐
   b) especializadas; ☐
   c) ninguna de ambas respuestas es correcta. ☐
2. **La Histología es el área de estudio de:**
   a) las células; ☐
   b) los tejidos; ☐
   c) los órganos. ☐
3. **El epitelio estratificado está formado por:**
   a) una sola capa de células que se renuevan constantemente; ☐
   b) varias capas de células que se renuevan constantemente; ☐
   c) varias capas de células que no se renuevan. ☐
4. **Los fibroblastos son células del tejido:**
   a) glandular; ☐
   b) conectivo; ☐
   c) óseo. ☐
5. **Las células que acumulan hidroxiapatita son:**
   a) los osteocitos; ☐
   b) los condrocitos; ☐
   c) las células epiteliales. ☐
6. **Las fibras musculares cardíacas se caracterizan por:**
   a) tener respuesta lenta y forma de huso; ☐
   b) tener respuesta rápida y ser muy largas y multinucleadas; ☐
   c) formar sinsicios o redes. ☐
7. **La neuroglia tiene función de:**
   a) mantenimiento de la función celular; ☐
   b) eliminación de cuerpos extraños; ☐
   c) formación de la vaina de mielina. ☐
8. **La matriz dura del tejido óseo está constituida por:**
   a) una trama de fibras de colágeno; ☐
   b) células cartilaginosas; ☐
   c) células de la glía. ☐
9. **El peritoneo o mesotelio recubre:**
   a) la cavidad general del cuerpo; ☐
   b) la pared de los vasos sanguíneos; ☐
   c) las cavidades internas comunicadas con el exterior. ☐
10. **Las prolongaciones cortas y ramificadas de las neuronas se denominan:**
    a) axones; ☐
    b) mielina; ☐
    c) dendritas. ☐

4 Alimentos, nutrientes y sistema digestivo

El químico y nutricionista estadounidense Linus Pauling (1901-1994), Premio Nobel de Química en 1954, realizó un amplio espectro de investigaciones en el campo de la nutrición humana. Es considerado el fundador de la Medicina molecular que establece la importancia de contar en los alimentos con "moléculas apropiadas, en la concentración adecuada para una vida saludable".

Linus Pauling fue quien observó por primera vez el rol multifacético de la vitamina C, nutriente esencial del ser humano, y su aplicación en la prevención de diversas enfermedades.

Plan alimentario equilibrado. Los alimentos suministran nutrientes, los materiales para la construcción y reparación de las células y estructuras celulares, así como una fuente de energía para desarrollar todas las actividades.

La importancia de la alimentación y la función de nutrición

Alimento es todo material sólido o líquido, o mezcla de materiales, que se incorpora al cuerpo por la vía digestiva. Las **comidas** son las preparaciones que aportan los diferentes alimentos, o ingredientes que contienen, y que pueden ser de origen animal, vegetal o mineral. También el **agua** es un alimento primordial del ser humano. Algunos alimentos se consumen frescos y otros requieren cocción.

Los alimentos contienen y suministran al cuerpo (y a las células que lo componen) **nutrientes**, sustancias químicas responsables de mantener la estructura de los tejidos, reparar las lesiones o reemplazar las células perdidas y producir la energía necesaria para mantener los procesos metabólicos.

La **alimentación** es la incorporación de los alimentos (y nutrientes que éstos contienen) por la vía digestiva.

La **nutrición**, en cambio, es un término más abarcativo ya que involucra la fisiología de diferentes sistemas orgánicos a través de sendos procesos: la **ingestión**, o incorporación de alimento por la boca; la **digestión**, o degradación mecánica y química de los alimentos para obtener los nutrientes; la **respiración**, o incorporación del oxígeno y eliminación del dióxido de carbono por los pulmones y su viaje hacia la sangre por las vías respiratorias y desde ella; la **absorción**, o incorporación de nutrientes a la sangre; la **excreción**, o eliminación de desechos del metabolismo celular (y los nutrientes incorporados a las células) así como la **circulación**, o transporte de nutrientes, gases respiratorios y otros desechos (la **egestión** es la eliminación de los desechos sólidos por el ano).

Tipos de nutrientes

A primera vista, no parece existir diferencia alguna entre los diversos alimentos, por ejemplo, un pan de manteca, una porción de carne o una manzana. Sin embargo, los análisis químicos de los alimentos revelan una composición variada (en calidad y en cantidad) de los diferentes nutrientes que los constituyen y que pueden ser algunos o todos los siguientes: **carbohidratos** o **hidratos de carbono**; **lípidos** (que incluyen las grasas, o triglicéridos, el colesterol y sus derivados, o esteroides, y los **ácidos grasos** que contienen las grasas); **proteínas** (y sus componentes, los **aminoácidos**); **minerales**; **vitaminas**; **fibras**, o carbohidratos no digeribles; **agua**.

A su vez, es posible clasificar los nutrientes mencionados en diferentes categorías:

- En primer lugar, se consideran **macronutrientes**, o **nutrientes principales**, que se requieren en mayores cantidades, por ejemplo, los carbohidratos, los lípidos y las proteínas, y **micronutrientes**, o **nutrientes secundarios**, por ejemplo, los minerales y las vitaminas, que se consumen en menores concentraciones aunque no dejan de ser igualmente importantes.
- En segundo lugar, se distinguen los **nutrientes energéticos**, utilizados para la obtención de energía, y que son básicamente los carbohidratos y las proteínas, los **nutrientes estructurales**, o **plásticos**, que mantienen la estructura del organismo, como las proteínas estructurales, los minerales y algunos lípidos y carbohidratos, y los **nutrientes reguladores**, que mantienen en equilibrio las funciones celulares, representados por las vitaminas, los minerales y las proteínas funcionales (enzimas).
- En tercer lugar, algunos nutrientes pueden convertirse en otros diferentes, como la glucosa en glicina; también están los denominados **nutrientes esenciales**, que no pueden transformarse a partir de otros y deben ser suministrados en la dieta diaria en forma obligatoria para mantener la salud, por ejemplo, las vitaminas, ciertos minerales, los ácidos grasos esenciales, como los omega-3 y los aminoácidos esenciales, como el triptofano.

El arroz, fuente de carbohidratos, es el alimento principal de un tercio de la población mundial.

Calorías en los alimentos

Además de nutrientes, los alimentos deben aportar calorías. La **caloría** se define como la cantidad de calor necesaria para elevar en un grado la temperatura de un gramo de agua. Por convención se suele usar la **kilocaloría** (1 kcal = 1.000 calorías) o también el kilojoule (kJ).

1 kcal = 4,184 kJ

Cada alimento tiene un valor calórico diferente, que depende de los nutrientes que contiene. Este valor representa el contenido energético que posee y aporta ese nutriente al organismo.

- Al degradar 1 g de carbohidrato, se obtienen 3,9 a 4,2 kcal (aproximadamente, 16 kJ).
- Al degradar 1 g de lípido, se obtienen 9,3 a 9,5 kcal (aproximadamente, 37 kJ).
- Al degradar 1 g de proteína, se obtienen entre 5,2 y 5,9 kcal (aproximadamente, 17 kJ).
- Al degradar 1 g de grasa, se obtienen 9 calorías.

Otro parámetro importante es la tasa **metabólica basal**, que es la mínima cantidad de energía requerida para cumplir con los requerimientos metabólicos básicos, y que equivale, aproximadamente, a 1.300–1.500 kcal/día para una mujer adulta y a 1.600-1.800 kcal/día para un varón adulto. Las necesidades energéticas, sin embargo, también varían con la edad, el sexo y la actividad que se desarrolla.

Grandes grupos de alimentos

Para dividir los alimentos en grupos de acuerdo con el valor nutricional que aportan, se debe tener en cuenta que existen dos tipos principales de nutrientes:

- los que aportan al organismo materia y energía (nutrientes I), como los hidratos de carbono, los lípidos y las proteínas;
- aquellos que, si bien no aportan energía, son imprescindibles para el normal funcionamiento (nutrientes II), básicamente el agua, los minerales, las vitaminas y los aminoácidos y ácidos grasos esenciales.

temasrelacionados

En el capítulo 2, se analizan los diferentes tipos celulares.

Según el nivel de nutrientes I y II que contienen, se suelen considerar cinco grupos básicos de alimentos, aunque el agua y las bebidas que aportan material líquido se destacan en una posición especial y constituyen por sí solas un sexto grupo.

Se suelen representar estos grupos en diferentes gráficos, como pirámides (según el Departamento de Agricultura de Estados Unidos y OMS, u Organización Mundial de la Salud) o cintas u óvalos nutricionales (en el plan alimentario recomendado por los nutricionistas argentinos).

Grupo I (frutas frescas y hortalizas)
Aportan especialmente vitaminas y minerales, fibras y por supuesto hidratos de carbono.

Grupo II (cereales, pan, arroz y legumbres)
Aportan básicamente hidratos de carbono y fibras en el caso de las harinas integrales.

Grupo V (grasas, aceites y dulces)
No aportan nutrientes esenciales y en cambio tienen exceso de grasas y calorías.

Grupo III (lácteos: leche, yogur, queso y otros derivados)
Aportan todos los nutrientes, incluidos las vitaminas y minerales, grasas, hidratos de carbono y proteínas.

Grupo IV (carnes, huevos, nueces y otras frutas secas)
Aportan especialmente proteínas y también grasas. Estos alimentos contienen determinadas vitaminas y minerales esenciales (por ejemplo, vitaminas del complejo B y hierro ligado a proteínas).

El ser humano necesita obtener de la dieta ocho aminoácidos esenciales, el resto los puede sintetizar. Estas moléculas esenciales que, además del triptofano ya mencionado, son la metionina, la leucina, la isoleucina, la fenilalanina, la treonina, la valina y la lisina, se hallan disponibles en la carne, leche y huevos.

Componentes fundamentales de la dieta: carbohidratos, lípidos y proteínas

Los carbohidratos constituyen una fuente primordial de energía y fibras. Se obtienen de los cereales, frutas y hortalizas (principalmente grupos I y II de alimentos) y de otros productos ricos en azúcar o harina (grupo V), los cuales constituyen casi el 70% de la dieta del humano. Los carbohidratos en el ser humano se almacenan en las células del hígado y en las fibras musculares –por ejemplo, almidón animal o **glucógeno**– aunque esta reserva equivale a los requerimientos de energía de un solo día. Los carbohidratos son el recurso más accesible para la provisión de energía en los seres humanos.

Los lípidos son los componentes de la dieta que aportan la mayor cantidad de energía y que, a su vez, constituyen la principal reserva energética como en otros animales. Se obtienen de los aceites, manteca, huevo y frutas secas.

Las proteínas son necesarias para el crecimiento, para reemplazar células y eventualmente como fuente de energía suplementaria. Estas macromoléculas se obtienen de alimentos de origen animal y vegetal: las proteínas animales a partir del consumo de carne, pescado, huevos y productos lácteos (grupos III y IV), mientras que las proteínas vegetales, más escasas, se obtienen principalmente de nueces y otros frutos secos, legumbres y cereales (grupos I y II).

Minerales en los alimentos

Los **minerales** son importantes como constituyentes corporales, o bien necesarios para el correcto funcionamiento del metabolismo. Se dividen en dos grupos: los **macroelementos**, requeridos en grandes cantidades, como el calcio, el fósforo, el cloro, el azufre, el sodio y el magnesio, y los **microelementos**, o **minerales traza**, que se requieren en cantidades menores, como el flúor, el cromo, el cobalto, el hierro, el cinc, el yodo y el selenio. La deficiencia en la dieta de estos minerales suele traer graves problemas de salud, por ejemplo, la falta de calcio y fósforo se relaciona con el raquitismo.

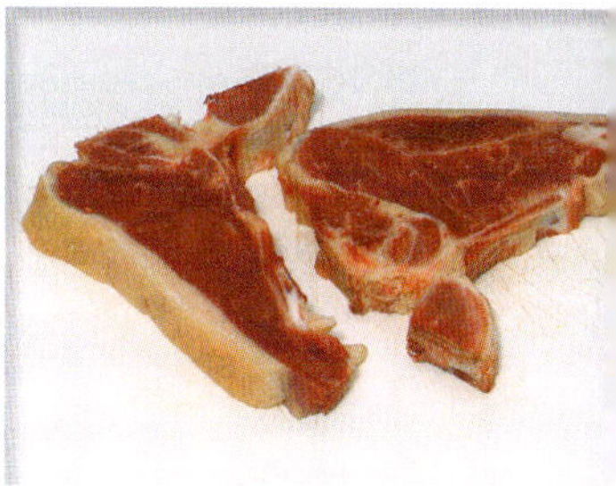

Únicamente alimentos de origen animal, en especial la carne vacuna, aportan hierro ligado a proteínas que resulta muy importante para un equilibrio de las funciones del organismo, así como determinados componentes del complejo vitamínico B (B_{12}).

Vitaminas en los alimentos

Las **vitaminas** son sustancias orgánicas que están presentes en pequeñas concentraciones en los alimentos naturales, por ejemplo: frutas, verduras, leche y pescado. Se trata de compuestos orgánicos específicos que actúan en procesos metabólicos necesarios para el correcto funcionamiento del organismo. Se han identificado unas 13 vitaminas, las cuales se clasifican en dos grupos, según sean solubles en agua (hidrosolubles) o en lípidos (liposolubles). Sólo una de éstas –la vitamina D– es sintetizada por el ser humano a partir de ciertos lípidos bajo la acción de la radiación ultravioleta sobre la piel.

Las vitaminas actúan mayoritariamente como **coenzimas** (sustancias que permiten o facilitan la función de las enzimas) o forman parte de éstas. Un rol adicional fundamental de las vitaminas consiste en la estimulación, aceleración y regulación de los procesos metabólicos esenciales.

El déficit vitamínico, o **hipovitaminosis**, más conocido se relaciona con las vitaminas C y B1: la falta de vitamina C produce una enfermedad conocida como **escorbuto**, característica de los marineros que realizaban largas travesías y se manifiesta en encías sangrantes, la caída de dientes, la cicatrización lenta de las heridas y, en casos graves, la muerte; en cambio, la falta de vitamina B1 produce una afección conocida como **beriberi**, muy común en Asia durante el siglo XIX debido al descarte, durante la molienda del arroz, de la cáscara que la contiene (por esta razón, es importante consumir arroz integral).

Origen y clasificación de las vitaminas

	Fuente	Función	Efectos carenciales
A	Hígado, frutas, lácteos, hortalizas.	Mantiene los epitelios, los dientes y los huesos; suministra pigmentos visuales.	Anorexia, ceguera nocturna, lesiones de la piel y mucosas.
D	Síntesis en la piel por acción de UV, leche, aceites de pescado.	Produce la absorción de calcio y fosfatos en el tubo digestivo.	Raquitismo.
E	Germen de trigo, aceites de semilla, carne, lácteos.	Inhibe el catabolismo de los fosfolípidos, promueve la función neuronal.	Anemia.
K	Producida por las bacterias intestinales, hígado, coliflor.	Favorece la síntesis de factores de coagulación sanguínea.	Problemas en la coagulación sanguínea.
B1	Legumbres, hígado, huevo, levaduras.	Interviene en el metabolismo de carbohidratos, síntesis de neurotransmisores.	Beriberi, fatiga, anorexia.
B2	Verduras de hoja, lácteos, huevo, carne de vaca y cordero.	Actúa en el metabolismo de los carbohidratos y proteínas, especialmente en ojos, piel, mucosa intestinal.	Problemas visuales, cataratas, trastornos en la piel y mucosa intestinal.
B3	Levadura, pescado, hígado, lácteos, carne.	Actúa en la respiración celular.	Diarreas, trastornos mentales y de la piel.
B6	Lácteos, hígado, carne de cerdo, banana.	Se relaciona con el crecimiento de los tejidos.	Retraso en el crecimiento, trastornos nerviosos, anemia.
B12	Leche, carne, huevo, hígado.	Actúa en la síntesis de la hemoglobina.	Anemia perniciosa, degeneración del axón.
Ácido fólico	Hígado, huevos, hortalizas.	Actúa en la síntesis de nucleótidos y en la producción de glóbulos rojos y blancos.	Anemia, anormalidad del tubo neural en fetos.
C	Cítricos, tomate, papa.	Promueve el desarrollo de tejido conectivo, metabolismo de proteínas, cicatrización.	Escorbuto, deficiencia en el crecimiento óseo, cicatrización lenta.

Estructura del sistema digestivo

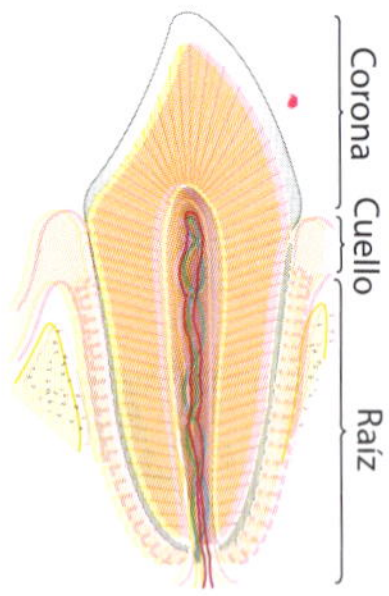

Los **dientes** se insertan en cavidades –los alvéolos– que se ubican en los bordes de los maxilares. Están constituidos por tres capas: el esmalte, la corona y la raíz. La corona como la raíz contienen una capa media de material óseo llamada **dentina**.

El **sistema digestivo** interviene en el proceso de nutrición humana a través de una serie de procesos mecánicos y químicos destinados a la incorporación, la asimilación y la eliminación de nutrientes.

El **canal alimentario** del ser humano, al igual que en otros vertebrados, es un tubo continuo que se extiende desde la cavidad bucal hasta el ano. Tiene una longitud de aproximadamente 10 m. El tubo digestivo presenta segmentos especializados para cumplir con las diferentes funciones que implica el proceso de nutrición. Además, existen varias **glándulas anexas** que contribuyen a la realización del proceso digestivo.

La digestión se inicia en la boca con la incorporación de alimentos, que luego pasan por la faringe y el esófago hasta el estómago, y finalmente al intestino delgado donde reciben otras secreciones de las glándulas anexas; allí se produce la absorción de las moléculas de nutrientes y su pasaje a la sangre y la linfa para su distribución a todos los tejidos del cuerpo. Finalmente, luego de una nueva reabsorción de agua y ciertos nutrientes, se forman residuos digestivos y se eliminan otros materiales no digeridos a través del ano.

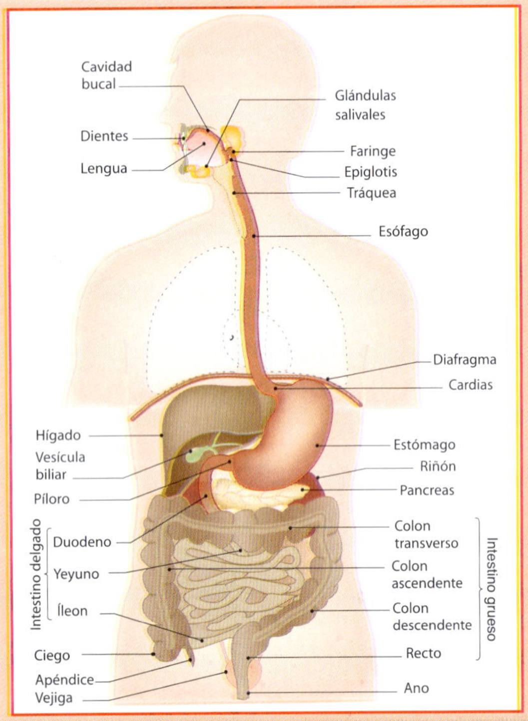

La **boca** es una cavidad separada de las fosas nasales por el paladar; en ella desembocan las glándulas salivales, se ubica la lengua y los dientes. La boca recibe los alimentos, y en la cavidad bucal se inicia la digestión mecánica y química (en particular, carbohidratos).
La **lengua**, ubicada en el piso de la cavidad bucal, participa en la deglución, además de poseer papilas gustativas (órgano sensorial).
El **esófago** es un órgano muscular que, por medio de sus movimientos peristálticos, favorece el desplazamiento del alimento hacia el estómago.
El **cardias** es un esfínter muscular ubicado entre el esófago y el estómago.
El **estómago** es un saco donde se producen los jugos gástricos y se inicia la digestión de las proteínas.
El esfínter **pilórico** está ubicado entre el estómago y el duodeno.
El **intestino delgado** es un tubo muy alargado y plegado, dividido en sectores: el **duodeno** y el **yeyuno-íleon**. En total, mide entre 6 y 8 m y allí se completa la digestión química de los alimentos y se produce la absorción de los nutrientes (aminoácidos, monosacáridos, ácidos grasos, glicéridos, agua).
La **válvula ileocecal** marca el punto donde el intestino delgado termina en el intestino grueso.
El **intestino grueso** es el tramo final del tubo digestivo y presenta diferentes regiones: el **ciego**, el **colon ascendente**, el **colon transverso**, el **colon descendente** y el **colon sigmoideo** (en el colon también se realiza reabsorción de agua y nutrientes), el **recto** y, finalmente, el **ano**, sector donde se produce la egestión de los desechos.

Organografía interna del tubo digestivo

temas relacionados

En el capítulo 3 se analizan los tejidos, órganos y sistemas orgánicos del cuerpo y en el capítulo 9, el sentido del gusto.

Los órganos que constituyen el tubo digestivo se encuentran en la cavidad abdominal, con excepción de la **boca**, que está en la cara; la **faringe**, ubicada en el cuello, y el **esófago** que casi en su totalidad se halla localizado en el tórax. La pared del tubo digestivo está constituida por cuatro capas de tejidos diferentes. En la luz del tubo o cavidad se encuentra la **mucosa**, cuyas células cumplen la función de secreción y absorción; la **submucosa**, donde se hallan los vasos sanguíneos y linfáticos y una red nerviosa; por fuera, la musculatura lisa, conformada por dos capas de fibras, la **capa muscular circular**, que estrecha el tubo, y la **capa muscular longitudinal**, que lo acorta. Entre las capas musculares se aprecia una red nerviosa que coordina los movimientos musculares. La capa externa que incluye todo el tubo digestivo es la **serosa**, formada por tejido conectivo fibroso.

La digestión comienza en la boca

A través de la boca ingresan los alimentos al tubo digestivo, iniciándose la **digestión mecánica** (acción de los **dientes**) y **química** (saliva segregada por las **glándulas salivales**).

Además, la cavidad bucal interviene en la emisión de la voz y contiene la lengua donde se encuentran las células sensoriales del gusto.

Las glándulas salivales son tres pares:

- las **parótidas**, que se ubican por debajo del conducto auditivo externo y son las de mayor tamaño;
- las **submaxilares**, localizadas en el lado interno del maxilar inferior;
- las **sublinguales**, que se encuentran debajo de la lengua.

La **saliva**, secreción de las glándulas salivales, lubrica y humedece la cavidad bucal. Es ligeramente alcalina; está constituida por un 90-95% de agua y posee, en disolución, iones como el sodio, potasio, cloro, fosfatos y bicarbonato; mucus y sustancias orgánicas como los anticuerpos. El ser humano produce entre 1 y 1,5 litros de saliva diaria. La secreción salival se encuentra bajo el control del sistema parasimpático y es estimulada por el olor, el sabor y la vista del alimento. Es importante destacar que aporta la primera de las enzimas digestivas que actúan en la digestión química de los alimentos: la **amilasa salival**, o **ptialina**, que convierte el almidón en maltosa.

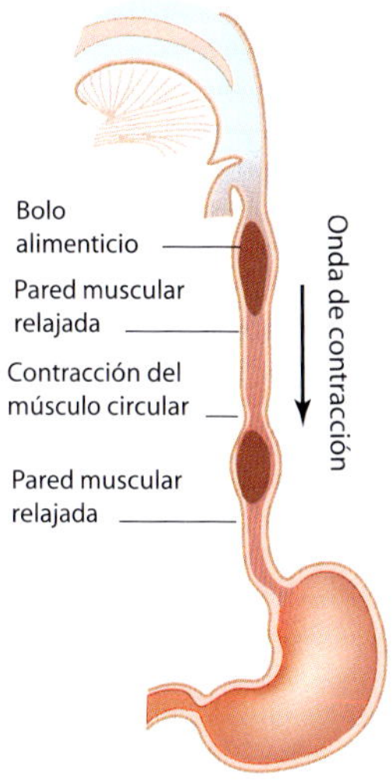

La peristalsis es la serie de movimientos rítmicos en las paredes del tubo digestivo que empujan el contenido hacia delante. Este movimiento se debe a la contracción y relajación de las dos capas de músculos lisos (longitudinales y circulares). La velocidad y fuerza de las contracciones son reguladas por el sistema nervioso autónomo.

Deglución

La **lengua**, órgano muscular situado en el piso de la boca, mezcla los alimentos con la secreción salival formando el bolo alimenticio.

El **bolo alimenticio** es empujado por acción de la lengua hacia la parte posterior de la boca, donde las terminaciones nerviosas sensitivas de esta zona, y de la faringe y el esófago, inician el reflejo de **deglución**.

El paladar blando se eleva mientras la laringe se dirige hacia arriba y adelante cerrándose por acción del cartílago **epiglotis**, que posibilita que el alimento se dirija al esófago y no a las vías respiratorias. Finalmente, el bolo llega al estómago merced a los movimientos peristálticos del esófago.

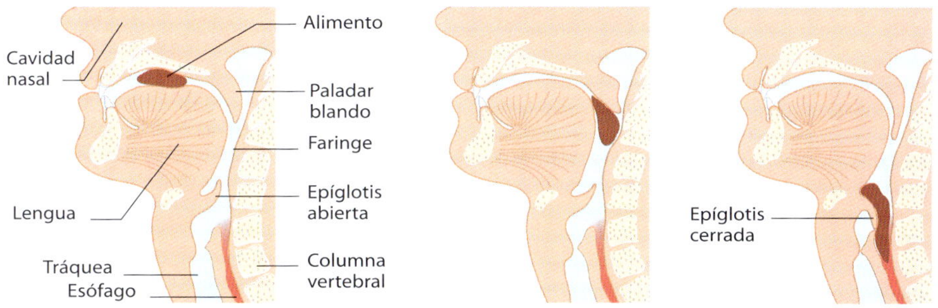

Mecanismo de deglución

El alimento, empujado por la lengua hacia la faringe, gatilla el reflejo de deglución. La estructura llamada epiglotis cubre la glotis, una abertura que comunica con el sistema respiratorio; de este modo, se impide que el bolo entre en la tráquea.

El esófago y el movimiento peristáltico

Cuando el bolo alimenticio entra al **esófago**, el **peristaltismo** comienza a actuar llevando el alimento hasta el estómago. Este movimiento es una contracción de las fibras musculares lisas que avanza por las paredes del tubo digestivo hasta el ano. La deglución del bolo alimenticio estira la parte superior del esófago, lo cual inicia la onda de **contracción peristáltica**.

El esófago es un conducto cilíndrico de unos 25 cm de largo, que continúa a la faringe. Su pared interna está cubierta de mucus para que el alimento transite sin dificultad; en el extremo inferior de este órgano hay un anillo muscular, o esfínter, llamado cardias. Éste suele estar contraído para evitar que los líquidos ácidos del estómago asciendan al esófago, las ondas peristálticas producen la relajación del cardias para que el alimento progrese hasta el estómago.

temasrelacionados

En el capítulo 5 se analiza la estructura y función de las vías respiratorias.

El estómago, la digestión y la secreción ácida

El **estómago** es un órgano muscular en forma de J ubicado por debajo del diafragma. Se relaciona, por la parte superior, con el esófago a través del cardias, y por la inferior, con el **píloro**, el cual se compone de una válvula y un esfínter. En general, el alimento permanece en este órgano durante un lapso de 1 a 4 horas. Durante este tiempo se produce la mezcla continua con los **jugos estomacales**, o **gástricos**, mediante la contracción de los músculos de la pared estomacal. La mezcla líquida y ácida de este jugo con el alimento parcialmente digerido constituye el **quimo**.

temasrelacionados

En el capítulo 11, se analiza la función endocrina de los órganos digestivos.

La mucosa del estómago presenta profundos pliegues donde se ubican las **glándulas gástricas**. Éstas secretan mucus, ácido clorhídrico y enzimas digestivas. El mucus reviste las paredes del estómago, protegiéndolo de la erosión y digestión de los jugos gástricos. El ácido clorhídrico mantiene el pH entre 1 y 3, lo cual proporciona el medio adecuado para la acción enzimática, además actúa como agente antifermentativo y evita la proliferación de bacterias ingeridas con el alimento.

Las glándulas gástricas también producen **pepsinógeno** –que se convierte en **pepsina** por el pH ácido–, principal enzima del jugo gástrico que degrada las **proteínas** en **péptidos**. Además, en bebés y niños pequeños, el estómago elabora **renina**, una hormona que coagula la leche –lo cual permite un tránsito lento de la leche por el estómago– y actúa sobre la **caseína**, la que finalmente es degradada por la pepsina.

Las secreciones de los jugos gástricos responden a los estímulos nerviosos "disparados" por la presencia del alimento en el estómago. Estas secreciones están reguladas por una hormona de acción local denominada **gastrina**, la cual se elabora en células ubicadas en la zona distal del estómago –área pilórica–, además de estimular la secreción gástrica induce a la contracción de las paredes del estómago.

Glándulas anexas del sistema digestivo

Distribución de las glándulas anexas del sistema digestivo

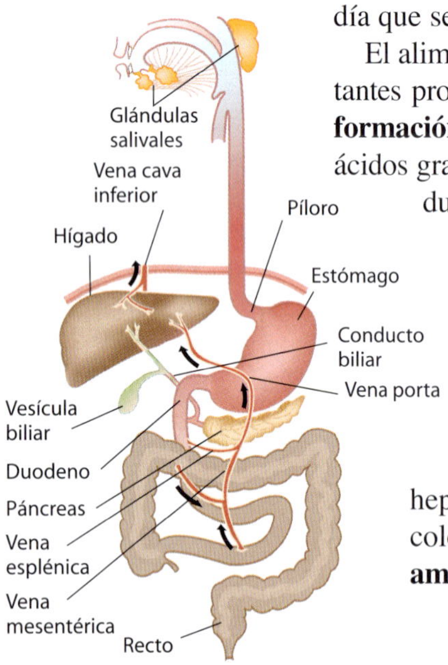

El **hígado** está constituido por células especializadas, los **hepatocitos**. Constituye la glándula más voluminosa del cuerpo. Produce unos 800 ml de **bilis** por día que se almacena en la **vesícula biliar** para ser liberada en el **duodeno**.

El alimento es conducido por la sangre al hígado donde se llevan a cabo importantes procesos metabólicos como **formación** y **almacenamiento de glucógeno**, **formación de glucosa a partir del glucógeno**, formación de glucosa a través de ácidos grasos, reserva de hierro, sangre y vitaminas, producción de proteínas, producción de anticuerpos, degradación de grasas, producción de urea a partir del amoníaco, destrucción de hormonas y medicamentos, etcétera.

El **páncreas** es otra glándula de gran tamaño, que se encuentra por detrás del estómago. Funciona tanto como una **glándula endocrina** –segregando hormonas– como **exocrina**, produciendo líquidos pancreáticos que llegan al duodeno y que cumplen función digestiva.

La bilis producida por el hígado sale de éste a través del conducto hepático. La vesícula biliar, que almacena la bilis, es vaciada a través del colédoco, que se une al conducto pancreático antes de desembocar en la **ampolla de Vater**, situada en el duodeno.

Estructura y función del intestino delgado: digestión y absorción

La acción del jugo gástrico del estómago sobre el bolo alimenticio convierte a esta mezcla en **quimo** que, paulatinamente, va dirigiéndose hacia el intestino delgado.

El **intestino delgado** es el principal órgano de la digestión química y produce el **jugo intestinal**. Tiene un largo de entre 6 y 8 m, aproximadamente. Se divide en tres porciones: **duodeno**, **yeyuno** e **íleon** (estos dos últimos forman el conjunto denominado yeyuno-íleon).

El **duodeno** recibe, además, las secreciones del páncreas, el hígado y las propias glándulas intestinales. El producto de las secreciones intestinales se denomina **quilo**.

Al completarse la digestión, las moléculas de nutrientes son absorbidas a través de las paredes de las vellosidades y microvellosidades de las células del epitelio intestinal.

- Los productos hidrosolubles, como monosacáridos, aminoácidos y glicerol, además del agua y los minerales, ingresan directamente hacia el torrente sanguíneo.
- Los ácidos grasos, el glicerol y las vitaminas liposolubles forman micelios que se disuelven en las membranas plasmáticas de las vellosidades y pasan al sistema linfático.

temasrelacionados

En el capítulo 6 se analiza la estructura del sistema circulatorio; en el capítulo 9, la composición del sistema nervioso autónomo y en el capítulo 16, las noxas y enfermedades, y las barreras primarias relacionadas con las vías digestivas.

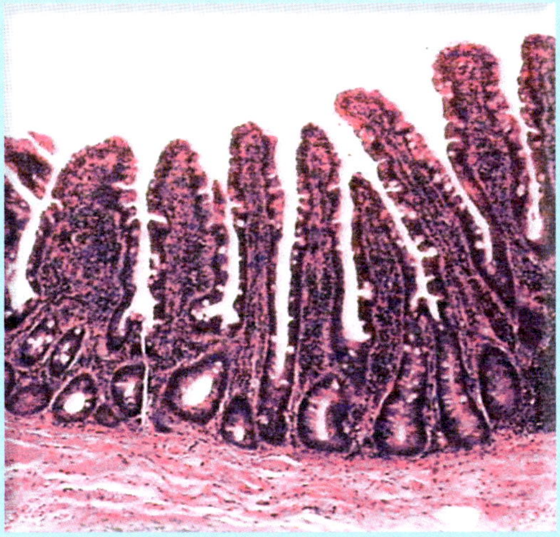

Interfase y comunicación con el sistema circulatorio. Las vellosidades intestinales aumentan la superficie disponible de absorción de moléculas muy simples producto de la degradación de nutrientes complejos, por ejemplo, los aminoácidos, que pasan directamente a la sangre para ser transportados hacia las células del cuerpo.

Egestión y reabsorción en el intestino grueso

El **íleon** conduce a la primera parte del **colon**, un saco denominado **ciego** y una estructura vestigial en los seres humanos, el **apéndice**.

El colon contiene una gran población de bacterias, que constituyen la llamada **flora intestinal** y degradan el almidón de liberación lenta, que tarda mucho tiempo en ser digerido por la amilasa pancreática (se encuentra en cereales, pastas y otros alimentos similares). También existe un almidón resistente que pasa indigerido a través del intestino, y es común encontrarlo en las bananas.

Las bacterias intestinales sintetizan vitaminas K y B12 que son absorbidas por el colon. En este último se completa la absorción de agua y sales minerales, y se forma la materia fecal con las sustancias que no pudieron ser digeridas por el organismo, las células muertas que se desprenden por desgaste de las paredes del intestino y los restos de los jugos digestivos. Las contracciones de las paredes del intestino hacen avanzar la materia fecal hasta que se produce la defecación.

Origen y funciones de las enzimas digestivas humanas

Enzima	Origen	Acción
Amilasa salival	Glándulas salivales	Almidón en maltosa
Pepsina	Estómago	Proteínas en péptidos
Amilasa pancreática	Páncreas	Almidón en maltosa
Tripsina	Páncreas	Proteínas en péptidos
Lipasa	Páncreas	Lípidos en ácidos grasos y glicerol
Nucleasa	Páncreas	Ácidos nucleicos en nucleótidos
Quimiotripsina	Páncreas	Proteínas en péptidos
Aminopeptidasa	Intestino	Proteínas en péptidos y aminoácidos
Carboxipeptidasa	Páncreas	Proteínas en péptidos y aminoácidos
Dipeptidasa	Intestino	Dipéptidos en aminoácidos
Enteroquinasa	Intestino	Tripsinógeno en tripsina
Lactasa	Intestino	Lactosa en galactosa y glucosa
Maltasa	Intestino	Maltosa en glucosa
Sacarasa	Intestino	Sacarosa en glucosa y fructosa

En síntesis, la acción de los jugos digestivos produce la degradación completa de los alimentos en nutrientes simples que pueden ser asimilados por el organismo.

Degradación de distintos alimentos

Duración de alimentos en la boca: 5 a 30 s
Jugos digestivos: saliva
Impregnación de alimentos por la saliva
Enzima digestiva: amilasa salival

Duración de alimentos en el estómago: 5 a 8 h
Jugos digestivos: jugo gástrico
Enzimas digestivas: proteasas

Duración de alimentos en el intestino: 1 h (agua, glucosa) 18 a 24 hs (alimento completo)
Jugos digestivos: jugo pancreático y jugo intestinal
Enzimas digestivas:
Amilasa pancreática
Proteasas
Lipasa
Enzimas que facilitan la simplificación de los azúcares

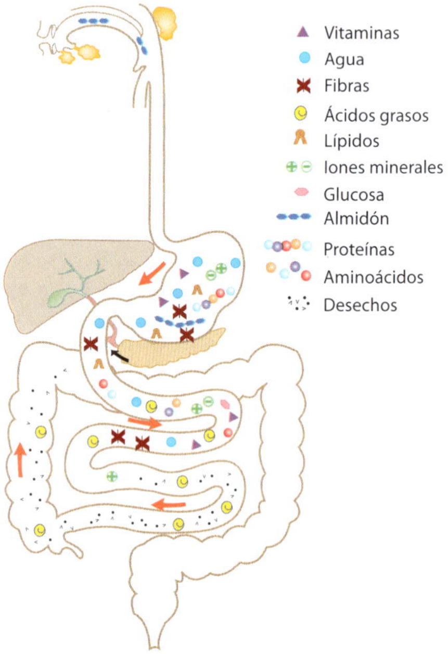

prevención y salud

La higiene de los alimentos

Las siguientes medidas son muy importantes para evitar la contaminación alimentaria: lavarse las manos y limpiar las superficies de la cocina, antes y después de la preparación de los alimentos; separar la preparación de los alimentos para evitar la contaminación cruzada (de un alimento crudo a otro cocido) en el uso de utensilios y tablas de cocina; cocinar a la temperatura adecuada y no consumir alimentos que requieran cocción en estado crudo; no consumir alimentos frescos sin antes lavarlos cuidadosamente; evitar romper la cadena de frío al colocar alimentos perecederos en la heladera, por ejemplo, los lácteos.

Bromatología y control de los alimentos

La **Bromatología** es la ciencia que estudia la composición cualitativa y cuantitativa de los alimentos y los métodos analíticos aplicables para analizar su composición de nutrientes y determinar su calidad. Utiliza la tecnología más apropiada para el tratamiento de las enfermedades originadas por contaminación alimentaria, por agregado de colorante y otros conservantes no permitidos que pueden constituir noxas químicas, o agentes patógenos como determinadas bacterias (salmonelas, estafilococos, etc.) o bien la toxina botulínica, entre otras. Una importante actividad de los bromatólogos es la certificación de la inocuidad de los alimentos para el consumo a través del análisis de las sustancias que contienen. El **Servicio Nacional de Sanidad y Calidad Agroalimentaria** (**CENASA**) tiene como objetivo la fiscalización y certificación de todos los productos alimentarios que provienen de las granjas, huertas y campos de cultivo.

Estructura y función comparadas

Nutrición y cambios evolutivos asociados con la digestión

En los seres vivos existen cuatro modelos básicos de nutrición:

- En las plantas verdes, las algas y otros organismos **autótrofos**, se obtienen algunos nutrientes por absorción, pero los más importantes se producen por la fotosíntesis, en presencia de la luz solar. Como resultado de esta **fototrofia**, o alimentación por la luz, se forma glucosa y otros azúcares.
- En diversas bacterias y arquibacterias, también se fabrican muchos nutrientes, pero sin relación con la energía lumínica, sino a partir de la energía química de las reacciones de óxido-reducción, estado que se denomina **quimiotrofia**.
- Los hongos y los animales son **heterótrofos**, pero tienen diferentes modos de alimentación.
- En los hongos, y también en algunas algas, existe la **osmotrofia**, la absorción directa de nutrientes a partir del medio (materia en descomposición, cadáveres de organismos, fluidos de los organismos que parasitan).
- En los animales, generalmente el modo de nutrición (extracelular e intracelular) es la **fagotrofia**, o ingestión activa de partículas de alimentos o partes de otros seres vivos.
- Ciertas algas, como los dinoflagelados, presentan una alimentación facultativa, o **mixotrofia**, por fototrofia, osmotrofia y fagotrofia, según las condiciones ambientales.

La digestión intracelular es la que se produce dentro de la célula.
La digestión extracelular es la que se lleva a cabo fuera de la célula, dentro de las cavidades digestivas, como ocurre en los vertebrados, o bien fuera del cuerpo, como sucede en las arañas, que inyectan enzimas digestivas a sus presas. Otros animales realizan una digestión mixta, como las anémonas de mar y las medusas, con una digestión extracelular previa y luego una digestión intracelular combinando ambos tipos.

Los organismos heterótrofos, como los hongos, la mayoría de los protozoos y los animales, al no poder sintetizar su propio alimento a partir de sustancias inorgánicas, necesitan alimentarse de otros seres vivos o de sus partes. Dentro de los cambios evolutivos de los sistemas digestivos podemos mencionar:

1) La digestión intracelular de protozoos y unos pocos animales (metazoos), como las esponjas, a través de la fagocitosis y las vacuolas digestivas.
2) La formación de una cavidad gástrica, o celenterón, en los cnidarios (anémonas y medusas) y ctenóforos (peines de mar).
3) La cavidad digestiva o tubo digestivo cerrado en muchos platelmintos, donde el tubo digestivo también posee una única abertura, la boca, por donde entra y sale el alimento.
4) La formación de un tubo digestivo completo y abierto en los restantes animales, desde los nematodos a los vertebrados, pasando por los anélidos, moluscos, artrópodos y equinodermos, donde el alimento entra por la boca y los desechos salen por el ano.

Sistema digestivo de los herbívoros

El sistema digestivo de los rumiantes, como vacas, cabras y ovejas, está especializado para sacar el máximo provecho de los microorganismos endosimbiontes. Poseen un estómago dividido en cuatro cámaras, rumen, retículo, omaso y abomaso (este último actúa como un verdadero estómago). Otros mamíferos herbívoros no rumiantes presentan igualmente grandes colonias de microorganismos que trabajan en cubas de fermentación, el ciego, como el caballo, el conejo y la liebre.

EXPERIENCIAS

Detección de proteínas en la clara de huevo

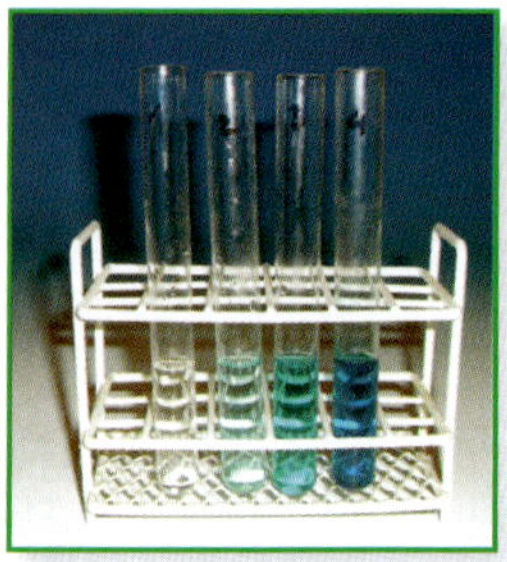

Las proteínas son nutrientes esenciales en los alimentos. Su **detección** se realiza mediante la reacción de Biuret. La solución con proteínas toma un color púrpura cuando se le agrega el reactivo de Biuret.

Materiales

Clara de huevo; agua; pipetas graduadas, vaso de precipitado; tubos de ensayo; gradilla; solución de hidróxido de sodio concentrada; solución de sulfato de cobre al 2%.

Procedimiento

1. Coloquen la clara de huevo en el vaso de precipitado y bátanla; luego agreguen tres veces su volumen de agua y mezclen nuevamente.
2. Numeren los tubos de ensayo del 1 al 4 y agreguen a cada uno:
   tubo 1: 3 cc de agua;
   tubo 2: 2 cc de agua y 1 cc de solución de clara de huevo;
   tubo 3: 1 cc de agua y 2 cc de solución de clara de huevo;
   tubo 4: 3 cc de solución de clara de huevo.
3. Agreguen 1 cc de solución de hidróxido de sodio concentrada y tres gotas de solución de sulfato de cobre al 2% en cada tubo de ensayo.
4. Comparen la coloración de la solución de cada tubo.

Presencia de carbohidratos en vegetales

Este método de detección sirve para diferenciar los aldehídos de las cetonas (salvo las alfa-hidroxicetonas): los aldehídos se oxidan y reducen el reactivo de Fehling, reacción por la cual se forma un precipitado de color ladrillo de óxido cuproso, mientras que las cetonas no lo hacen. Todos los monosacáridos, sean aldosas (los que presentan grupos aldehído) o cetosas (los que presentan grupos cetona, es decir, las alfa-hidroxicetonas) son azúcares reductores, al igual que la mayoría de los disacáridos, aunque una de las excepciones es la sacarosa, que no es reductora.

Materiales

Trozos de papa o mandioca; granos de maíz; uvas; porción de durazno o manzana; 2 tubos de ensayo; un mortero; dos cápsulas de Petri; papel de filtro; un embudo; solución de Lugol; reactivo de Fehling.

Procedimiento

1. Machaquen las rodajas de papa previamente ablandadas en agua, repitan el procedimiento con los granos de maíz.
2. Ubiquen las papillas machacadas en sendas cápsulas de Petri y agreguen unas gotas de Lugol sobre ellas.
3. Machaquen la uva con un poco de agua en el mortero, repitan este procedimiento con la manzana. Filtren los machacados con papel de filtro.
4. Coloquen 1 ml de los filtrados en los dos tubos de ensayo. Agreguen 2 ml del reactivo de Fehling A y 2 ml de Fehling B en ambos tubos.
5. Calienten los tubos de ensayo en un mechero hasta observar un precipitado de color rojo.

Análisis de resultados y conclusiones

Preparen un informe en la carpeta con los cambios de las reacciones de Biuret, Lugol y Fehling.

ACTIVIDADES

1. **Copien y completen las siguientes oraciones:**

   a) La primera enzima digestiva que actúa es ______________.

   b) El movimiento ______________ es el responsable de transportar los alimentos por el tubo digestivo.

   c) Un medio con un pH ____________ permite la acción de la ____________.

   d) En las microvellosidades es donde se produce la __________ de los nutrientes.

   e) Una dieta con la cantidad apropiada de ____________ evita la anemia.

2. **Realicen la siguiente investigación experimental.**
   La bilis es secretada por el hígado y está compuesta por pigmentos biliares y ácidos biliares, estos últimos presentan acción sobre los lípidos durante la digestión en el intestino delgado.

   Materiales
   Agua destilada; aceite de cocina; detergente; dos frascos.

   Procedimiento
   En ambos frascos colocar 15 ml de agua destilada y luego agregarle 5 ml de aceite. En uno de los frascos agregar unos 5 ml de detergente.

   Resultados
   ¿De qué modo actúa el detergente sobre el aceite?
   ¿Cómo se interpreta la acción de los líquidos biliares sobre los lípidos?
   Sin el aporte de bilis, ¿qué sucedería con los lípidos en el intestino delgado?

3. **Elaboren un menú semanal (con cuatro comidas diarias) para representar los gastos calóricos y los requerimientos nutricionales diarios.**

autoevaluación

Elijan la respuesta correcta

1. **La digestión mecánica y química se inicia en:**
   a) la faringe; ☐
   b) el estómago; ☐
   c) la cavidad bucal. ☐

2. **El estómago elabora, entre otras sustancias:**
   a) tripsina; ☐
   b) ácido clorhídrico; ☐
   c) bilis. ☐

3. **El jugo biliar:**
   a) actúa en la digestión de los carbohidratos; ☐
   b) emulsiona las grasas como un detergente; ☐
   c) dilata el cardias. ☐

4. **El páncreas:**
   a) es una glándula mixta que produce enzimas digestivas y hormonas; ☐
   b) produce sólo bicarbonato y enzimas digestivas; ☐
   c) elabora hormonas. ☐

5. **El órgano encargado de la digestión y la absorción de los nutrientes es:**
   a) el esófago; ☐
   b) el recto; ☐
   c) el intestino delgado. ☐

6. **En el intestino grueso se lleva a cabo:**
   a) la reabsorción del agua y de los minerales; ☐
   b) la digestión de los lípidos; ☐
   c) la formación de urea. ☐

7. **Una de las siguientes sustancias aporta más energía:**
   a) los hidratos de carbono; ☐
   b) los lípidos; ☐
   c) las vitaminas. ☐

8. **La enfermedad nutricional que se produce por la falta de vitamina C es:**
   a) beriberi; ☐
   b) escorbuto; ☐
   c) raquitismo. ☐

9. **¿Cuál es el aporte de una armónica dieta vegetariana?**
   a) Sólo hidratos de carbono. ☐
   b) Fibras, aminoácidos esenciales, vitaminas, azúcares y lípidos. ☐
   c) Sólo fibras y azúcares. ☐

10. **En los rumiantes hay mayor desarrollo del:**
    a) intestino; ☐
    b) esófago; ☐
    c) estómago. ☐

Sistema respiratorio

A comienzos del siglo XX, el fisiólogo danés August Shack Krogh develó claramente la relación entre el sistema circulatorio y el respiratorio a través de los alvéolos pulmonares donde se realiza el intercambio de gases. Por su parte, a mediados del mismo siglo, el bioquímico alemán Hans Adolf Krebs investigó el mecanismo celular de la respiración aeróbica (en presencia de oxígeno) y demostró la importancia del ciclo de reacciones químicas que lleva su nombre, el ciclo de Krebs, en la producción de energía química.

August Shack Krogh (1874-1949) estudió exhaustivamente durante años la mecánica respiratoria en los pulmones de los animales aeroterrestres, la respuesta a la demanda de oxígeno en los vertebrados y los insectos y la ventilación pulmonar.

Respiración submarina. Los buceadores obtienen el oxígeno del aire contenido a alta presión en los tanques de buceo. El aire espirado por el buceador no retorna al tanque y es eliminado al agua.

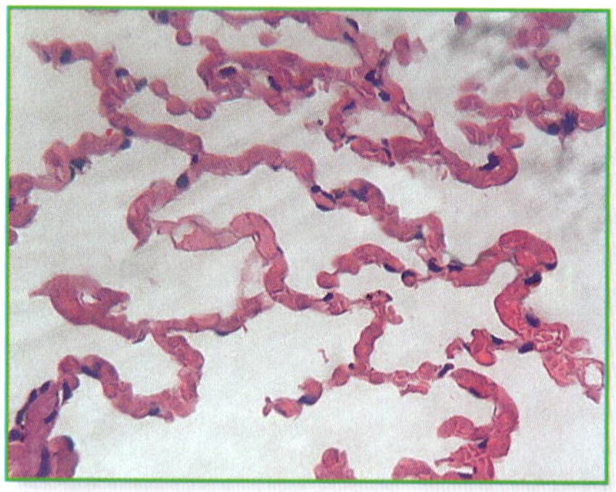

Epitelio alveolar simple y plano. Los alvéolos pulmonares en los extremos ciegos de los bronquiolitos más diminutos son sacos microscópicos que se unen a una red masiva de capilares sanguíneos permitiendo el intercambio de gases.

La función de la respiración

Los requerimientos de energía de las células y tejidos del cuerpo son satisfechos por la degradación final (**oxidación** o reacción química con el **oxígeno**) de la glucosa, los ácidos grasos y los aminoácidos durante la **respiración celular** o **interna**. Como resultado del proceso, el cuerpo forma **ATP** (adenosíntrifosfato) y produce **dióxido de carbono** como sustancia de desecho.

Por su parte, la entrada y salida de gases de los órganos encargados de la respiración se conoce como **ventilación**, **respiración mecánica** o **respiración externa**. Este proceso incluye la conducción del aire (cargado de oxígeno o dióxido de carbono) hacia los pulmones y desde ellos. La entrada de aire permite la llegada del oxígeno al sistema circulatorio. Por lo tanto, en el medio de ambos procesos, se produce el **intercambio respiratorio** (absorción de oxígeno desde los alvéolos a los capilares, y la eliminación de dióxido de carbono desde los capilares hacia los alvéolos). El oxígeno viaja por el sistema circulatorio ligado a la molécula de hemoglobina (**oxihemoglobina**), mientras que el dióxido de carbono lo hace en parte ligado a la hemoglobina (**carbohemoglobina**) y en parte disuelto en el plasma. Al llegar a las células, el oxígeno pasa desde los capilares a las células y sale el dióxido de carbono de las células hacia los capilares.

En conjunto, la **respiración** constituye la serie de acciones que permite el ingreso, absorción, transporte, excreción y expulsión de sustancias gaseosas del cuerpo.

Estructura y órganos del sistema respiratorio

Las vías de conducción del aire están formadas por las **fosas nasales**, la **faringe**, la **laringe**, la **tráquea** y los **bronquios** con sus ramificaciones gradualmente más finas en el interior de los **pulmones**, que son los órganos principales de la respiración.

El **tracto respiratorio** es la porción del sistema que permite que el aire fluya durante la respiración (**inspiración**, o entrada de aire, y **espiración**, o salida de aire).

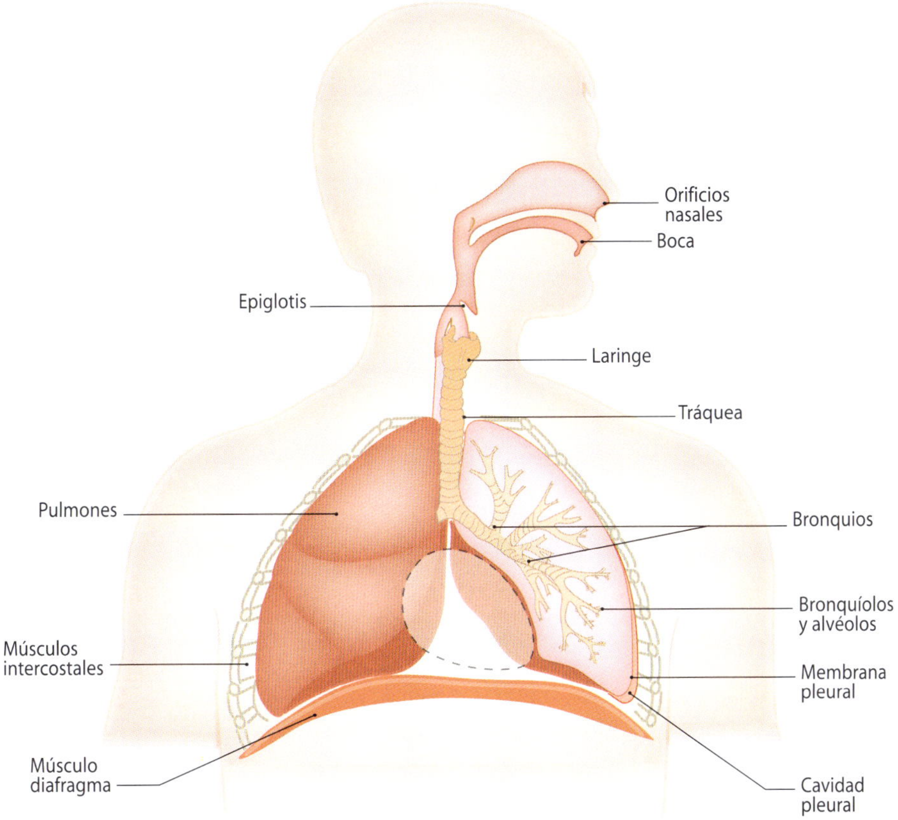

Cavidad nasal (cubierta de pelos, segrega mucus para limpiar de polvo, partículas y bacterias el aire inhalado, y presenta quimiorreceptores olfatorios).

Boca (si bien el aire puede ingresar por la boca, no puede limpiarse en forma eficiente).

Epiglotis y glotis (la epiglotis es un alerón, o tabique de cartílago, que se cierra sobre la glotis por la acción refleja de la deglución e impide la entrada de alimento a la tráquea).

Laringe (está compuesta mayormente de cartílago, en ella se encuentran las cuerdas vocales fibrosas y musculares, órgano de la fonación).

Tráquea (principal vía respiratoria hacia los pulmones cubierta por un epitelio columnar ciliado).

Bronquios (división de la tráquea hacia cada pulmón).

Pulmones (órganos respiratorios principales).

Alvéolos (sitio de intercambio gaseoso en el extremo ciego de los bronquíolos terminales).

Bronquíolos, bronquiolitos y bronquíolos terminales (ramificaciones graduales de los bronquios en el interior de los pulmones).

Músculos intercostales (dos conjuntos de músculos ubicados entre las costillas que actúan en la mecánica respiratoria).

Diafragma (vaina de tejido muscular fibroso sumamente importante en la ventilación).

Membranas pleurales (dobles membranas que tapizan el tórax y cubren la superficie pulmonar).

Cavidad pleural (espacio lleno de líquido lubricante).

Costillas (doce pares de huesos unidos a las vértebras que actúan como caja protectora alrededor de los pulmones y el corazón; los diez primeros pares están unidos frontalmente con el esternón).

prevención y salud

Los riesgos de fumar y la salud respiratoria

El tabaquismo es una adicción sumamente peligrosa ya que el humo del tabaco posee una gran cantidad de sustancias tóxicas, entre ellas la nicotina, que actúa estimulando la producción de adrenalina e incrementando así la probabilidad de formación de coágulos y depósitos de colesterol. El monóxido de carbono es un gas que tiene una gran afinidad para unirse a la hemoglobina y reduce la cantidad de O_2 acarreado por la sangre. El alquitrán que inhibe la acción de las cilias de las células del tracto respiratorio, aumenta la suciedad y los gérmenes en los pulmones y produce bronquitis, además se trata de una sustancia cancerígena.

La respiración debe realizarse, principalmente, por la nariz, tanto durante el ejercicio físico demandante como en el reposo. Esto es importante por la presencia de pelos y mucus que impiden la entrada de agentes infecciosos y partículas de polvo a los pulmones.

Vías respiratorias superiores

Las vías respiratorias superiores son las encargadas de permitir el ingreso de aire y, a la vez, controlar la limpieza y eficiencia de la respiración.

Fosas nasales

A las **fosas nasales** se las puede considerar como dos "pasillos", o cavidades con una pared en común, que se encuentran en la cara ubicada por debajo y en el interior de las órbitas. Estas cavidades se prolongan hacia fuera mediante el **apéndice nasal**. Este apéndice está dividido en dos cámaras que no son otra cosa que las fosas nasales que se continúan hacia el exterior. Entonces, la nariz presenta un aspecto piramidal, con dos caras anterolaterales y una base donde se ubican los **orificios nasales**.

Cada una de las fosas nasales presenta cuatro paredes: la superior constituye el **techo** de las cámaras; la inferior, el piso, y además hay dos laterales. El techo está formado por los huesos nasal, frontal, etmoides y esfenoides. El piso de la fosa nasal está constituido por el maxilar superior y el palatino. La pared externa es amplia y la constituyen el lacrimal, la masa lateral del etmoides, el maxilar superior, el palatino y los cornetes. Por último, la pared interna, o **tabique nasal** que divide ambas fosas, está formada por los huesos etmoides, el vómer más el cartílago cuadrado de la nariz.

Cada una de las fosas nasales presenta dos orificios: el anterior, comunica con el exterior a través del orificio nasal, y es allí por donde ingresa el aire, y el posterior, se vincula con la faringe a través de la **coana**.

Cavidad nasal

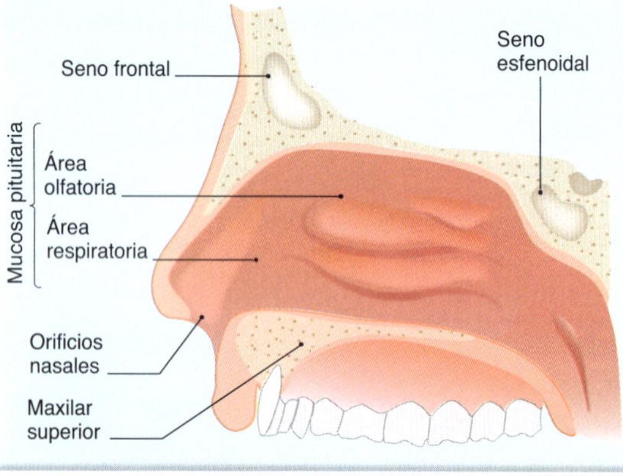

El interior de las fosas nasales se encuentra revestido por un epitelio denominado mucosa pituitaria, que es continuo desde el interior del apéndice nasal hasta la mucosa de la faringe. Esta mucosa pituitaria se divide en dos áreas: una **inferior** de color rojizo, que cumple función respiratoria, y otra **superior**, que abarca la zona del techo desde el tercer cornete y cumple función olfatoria.

El área respiratoria se encuentra profusamente irrigada por vasos sanguíneos y es rica en células glandulares productoras de mucus. La función de esta porción de la pituitaria es calentar el aire inspirado y proteger, de esta manera, los bronquios y pulmones. Además, el mucus actúa como una especie de filtro que retiene polvo y otras partículas sólidas. El epitelio olfatorio es de color amarillo y cubre una pequeña superficie de unos 2,5 cm^2. En esta zona se encuentran las neuronas olfativas, células ciliadas con pequeñas prolongaciones de su membrana, las cuales aumentan la superficie de contacto entre la neurona y el medio externo. En estos cilios se produce la interacción entre el compuesto volátil y el sistema nervioso.

Faringe

La **faringe** es un órgano de unos 14 cm de longitud que se sitúa en el cuello. Tiene una estructura membrano-muscular y desciende desde la base del cráneo hasta la sexta o séptima vértebra cervical. Se pueden distinguir en ella tres zonas: la **nasofaringe**, la **bucofaringe** y la **laringofaringe**.

temasrelacionados

En el captíulo 8 se mencionan los diferentes huesos del esqueleto, y en el 10 la estructura y la función de los órganos sensoriales.

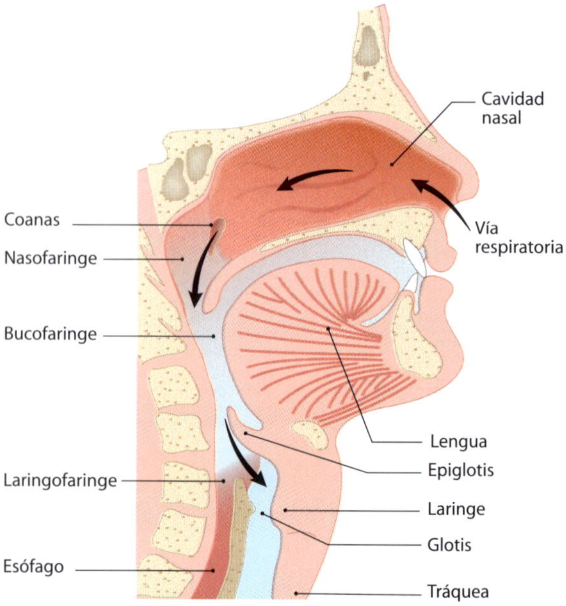

Vías respiratorias inferiores

Las vías respiratorias inferiores están encargadas de conducir el aire hacia los pulmones y permitir el intercambio gaseoso.

temasrelacionados

En el capítulo 3 se presentan las cavidades y tejidos corporales.

Laringe: órgano generador de la palabra

La **laringe** es un órgano impar situado en la zona cervical (por delante de las últimas cuatro vértebras cervicales). Está constituida por un conjunto de cartílagos y músculos que le brindan soporte, de los cuales los más importantes son: el cartílago tiroides, el cartílago cricoides y la epiglotis.

- El **cartílago tiroides** es la parte más prominente de la laringe, puede observarse en la zona anterior del cuello. Se lo conoce vulgarmente como la "nuez o manzana de Adán", y puede palparse en especial en el varón, donde está más desarrollada.
- El **cartílago cricoides** presenta una forma de anillo y sirve para reforzar la parte superior de la tráquea y mantener abierta la vía de ingreso del aire.
- La **epiglotis** es el cartílago en forma de solapa que cierra la glotis durante la deglución, y desciende para unirse a la laringe, levantada a su vez, para evitar que el alimento ingrese en la tráquea.

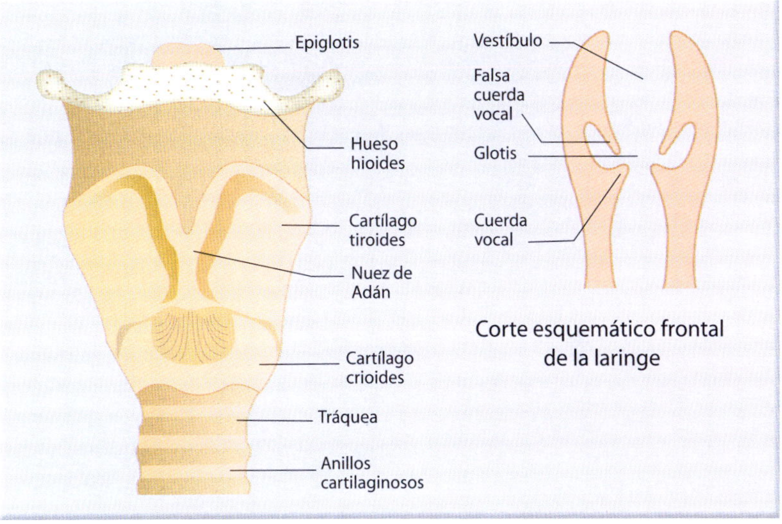

Corte esquemático frontal de la laringe

Tráquea y bronquios: tubos ciliados

La **tráquea** es la sección superior del conducto respiratorio y está separada de la faringe por la laringe. Es un órgano cilíndrico de unos 12 cm de longitud que recorre parte de la zona cervical así como el **mediastino**. Se halla compuesto por unos 15 a 20 anillos cartilaginosos incompletos en su parte posterior, los cuales evitan que el órgano colapse durante la respiración. La tráquea puede extenderse ligeramente durante la deglución, al respirar o doblar el cuello.

Los **bronquios** son dos conductos cilíndricos que se bifurcan a partir de la tráquea e ingresan en el interior de cada pulmón, dividiéndose progresivamente en vías cada vez más angostas, los **bronquíolos**, que llevan aire hasta las profundidades del pulmón.

Presentan la misma estructura de la tráquea, aunque el bronquio derecho es más corto y grueso, y mide unos 2,5 cm de largo, mientras que el izquierdo es más angosto y alcanza una longitud de unos 5 cm. Los bronquios ingresan a cada pulmón por una zona media denominada **hilio pulmonar**, por donde también penetran y salen los vasos sanguíneos y los nervios pulmonares.

Los bronquios pueden expandirse durante la inspiración, permitiendo que se expandan los pulmones y, a su vez, contraerse durante la espiración cuando se exhala el aire.

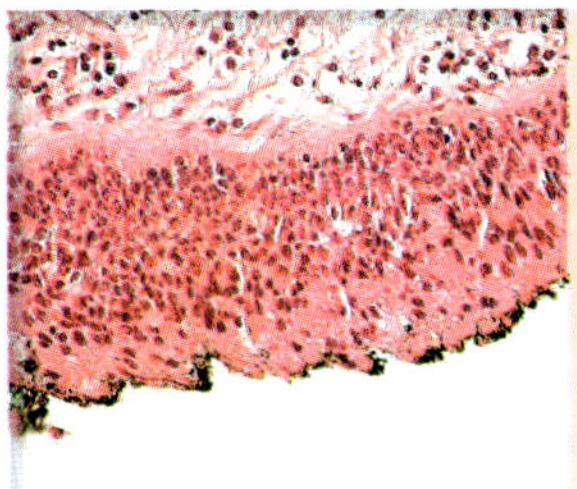

Epitelio ciliado de la tráquea

La pared interna de la tráquea se encuentra revestida por una capa mucosa producida por las células secretoras: presenta un epitelio ciliado (con células ciliadas). El movimiento ciliar mueve el mucus, al que se adhieren partículas y bacterias, hacia la faringe donde son tragadas o expectoradas.

Los pulmones, órganos de la respiración

Los **pulmones** son órganos pares que ocupan casi la totalidad de la cavidad torácica. Su límite superior es la cintura escapular; a los lados, se hallan contenidos por la caja torácica, y por debajo sus bases limitan con el diafragma. El interior de la cavidad torácica está revestido por una fina membrana, la **pleura parietal** y, a su vez, los pulmones se encuentran tapizados por las **pleuras viscerales**. Ambas membranas delimitan la **cavidad pleural**, llena de líquido lubricante.

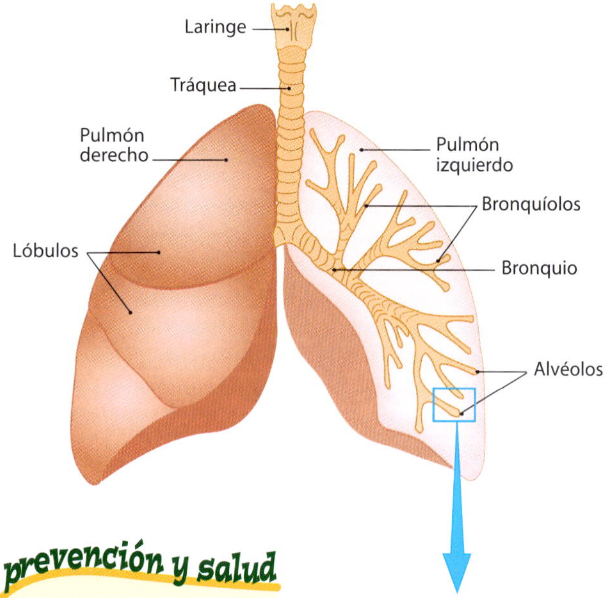

Los bronquíolos y el interior pulmonar

Dentro de cada pulmón, los bronquios se dividen en dos en el pulmón izquierdo y tres en el derecho. Éstos, a su vez, se dividen en conductos de menor calibre, los **bronquíolos**. Cuando ingresan en el interior del pulmón, los bronquios pierden sus anillos y son reemplazados por placas cartilaginosas, las cuales desaparecen cuando el diámetro del bronquíolo es menor de 1 mm.

El árbol respiratorio

Los bronquíolos de menor talla a partir de los cuales surgen los alvéolos respiratorios se suelen denominar bronquíolos respiratorios o terminales, éstos con un diámetro menor de 0,5 mm. No tienen placas de cartílago, pierden sus cilios y células mucosas. Estos bronquíolos se dividen a su vez en dos a once conductos alveolares.

Los conductos alveolares se dilatan y dan origen a dos o tres bolsas de aire, los sacos alveolares, que tienen aspecto de racimos de uva, los cuales se dividen en diez o más alvéolos, pequeños sacos donde se produce el intercambio respiratorio de gases.

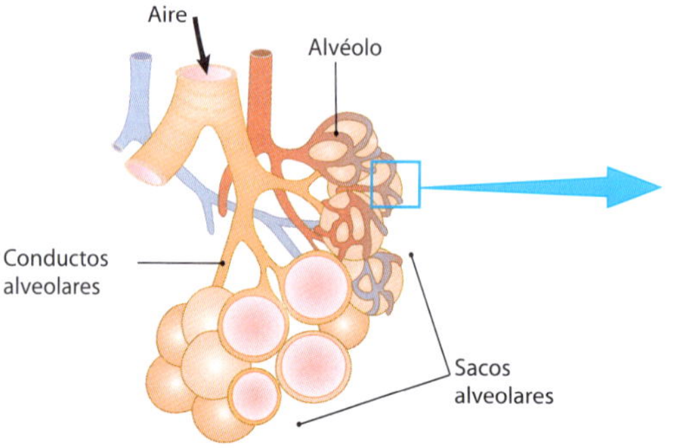

Bronquíolos

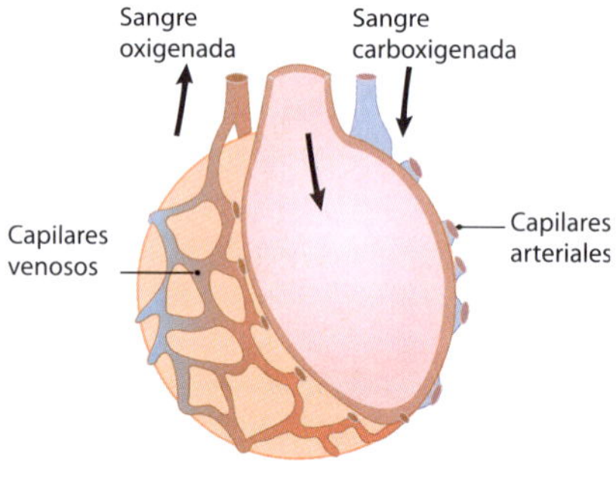

Alvéolo pulmonar

prevención y salud

Gripe A(H1N1)

Es una infección respiratoria aguda altamente contagiosa causada por un nuevo virus de influenza o gripe. Los síntomas generalmente son similares a los de una gripe estacional y van desde infecciones asintomáticas hasta neumonías severas. La transmisión del virus ocurre: por el contacto directo con una persona enferma; por las microgotas de la tos o el estornudo de personas infectadas; al tocar superficies contaminadas como manijas de puertas, barandas de escaleras o canillas; al tocarse los ojos, la nariz o la boca luego de estar en contacto con elementos o personas infectadas.

Sacos y alvéolos pulmonares

En los pulmones del humano existen unos 300 millones de alvéolos, aunque son pequeños –0,1 a 0,2 mm de diámetro– proporcionan una superficie de intercambio de gases de unos 70 m^2, casi 40 veces la superficie total de nuestro cuerpo.

Cada alvéolo está rodeado por una densa red de capilares sanguíneos. Tanto la pared de estos últimos como las de los alvéolos están formadas por una sola capa de células aplanadas, separadas entre sí por una fina lámina. Por lo tanto, el espacio que separa el flujo sanguíneo del interior del alvéolo es muy pequeño, de unas 2 micras. Los gases respiratorios se movilizan a través de las membranas semipermeables de estas capas celulares por difusión.

A cada pulmón llega sangre del corazón a través de la arteria pulmonar, la cual tiene un alto tenor de CO_2, ésta se profundiza en los tejidos dando arteriolas, las cuales a nivel de los alvéolos se continúan en finos capilares sanguíneos. La sangre difunde CO_2 a través de las paredes celulares y recoge O_2 del interior del alvéolo, volviendo al corazón a través de las venas pulmonares.

La mecánica de la respiración: ventilación

Para producir el intercambio gaseoso, el aire puro del exterior debe dirigirse hacia los pulmones y el aire utilizado o impuro debe salir desde los tejidos del cuerpo hacia el exterior. Estos movimientos respiratorios se realizan en dos fases: la **inspiración**, que consiste en la toma de aire desde el exterior; y la **espiración**, es la expulsión del aire desde los pulmones. A todo el conjunto de procesos se lo denomina **mecánica respiratoria**, y corresponde a la expansión y retracción de la caja torácica, que se hallan controladas por una serie de músculos respiratorios, de los cuales los más notorios son el **diafragma** y los **músculos intercostales**.

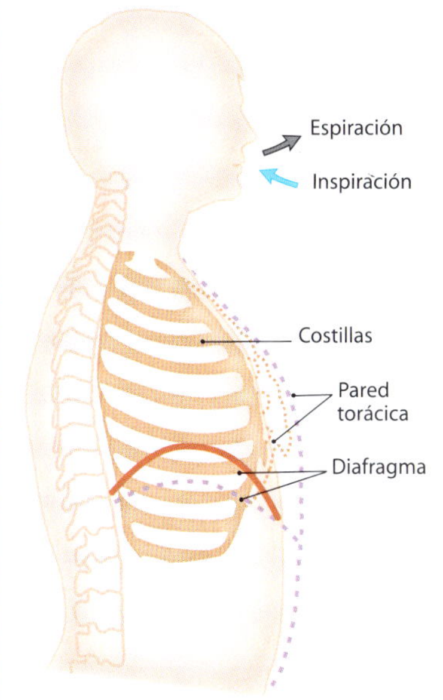

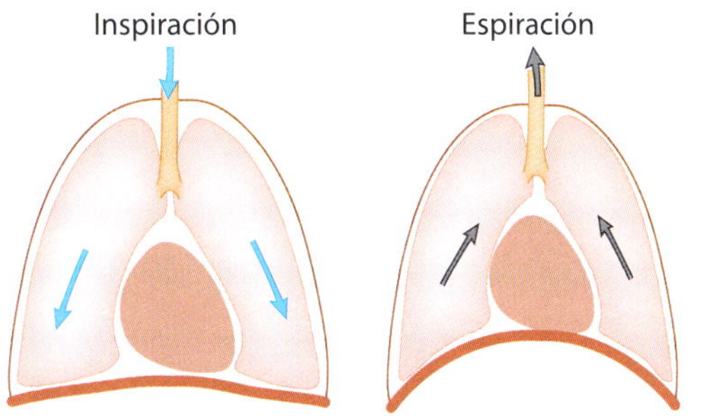

La **inspiración** es un proceso activo, donde el diafragma se contrae, aplanándose y dilatando la cavidad torácica, los intercostales externos expanden la cavidad pleural llevando las costillas hacia fuera y arriba. Estos movimientos musculares producen una disminución de la presión interna del pulmón, por el aumento del volumen pulmonar y de la presión negativa de la cavidad pleural, lo cual lleva al ingreso del aire. La **espiración**, por el contrario, es un proceso pasivo, ya que la relajación del diafragma reduce el volumen de la cavidad torácica y, además, la elasticidad del tejido pulmonar empuja el aire hacia fuera. Durante un ejercicio riguroso, además de los músculos mencionados, entran en acción otros que permiten un aumento del volumen torácico y una espiración más activa.

Capacidad pulmonar

Normalmente, un 10% aproximadamente del total del volumen pulmonar es removido en cada acto respiratorio, aunque puede ser de hasta un 80% en caso de una respiración profunda. La capacidad pulmonar de un varón adulto es de 5 l. Únicamente cerca de 450 ml de aire ingresan y salen en cada respiración normal en reposo (el volumen de intercambio).

Una persona con pulmones saludables puede normalmente lograr forzar al menos un 80 % de este volumen en un segundo. Esto es útil para el diagnóstico porque refleja la resistencia de las vías respiratorias.

El índice de respiración o de ventilación es una indicación del aire respirado en cada minuto. Se calcula de la siguiente manera:

Índice de ventilación = volumen de intercambio x frecuencia de inspiración

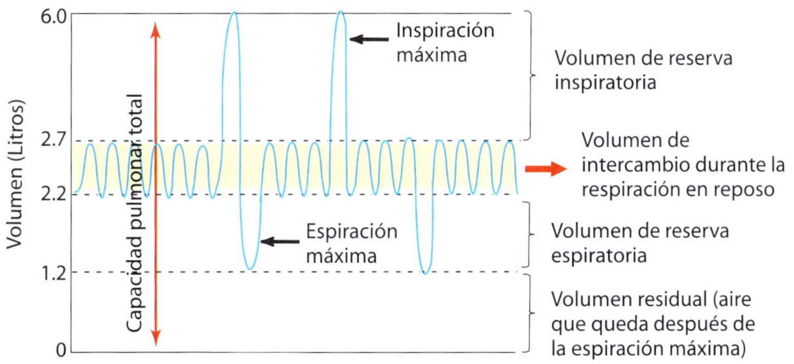

prevención y salud

Espirometría

Al aire que entra y sale de los pulmones se lo llama volumen corriente, que es de unos 500 ml. En una inspiración prolongada, penetran en los pulmones, además del medio litro, alrededor de 1500 ml, a esto se denomina **volumen de reserva inspiratorio**. En cambio, si hacemos una espiración profunda se expulsan alrededor de 2000 ml de aire, lo que se denomina **volumen de reserva espiratorio**. Para determinar las capacidades pulmonares se utilizan aparatos denominados espirómetros.

El intercambio gaseoso (hematosis)

La **hematosis** es el proceso mediante el cual se lleva a cabo el intercambio gaseoso en los alvéolos pulmonares.

La dirección y el grado de difusión de los gases depende del gradiente de presiones: los gases difunden desde un sitio de mayor presión a otro de menor presión.

- La sangre que llega a los sacos alveolares presenta una elevada concentración de CO_2, la presión de este gas en el interior de los alvéolos resulta menor y, en consecuencia, el CO_2 difunde desde los capilares hacia el interior de los pulmones.
- Con el O_2 ocurre lo contrario: la presión de este gas en el interior del saco alveolar es mayor que en los capilares y, por lo tanto, difunde desde los alvéolos hacia el interior de los capilares.

El O_2 fluye hacia los tejidos transportado por la hemoglobina de los glóbulos rojos. La presión de este gas en el interior de las células es menor que en la sangre, de modo que el O_2 ingresa a la célula; mientras que el CO_2 realiza el camino inverso. La célula genera constantemente CO_2 como resultado de la respiración aeróbica, por lo tanto, la presión de este gas en la célula es mayor que en la sangre.

Presiones parciales e intercambio de gases

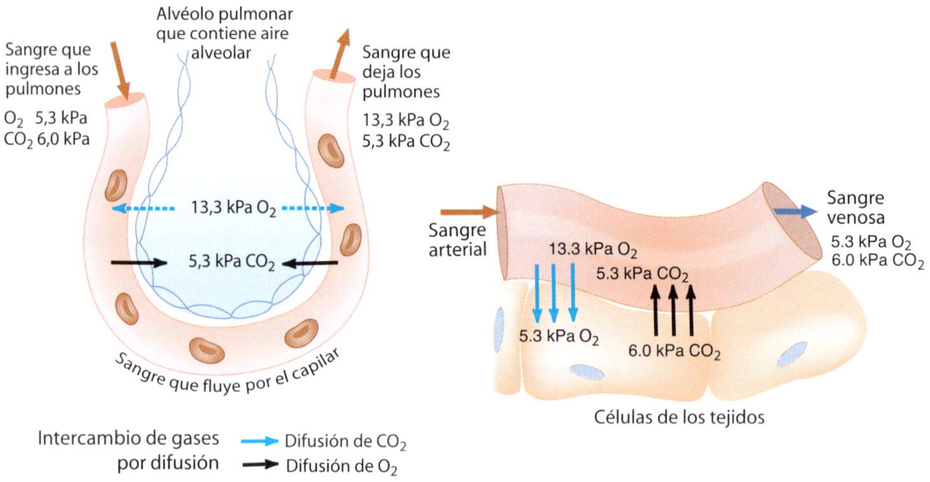

El transporte de los gases respiratorios

En condiciones normales de temperatura, el oxígeno presenta una baja solubilidad en el plasma sanguíneo. A 37 °C y 100 mm de Hg de presiones parciales del O_2, el plasma sanguíneo no disuelve más de 0,3 ml de O_2 en un volumen de 100 ml. La **hemoglobina**, un pigmento respiratorio de origen proteico que se encuentra en el interior de los glóbulos rojos de los vertebrados, es la encargada del transporte de los gases respiratorios. La hemoglobina está constituida por cuatro grupos **hemo**, cada uno de estos está rodeado por una subunidad polipeptídica. Cada grupo hemo tiene un átomo de hierro al cual se le une una molécula de O_2, por lo cual cada hemoglobina tiene la capacidad de transportar cuatro moléculas de O_2.

Luego de que la hemoglobina capta la primera molécula de O_2 se incrementa su afinidad para captar una segunda molécula, y así, a medida que capta nuevas moléculas de O_2 se incrementa su afinidad por este gas. Cuando la hemoglobina se halla totalmente oxigenada, la sangre sale de los pulmones a los tejidos con una presión parcial de O_2 de unos 100 mm de Hg. Cuando la sangre llega a los capilares sanguíneos la presión parcial del O_2 es menor de 60 mm de Hg, como consecuencia el oxígeno se libera y penetra en las células.

prevención y salud

Función de la mioglobina
Las células musculares tienen una molécula que se combina con el O_2, la mioglobina, ésta sólo tiene una cadena polipeptídica que se une a un solo O_2. Pero exhibe una mayor afinidad por este gas que la hemoglobina, lo cual representa una verdadera reserva para cuando las necesidades metabólicas aumentan y la circulación sanguínea se interrumpe. Durante el ejercicio intenso, la presión parcial del O_2 cae y la mioglobina cede su oxígeno. Los mamíferos zambullidores, como la foca, presentan una alta concentración de mioglobina en sus músculos, lo que les permite estar sumergidos durante un tiempo considerable.

temas relacionados

En el capítulo 1 se examina la respiración celular en el contexto del metabolismo; en el 2, la función de las mitocondrias y en el 6, la función y la diversidad de los pigmentos respiratorios en los animales. En los capítulos 15 y 16 se amplía la información sobre las noxas y las enfermedades infecciosas y funcionales.

Estructura y función comparadas

Adaptaciones de los seres vivos para el intercambio de gases

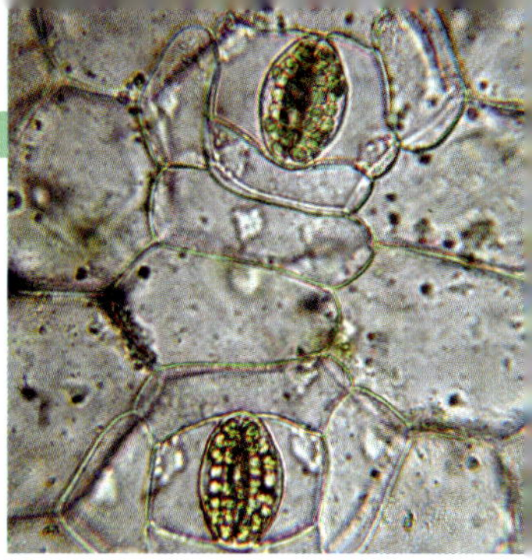
Estomas.

Las plantas realizan el intercambio gaseoso a través de la superficie de las hojas, donde se ubican los **estomas**. Estas estructuras, consistentes en poros rodeados por **células oclusivas**, aparecen por primera vez en los antoceros, o musgos con cuernos (aunque faltan en las hepáticas), y se mantienen en todos los traqueófitos, desde los licopodios hasta las plantas con flores.

El ingreso de O_2 y la salida del CO_2 en las bacterias aerobias, los protozoos y las algas se realiza directamente a través de la membrana plasmática o del contacto de la célula con el medio ambiente. Algunos animales realizan intercambio de gases directamente a través de la piel: es el caso de algunos animales acuáticos y aeroterrestres pequeños, como los anélidos, incluidos la lombriz de tierra y los platelmintos que, además, presentan un cuerpo aplanado lo cual aumenta la superficie de intercambio. Otros animales desarrollan diferentes tipos de órganos según el ambiente en el que se desarrollen, el acuático (captación del oxígeno disuelto en el agua) y el aeroterrestre (captación del oxígeno del aire). La principal adaptación global es el aumento al máximo de la eficiencia de intercambio de los gases respiratorios.

En los animales adaptados a un medio acuático se plantean varios problemas, por ejemplo, la escasa cantidad de O_2 disuelto en el agua y la baja difusión. El aire atmosférico presenta 20 veces más O_2 que el agua y difunde 8000 veces más rápido. La disminución de O_2 en el agua se relaciona con el aumento de la temperatura y, además, se suma el gasto metabólico que implica movilizar en agua sobre las estructuras respiratorias.

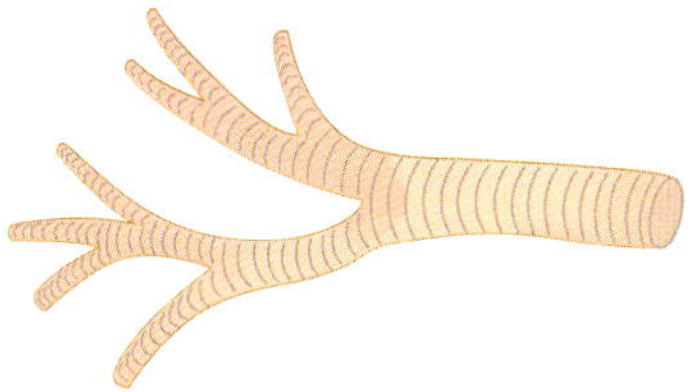
Tráqueas de un insecto.

Los insectos presentan un sistema de tubos denominados **tráqueas** que llevan el aire al interior del cuerpo, éstas se abren al exterior a través de unos orificios llamados **espiráculos**. A medida que se ramifican, estos órganos se van angostando hasta contactar con capilares aéreos, donde se produce la difusión del O_2 hacia las células. Las arañas, por su parte, presentan unas estructuras respiratorias denominadas **pulmones en libro**, o **filotráqueas**, con una estructura y dinámica diferentes.

Muchos crustáceos y moluscos presentan **branquias internas** o **externas** para el intercambio de gases disueltos. Estas estructuras constan de filamentos y laminillas branquiales, irrigadas por vasos sanguíneos en contacto con el medio acuoso.

En los peces, al igual que en las aves, el agua fluye en forma unidireccional sobre las branquias y en dirección opuesta a la corriente sanguínea.

Los peces óseos presentan branquias internas que se encuentran sostenidas por cuatro arcos branquiales y resguardadas por el aparato opercular. Cada uno de estos arcos tiene dos hileras de filamentos branquiales lo que provee de una enorme superficie de intercambio de gases, éstos a su vez se encuentran plegados formando lamelas por donde circula el agua en contracorriente, es decir, en dirección contraria a la circulación de la sangre, lo cual maximiza el intercambio de gases. En el caso de los condrictios, o peces cartilaginosos, las hendiduras branquiales (cinco o más, raramente seis o siete) se abren en la superficie corporal.

Los anfibios y los reptiles presentan **pulmones simples**, los cuales son sacos internos con pocas divisiones. Además, los anfibios pueden intercambiar gases a través de su fina piel.

Los pulmones de las aves presentan una estructura singular lo que permite que el aire fluya en forma unidireccional (en una sola dirección). Además, los pulmones de las aves tienen **sacos aéreos**, distribuidos en distintas partes del organismo, que actúan como fuelles para mantener el flujo del aire en forma constante y en una sola dirección.

Los pulmones de los mamíferos son sacos elásticos donde el aire fluye en forma bidireccional, pasando dos veces por el mismo conducto; para hacer eficiente este sistema de intercambio, los bronquios terminan en sacos alveolares finamente divididos donde ocurre la difusión de los gases.

TALLER

Experiencia de Funke

El objetivo de la experiencia de Funke es la demostración de los cambios de presión durante el acto respiratorio.

Materiales

Tubo de vidrio bifurcado; tapón de goma perforado; un globo grande de los utilizados para piñata; dos globos pequeños; banditas elásticas de distintos tamaños, un cilindro de acrílico de 30 cm de alto por 20 de diámetro y 0,5 cm de espesor, una tapa de acrílico de 20 cm de diámetro y 1 cm de espesor con una perforación en el centro de modo que el tapón de goma entre a presión en el orificio, sellador de caucho sintético.

Preparación del aparato de Funke

1. Peguen la tapa de acrílico a una de las bases del cilindro con el sellador de caucho sintético y dejen secar.
2. Con las banditas elásticas aten los globos pequeños en los extremos de las bifurcaciones del tubo de vidrio.
3. Coloquen el tapón perforado en el agujero central de la tapa de acrílico y pasen la varilla de vidrio de tal forma que la parte bifurcada con los globos quede dentro del dispositivo.
4. Corten el globo grande por la mitad en forma transversal; hagan un nudo en el extremo del globo.
5. Ajusten la lámina de goma hecha con el globo cortado a la base abierta del cilindro; sujétenla al cilindro con banditas elásticas.

Demostración

Tiren hacia abajo del nudo de la lámina de goma y observen qué ocurre con los globos dentro del cilindro; dejen de tirar y observen lo ocurrido, repitan el procedimiento varias veces.

Conclusiones

a) Describan los órganos que representa la varilla con sus bifurcaciones, los globos y la lámina de goma.
b) Cuando se tira de la lámina, ¿qué movimiento respiratorio representa, y cuando se suelta de ella?
c) ¿Qué sucede con las presiones del aire dentro del frasco y en el interior de los globos?

Presencia de CO_2 en el aire espirado

Materiales

Frasco de vidrio transparente de boca chica, tapón de goma agujereado, varilla de vidrio doblada, solución de hidróxido de calcio (agua de cal).

Procedimiento

Espiren aire a través del tubo de vidrio.

Conclusiones

Observarán que el agua de cal se enturbia a medida que el aire espirado llega a la solución, esto ocurre porque el aire tiene una concentración tal de CO_2 que al combinarse con el hidróxido de calcio da carbonato de calcio, enturbiando el agua de un color lechoso.

ACTIVIDADES

1. Copien y rotulen la estructura del sistema respiratorio en la carpeta. Expliquen la función de cada órgano que lo compone.

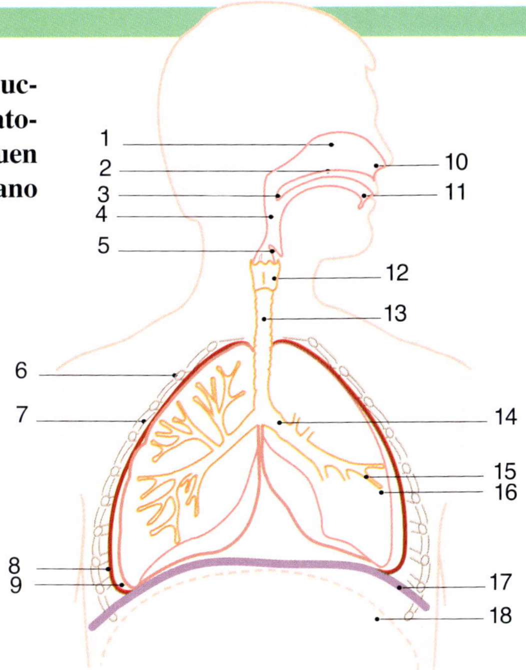

2. Expliquen la mecánica respiratoria a partir de los esquemas.

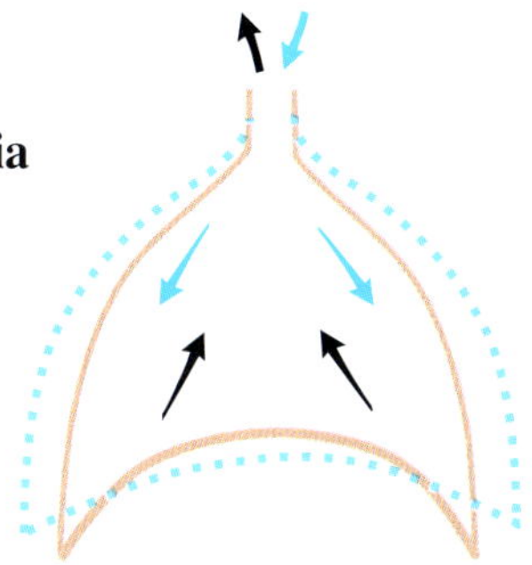

autoevaluación

Elijan la respuesta correcta

1. **Las fosas nasales se comunican con:**
   a) la faringe;
   b) la laringe;
   c) la cavidad bucal.

2. **El cartílago de mayor tamaño de la laringe es el:**
   a) cricoides;
   b) aritenoides;
   c) tiroides.

3. **La tráquea presenta anillos cartilaginosos:**
   a) completos;
   b) incompletos en su parte posterior;
   c) no presenta.

4. **Los bronquios se dividen en:**
   a) tres en el pulmón izquierdo;
   b) tres en el pulmón derecho;
   c) dos en el pulmón derecho.

5. **El intercambio gaseoso se lleva a cabo:**
   a) en los bronquíolos;
   b) en los alvéolos;
   c) en la pleura.

6. **Los alvéolos forman la base de los:**
   a) conductos alveolares;
   b) sacos alveolares;
   c) bronquíolos terminales.

7. **En la espiración:**
   a) se contrae el diafragma;
   b) se reduce la cavidad torácica;
   c) se relaja el diafragma y se ensancha la cavidad.

8. **El centro nervioso que controla la respiración se encuentra en:**
   a) la médula espinal;
   b) el cerebelo;
   c) el tronco encefálico.

9. **¿Qué gas se disuelve mejor en el plasma sanguíneo?**
   a) El oxígeno.
   b) El nitrógeno.
   c) El dióxido de carbono.

10. **Después de captar la primera molécula de oxígeno, la afinidad de la hemoglobina por el oxígeno:**
   a) disminuye;
   b) no varía;
   c) aumenta.

6 Sistemas circulatorio y linfático

William Harvey (1578-1657) fue un médico y anatomista inglés que estudió Medicina en el centro de altos estudios de la época, ubicado en Padua, Italia. A Harvey le fascinaba el flujo de la sangre en el cuerpo humano y realizó diversas investigaciones experimentales con las que demostró que el movimiento de la sangre es circular, que el alimento no se transforma en ella en el interior del hígado y también que por las arterias circula sangre y no aire.

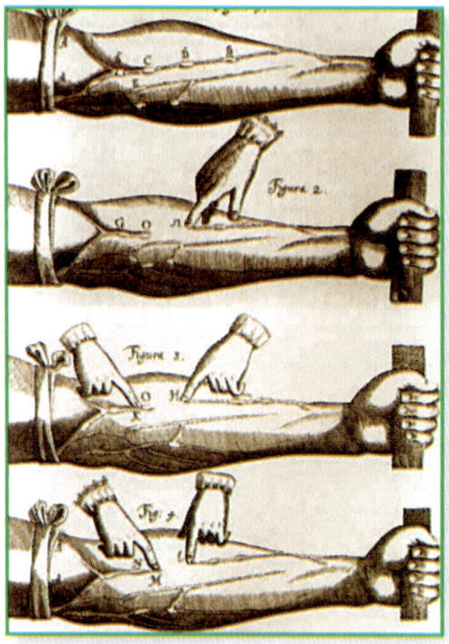

En la Antigüedad se afirmaba que "la sangre es la vida del ser humano". Sin embargo, se desconocía por completo tanto la importancia del corazón para la circulación como la estructura anatómica real del sistema circulatorio. Esta falta de información se relacionaba con algunos mitos importantes: que la sangre era transportada por las venas y que, en cambio, en las arterias había aire, llamado *pneuma*. Harvey sostuvo que el corazón es un músculo que impulsa continuamente sangre a todo el cuerpo y que fluye tanto por las venas como por las arterias, desde la periferia hacia el corazón.

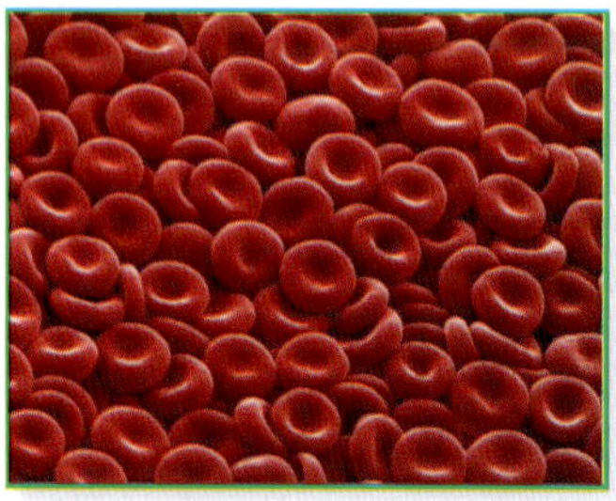

Glóbulos rojos vistos a través de un microscopio electrónico coloreados artificialmente; se observa su forma típica de disco bicóncavo.

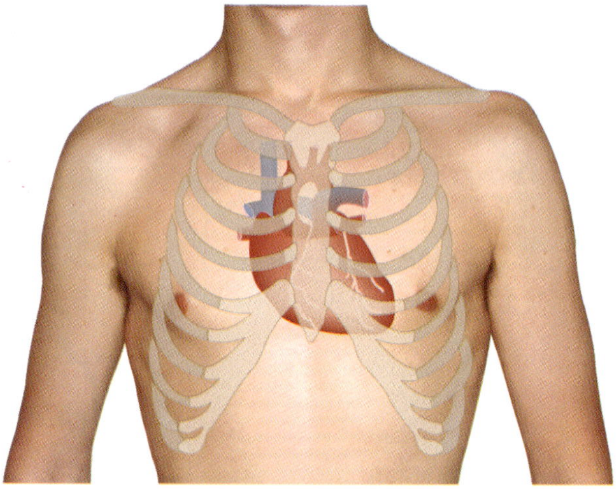

EL corazón humano se sitúa en el tórax entre ambos pulmones, ligeramente a la izquierda, detrás del esternón y protegido por las costillas.

Función de transporte o circulación

En el ser humano, al igual que en otros organismos pluricelulares complejos, se requiere un sistema de transporte de líquidos, nutrientes y gases respiratorios y, a la vez, de los desechos del metabolismo celular. Esta función de transporte, llamada **circulación**, resulta primordial para mantener una condición estable en el ambiente situado alrededor de cada célula individual y de todo el cuerpo que, en última instancia, constituye un gran conjunto de células.

El sistema de transporte más importante en el cuerpo humano es el **sistema circulatorio**, que transporta la **sangre**, el principal fluido corporal, a través de los **vasos sanguíneos**, un sistema de tubos de diámetro variable que llega a todas las células del cuerpo y que, de esta manera, permite la movilización de los diferentes materiales entre las superficies de intercambio. La sangre se considera un verdadero tejido ya que contiene un medio extracelular líquido, el **plasma**, y células, los **glóbulos** o **elementos figurados**, que le son propios.

Además de la sangre, existen otros fluidos corporales: el **fluido tisular**, **intersticial** o **intercelular**, entre las células de los diferentes tejidos, y la **linfa**, que circula por **vasos linfáticos** formando el **sistema linfático**. Ambos fluidos tienen, básicamente, la misma composición que el plasma sanguíneo, aunque con menor concentración de proteínas.

Estructura general del sistema cardiovascular

La sangre fluye a través de los vasos sanguíneos mediante la acción continua de una bomba impulsora, el **corazón**. Por esta razón, al sistema circulatorio se lo denomina también **sistema cardiovascular** (del griego *cardios*, corazón).

Como la sangre permanece siempre en el interior del sistema de tuberías interconectadas o redes que forman los vasos sanguíneos, se lo considera un **sistema circulatorio cerrado**.

Se distinguen tres tipos de vasos sanguíneos en este sistema: las arterias, las venas y los capilares.

- Las **arterias** transportan la sangre desde el corazón.
- Las **venas** transportan la sangre de retorno hacia el corazón.
- Los **capilares** conectan entre sí las arterias y las venas.

El corazón bombea sangre hacia las arterias principales, como la aorta, que se ramifican en tubos cada vez más estrechos que transportan la sangre a todas las partes del cuerpo. Lo inverso sucede con las venas, las que se van engrosando a medida que se aproximan al corazón, por ejemplo, las venas cavas. Es importante destacar que, a la inversa de otras arterias y venas, en las arterias pulmonares circula sangre carbooxigenada mientras que las venas pulmonares transportan sangre oxigenada.

El ejercicio físico, particularmente el aeróbico, desempeña un rol fundamental en la salud cardiovascular. En el corazón de un deportista, por ejemplo, hay alrededor de 60 latidos por minuto, contra los 70 o más de una persona sedentaria. Sin embargo, al estar más desarrollado el miocardio, o músculo cardíaco, se bombea más sangre con cada latido.

Sistema cardiovascular

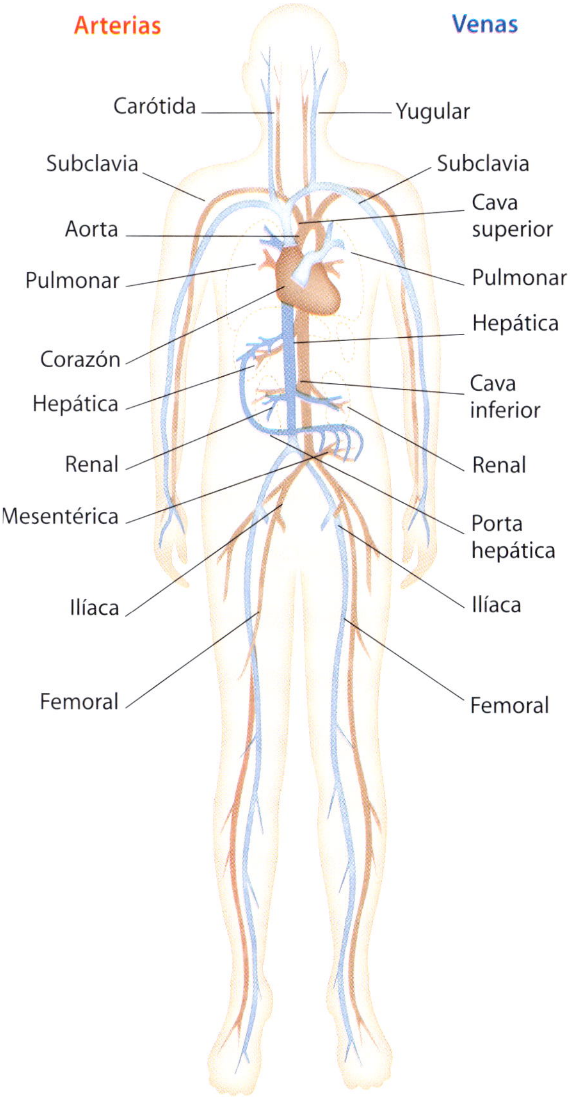

Aspecto general del corazón

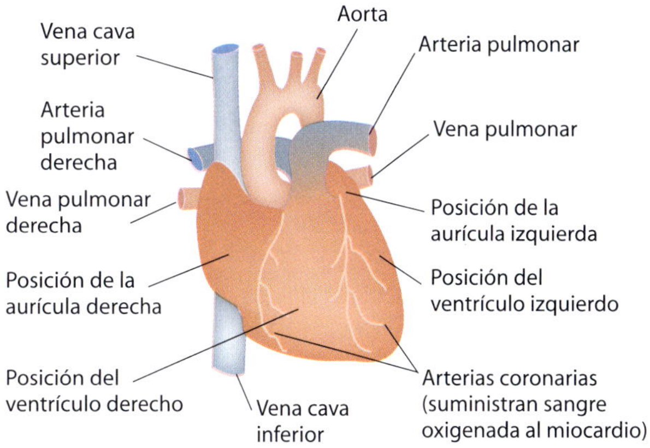

Detalle de red capilar

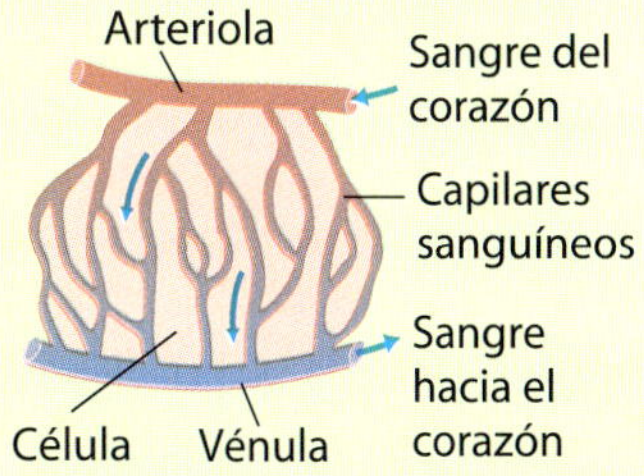

Los capilares sanguíneos forman **redes** o **lechos** que transportan la sangre al interior de los tejidos, permitiendo una fácil transferencia de sustancias entre las células y el plasma sanguíneo. A causa de su pequeño diámetro, la sangre se mueve más lentamente al atravesar el sistema capilar, lo que facilita la difusión de gases y otros solutos.

Vasos sanguíneos

temasrelacionados

En el capítulo 3 se analizan las características de la musculatura lisa y de otros tejidos corporales según su origen embriológico.

Los **vasos sanguíneos** varían en tamaño desde los más grandes, como la arteria aorta que alcanza un diámetro de 2,5 cm, hasta los más pequeños, como los capilares menores de alrededor de 8 micrones. Este amplio rango se traduce en diferencias en el grosor de la pared y en el plan de organización general.

Los capilares sanguíneos constan de una única capa de células. En cambio, las arterias y las venas poseen tres capas de células:

- una capa interna, la **túnica íntima**, formada por el **endotelio** o capa fina de células, que se ubica por encima de una capa fina de fibras elásticas, para minimizar la fricción de la sangre circulante;
- una capa media de fibras elásticas y de musculatura lisa, la **túnica media**,
- y una capa externa más gruesa de tejido conectivo, la **túnica externa**.

Las **arterias** tienen las paredes más gruesas y resistentes que otros vasos sanguíneos, lo que les permite soportar la gran presión que ejerce la sangre al dejar el corazón (alcanza 120 mm de Hg en la aorta). También se caracterizan por su elasticidad, y por esta razón, oponen la mayor resistencia al flujo sanguíneo. A medida que las arterias se aproximan a los tejidos, se ramifican y disminuyen de diámetro. Las arterias más estrechas, llamadas **arteriolas**, se convierten en otras todavía de menor diámetro, las **metarteriolas**, y finalmente se unen con los vasos más pequeños, los **capilares sanguíneos**. Éstos se conectan con las **vénulas**, las que van aumentando de grosor y forman las venas cada vez mayores.

La presión tan baja en las **venas** se relaciona con el menor grosor de las paredes (menor desarrollo de la túnica media y presencia de menos fibras elásticas y musculares). Sin embargo, para mantener el flujo sanguíneo hacia el corazón, las venas poseen pequeñas válvulas, las **válvulas semilunares**, que se forman a partir del endotelio e impiden el retorno sanguíneo, contra la fuerza de gravedad y gracias a la contracción y relajación de los músculos que impulsan la sangre hacia la parte superior del cuerpo, especialmente en las extremidades inferiores.

Microfotografías de los vasos sanguíneos

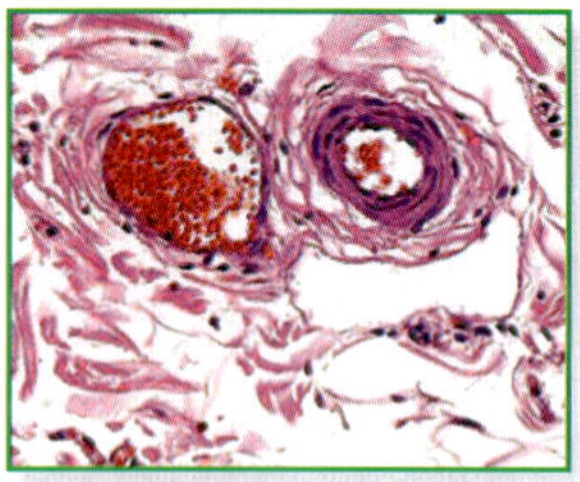

Vena y arteria.

Funcionamiento de los vasos sanguíneos

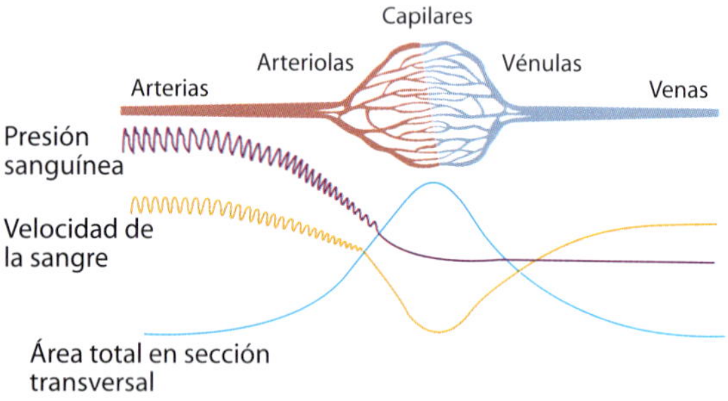

La presión y la velocidad sanguíneas son mayores en las arterias y disminuyen en los capilares y las venas. En cambio, los capilares sanguíneos tienen la mayor área total para facilitar el intercambio gaseoso.

Sección de los vasos sanguíneos

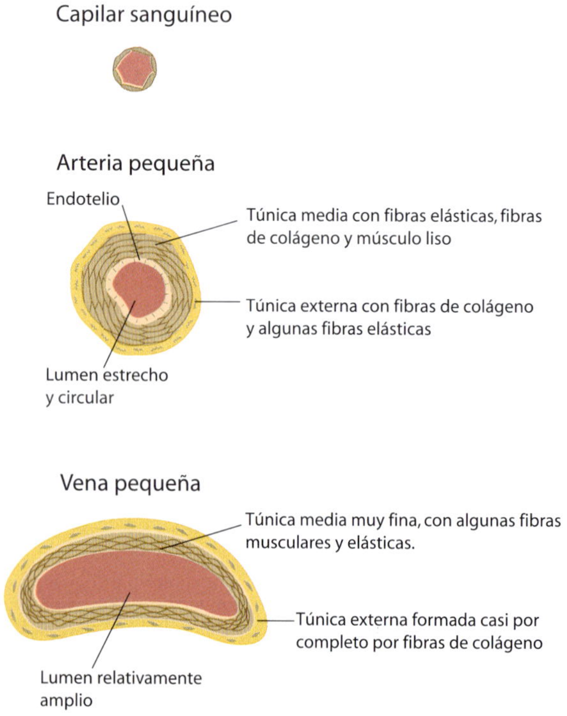

El corazón, bomba impulsora

El **corazón** de un ser humano adulto posee una masa de aproximadamente 300 g y el tamaño de la palma de la mano, con la forma de una pirámide triangular con vértice dirigido hacia la izquierda y adelante, y la base orientada hacia la derecha y atrás.

Se trata de un órgano muscular hueco que está situado en el tórax, en el mediastino anterior ubicado entre ambos pulmones y por delante de ellos, por encima del diafragma y detrás del esternón. Como la mayor parte de la masa muscular del corazón se halla desplazada hacia la izquierda, el latido cardíaco se siente de ese lado.

Posición del corazón en el tórax

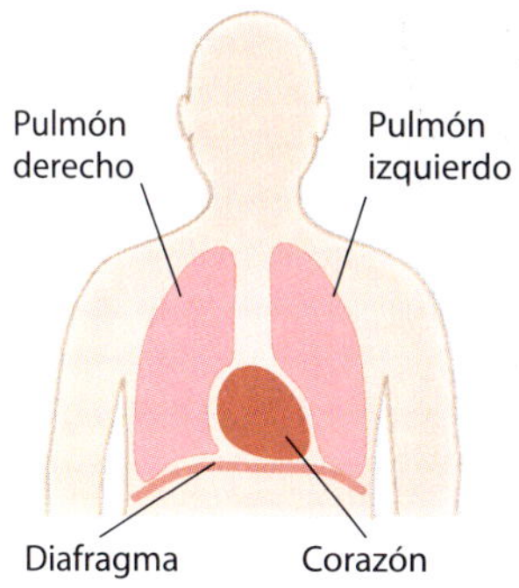

Músculo cardíaco

Cuando una persona está en reposo, el corazón late entre 60 y 80 veces y bombea de 5 a 6 litros de sangre por minuto. En cambio, durante un ejercicio moderado, el número de latidos pasa a ser de 100 a 120, y durante el ejercicio fuerte se eleva hasta 200 veces y bombea hasta 30 litros por minuto.

Esta capacidad de bombeo se explica por las características del músculo hueco que forma el corazón, el **miocardio**, compuesto por un tejido especial, el **tejido muscular cardíaco**, con una gran capacidad contráctil.

Hacia el exterior, el corazón se halla rodeado por una envoltura fibrosa, el **pericardio**, que lo separa de los órganos más próximos. Sobre su superficie se observa la conexión de los vasos sanguíneos principales, como la aorta y las venas cavas, y también las arterias coronarias, que se originan a partir de la aorta y transportan sangre oxigenada a las paredes del miocardio.

prevención y salud

El by-pass

El Dr. René Gerónimo Favaloro (1923-2000) fue un ilustre cirujano argentino que se especializó en el estudio de las arterias coronarias y su relación con el miocardio. A comienzos de 1967, Favaloro ideó la posibilidad de utilizar un segmento de la vena safena para unirla a la aorta y otra parte a la arteria coronaria en la cirugía coronaria (para sustituir la obstrucción), creó así la técnica del by-pass o cirugía de revascularización del miocardio. Entre los muchos premios que le mereció este importante logro se puede mencionar el otorgado por la Sociedad Internacional de Cirugía en 1989.

Estructura interna del corazón y sus válvulas

Si se realiza un corte vertical del corazón, se diferencian cuatro cavidades o cámaras: dos superiores, las **aurículas derecha** e **izquierda**, y dos inferiores, los **ventrículos derecho** e **izquierdo**. Las aurículas y los ventrículos de ambos lados del corazón están separados por **tabiques**. Además, la aurícula y el ventrículo de cada lado se comunican por medio de un **orificio auriculoventricular**.

Cada orificio presenta **válvulas**, que aseguran el flujo unidireccional de la sangre: en el lado izquierdo, la válvula **mitral** o **bicúspide**, y en el derecho, la válvula **tricúspide**. Además, tanto el orificio de la arteria pulmonar como el de la aorta presentan válvulas **sigmoideas**, que impiden el reflujo de la sangre. Estas válvulas poseen tres cúspides cada una y por su forma de medialuna se las denomina también válvulas **semilunares**.

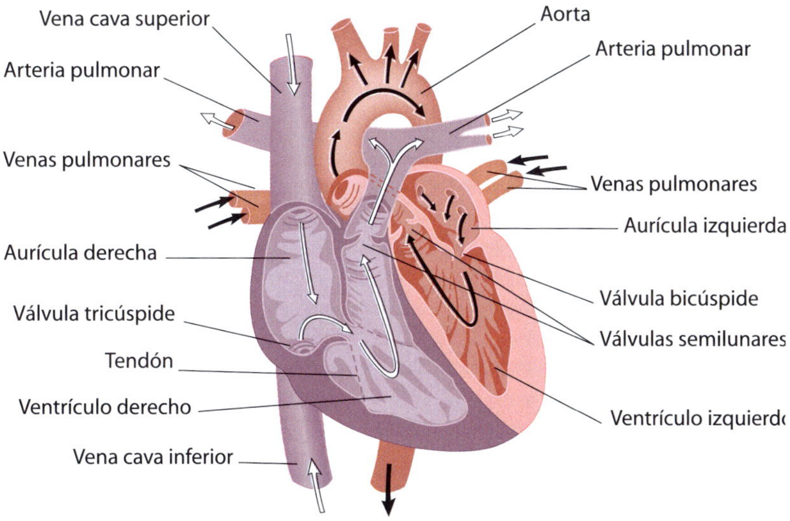

Ciclo y latido cardíaco

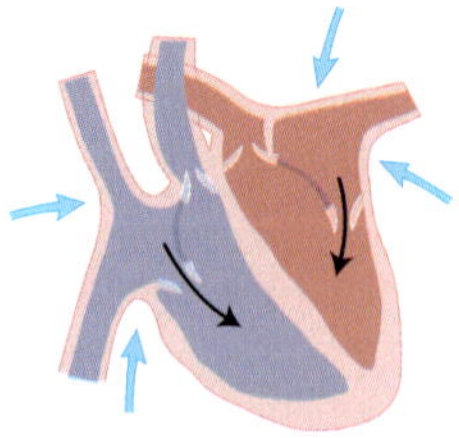

A. Sístole auricular
La válvula semilunar de la arteria pulmonar y de la arteria aorta se abren.
La válvula bicúspide se cierra.
La válvula tricúspide se cierra.

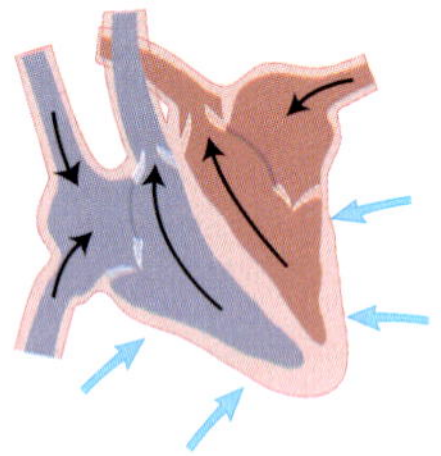

B. Sístole ventricular
Los ventrículos se contraen y la sangre se bombea hacia las arterias.
Las válvulas semilunares se cierran.
La válvula tricúspide se abre.

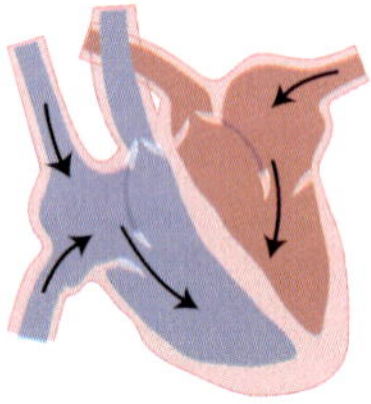

C. Diástole ventricular
Los ventrículos se relajan y se llenan nuevamente de sangre.

El corazón late, lo que significa que se contrae y se relaja rítmicamente y en forma coordinada, lo que se conoce como **ciclo cardíaco**.

- Cuando el corazón se contrae, bombea la sangre hacia todos los tejidos del cuerpo (**sístole**).
- Cuando se relaja, trae la sangre desde todos los tejidos del cuerpo (**diástole**).

En la pared posterior de la aurícula derecha se encuentra un grupo de pequeñas fibras cardíacas especializadas, que constituyen el **nodo sinoauricular**, o **sinusal** (**NS**), que actúa como marcapasos natural al controlar el latido cardíaco. Allí se inicia el ciclo mediante la excitación eléctrica que se propaga hasta otro centro automático localizado entre las paredes de la aurícula derecha y el ventrículo derecho, el **nodo auriculoventricular** (**NA**). Luego, continúa a través del **fascículo** o **haz de His**, que se ramifica por las paredes de los ventrículos y provoca su contracción casi simultánea, y por las **fibras de Purkinje**.

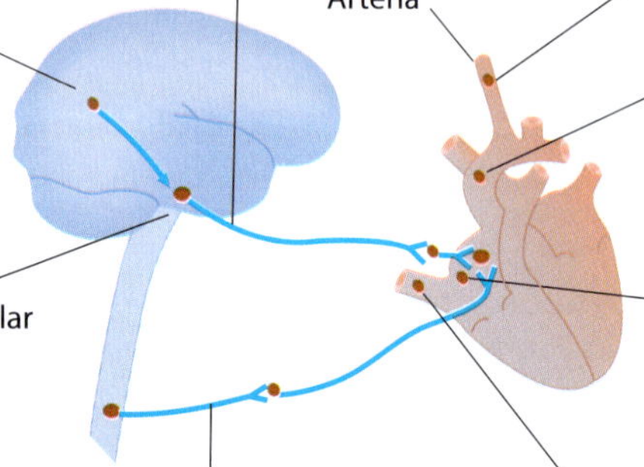

Electrocardiograma

El **electrocardiograma** (**ECG**) es una herramienta médica primordial para conocer la capacidad del corazón para transmitir el impulso cardíaco. Al propagarse el impulso, las cargas iónicas en la superficie del miocardio generan una corriente eléctrica que llega hasta la superficie. Si se colocan electrodos en la piel, sobre el corazón, y se los conecta a un **electrocardiógrafo**, se obtiene un registro en papel del impulso de cada latido cardíaco. En el registro de un electrocardiograma normal aparece un patrón de tres ondas de deflexión. La primera onda más pequeña, designada con la letra P, representa el pasaje del impulso por las aurículas. Sigue una onda mucho mayor designada QRS, que representa el paso del impulso por los ventrículos. La onda T representa la repolarización ventricular.

Cuando existe alguna enfermedad cardíaca, el electrocardiograma se altera.

La repolarización de las aurículas no se observa en el ECG ya que tiene lugar durante la contracción ventricular y queda enmascarada por las ondas QRS.

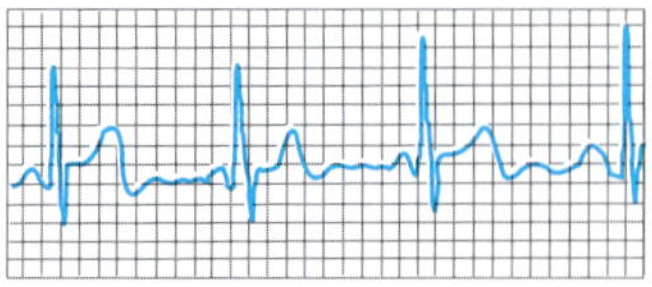

Electrocardiograma.

temasrelacionados
En el capítulo 9 se amplía la información sobre el sistema nervioso periférico, simpático y parasimpático.

Pulso y frecuencia cardíaca

Se denomina **frecuencia cardíaca** al número de latidos por minuto del corazón. Esta frecuencia depende de la edad y la actividad física. En un adulto en reposo varía entre 70 y 80 latidos por minuto. Esto significa que un latido completo dura aproximadamente 0,8 seg: la sístole auricular dura 0,1 seg y la sístole ventricular, alrededor de 0,3 seg. Durante los 0,4 seg restantes, todas las cavidades ingresan en el estado de relajación o diástole.

Los latidos del corazón se perciben en distintas partes del cuerpo a través de la piel y otros tejidos. Esta manifestación del trabajo del corazón es el **pulso arterial**.

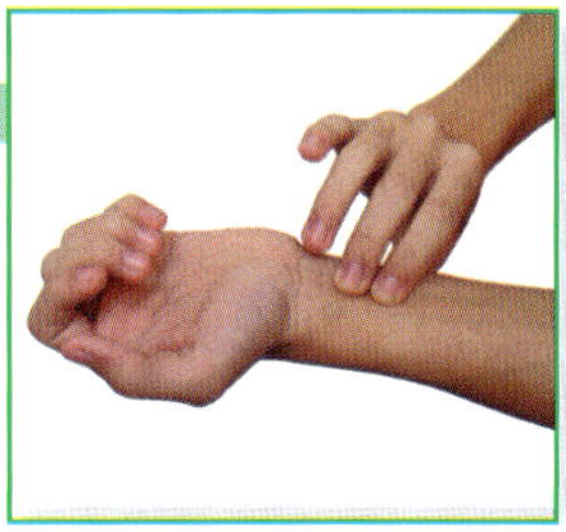

El pulso se registra principalmente sobre la arteria radial que se comprime suavemente contra el hueso con los dedos índice y mayor.

Presión sanguínea

La **presión sanguínea** (también **presión** o **tensión arterial** porque se suele medir en las arterias) es la fuerza que ejerce el flujo sanguíneo contra las paredes de los vasos. Siguiendo estos cambios del ciclo cardíaco, la presión se incrementa o disminuye periódicamente.

- Cuando el corazón se contrae, empuja la sangre hacia las arterias, la presión arterial es máxima y a este estado se lo conoce como **presión sistólica**.
- Cuando el corazón se relaja, se llena de sangre, la presión arterial está en un punto mínimo y se llama **presión diastólica**.

Estos dos valores de presión arterial se miden en milímetros de mercurio (mm de Hg). La presión sanguínea varía con la edad, el sexo y el peso. En general, el valor máximo (presión sistólica) alcanza 120 mm de Hg y el valor mínimo (presión diastólica), 80 mm de Hg en un adulto joven de sexo masculino, y es ligeramente inferior en una mujer de la misma edad. Sin embargo, estos valores se incrementan con la edad.

La medición se realiza con un instrumento denominado **esfingomanómetro** y un estetoscopio para medir los **ruidos sanguíneos** (que comienzan con la presión sistólica y finalizan con la diastólica).

La presión arterial aumenta como respuesta al ejercicio físico, al miedo o a una alarma, ya que el corazón se acelera y aumenta el flujo de sangre portadora de oxígeno. Esto tiene lugar gracias a los **barorreceptores** localizados en la aorta y las arterias carótidas. Cuando la presión arterial es baja, se estimula el **centro vasomotor** (CVM) del cerebro que envía impulsos a las arteriolas a través de los nervios simpáticos. Esto induce la vasoconstricción, que causa un incremento a la resistencia del flujo sanguíneo y un correspondiente incremento de la presión sanguínea (**hipertensión**). A la inversa, cuando la presión sanguínea es alta, los impulsos del CMV pasan a través de los nervios parasimpáticos y estimulan la vasodilatación que causa una reducción en la presión sanguínea (**hipotensión**).

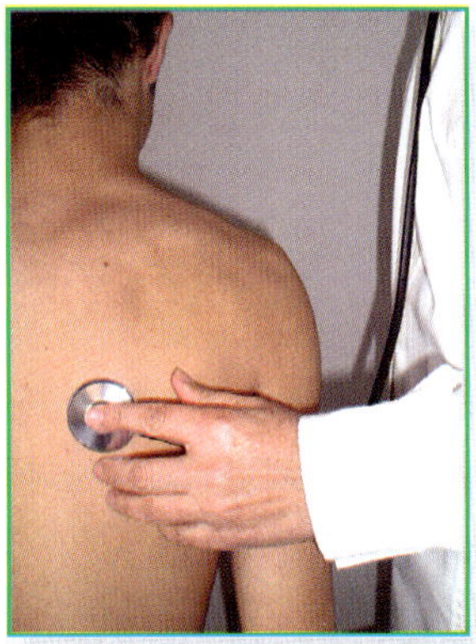

El estetoscopio es un dispositivo muy utilizado en Medicina clínica para oír los ruidos del corazón. El cierre de las válvulas tricúspide y bicúspide produce el sonido más lento (señal "lub"). En cambio, el cierre de las válvulas semilunares es más rápido (señal "dub").

Medición de la presión

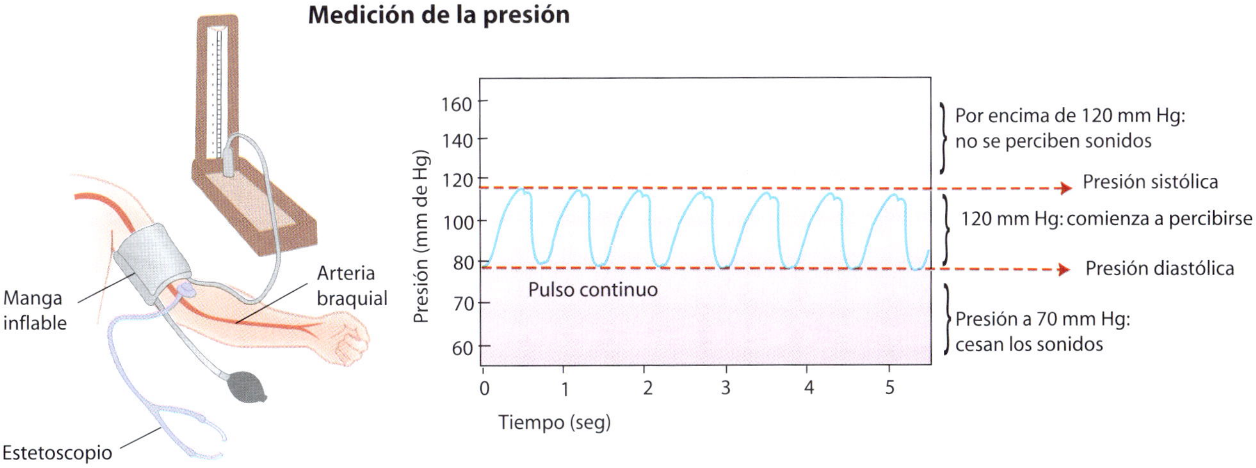

La circulación sanguínea: circuitos mayor y menor

La circulación en el ser humano se caracteriza de la siguiente manera:

- **Vascular**, porque la sangre circula por vasos sanguíneos.
- **Cerrada**, porque nunca sale de ellos.
- **Completa**, porque la sangre oxigenada no se mezcla con la sangre carbooxigenada.

Además, la circulación es **doble**, porque en su recorrido la sangre establece dos circuitos, el mayor, o sistémico, y el menor, o pulmonar.

1. La sangre carbooxigenada que proviene de todo el cuerpo ingresa en el corazón por la aurícula derecha. Cuando la aurícula se contrae, induce la sangre a través de un orificio hacia el ventrículo derecho.
2. En el **circuito menor**, o **pulmonar**, la sangre carbooxigenada sale del ventrículo derecho por la arteria pulmonar y se dirige hacia los pulmones, donde forma redes capilares que entran en contacto con los alvéolos y permiten el intercambio de gases, o **hematosis**, liberando el dióxido de carbono y recibiendo el oxígeno. La contracción de este ventrículo es lo que permite el transporte de la sangre hacia los pulmones. En esta fase, la válvula tricúspide previene el reflujo de sangre hacia la aurícula.
3. La sangre oxigenada vuelve al corazón por la aurícula izquierda, a través de las venas pulmonares. La aurícula izquierda se contrae y la sangre pasa al ventrículo izquierdo.
4. El **circuito mayor**, o **sistémico**, comienza cuando la sangre cargada de oxígeno sale del ventrículo izquierdo por la arteria aorta, que se va ramificando en arterias de diámetro cada vez menor, y se dirige hacia todos los tejidos del cuerpo, donde forma las redes capilares. En su recorrido, la sangre deja el oxígeno y otros nutrientes, recibe el dióxido de carbono y los desechos y vuelve al corazón, a la aurícula derecha, mediante la vena cava superior, que trae la sangre desde la parte superior del cuerpo, y la vena cava inferior, que trae la sangre desde la parte inferior.

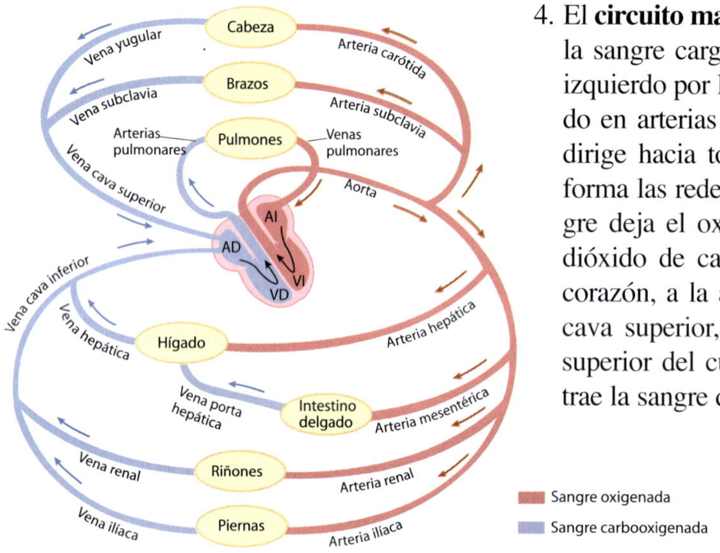

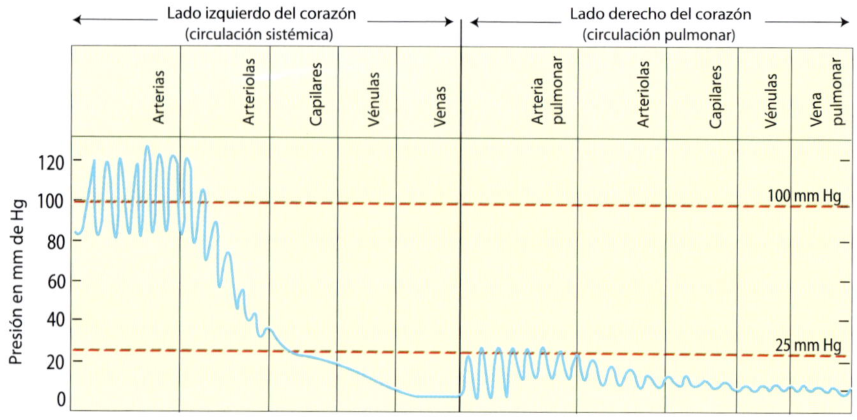

Circulación fetal

Mientras se produce el desarrollo fetal, el feto recibe oxígeno y nutrientes disueltos y elimina las sustancias de desecho a través del suministro sanguíneo de la madre. Un órgano especial, la placenta, permite el contacto entre el sistema circulatorio de la madre y el del feto.

El corazón fetal bombea sangre hacia la placenta por medio de la arteria umbilical, y retorna mediante la vena umbilical.

Algunas características importantes diferencian la circulación fetal de la circulación general analizada.

- El **foramen oval** conecta la aurícula derecha y la izquierda. Esto redirecciona la sangre carbooxigenada hacia la placenta, por medio de la aorta.
- El **ducto arterioso** es un vaso corto que conecta la arteria pulmonar con la aorta, redirecciona el 90 % del flujo sanguíneo hacia la aorta, y por medio de ésta hacia los tejidos corporales, ya que los pulmones del feto no son todavía funcionales y se produce una elevada resistencia en su interior a medida que se llenan de líquido.
- El **ducto venoso** transporta sangre oxigenada desde la placenta y desde el intestino fetal, atravesando el hígado, que únicamente adquiere su papel regulador recién después del nacimiento.

Después del nacimiento, tanto el foramen oval como el ducto arterioso se cierran rápidamente. Sin embargo, existe una condición persistente, llamada **soplo al corazón**, que se produce cuando el foramen no se cierra por completo. La contracción muscular también sella el ducto venoso, y el hígado del bebé retoma las funciones previamente realizadas por el hígado materno.

prevención y salud

RCP

La **reanimación cardiopulmonar** (**RCP**) es una maniobra esencial de primeros auxilios que se imparte a los adultos que experimentan ataques al corazón. En la persona adulta, consiste en insuflaciones (respiración boca a boca) para introducir aire en los pulmones y compresiones sobre el esternón para recuperar el latido cardíaco. Cada ciclo constará de una insuflación y cinco compresiones. La RCP finaliza si se verifica la respiración y circulación.

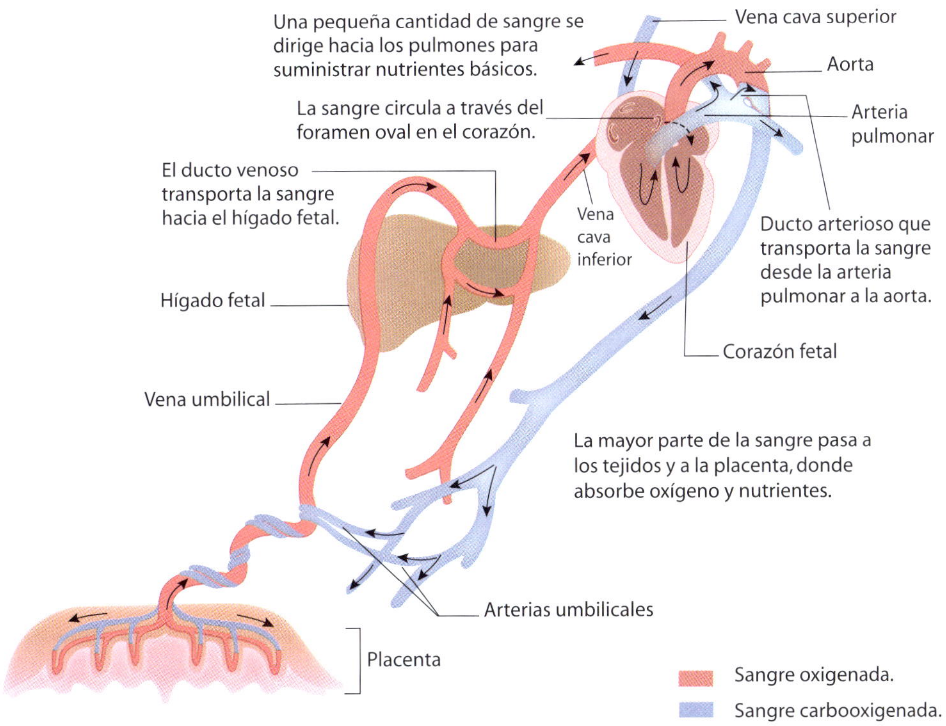

temas relacionados

En el capítulo 14 se amplía la información sobre el desarrollo humano.

Características de la sangre

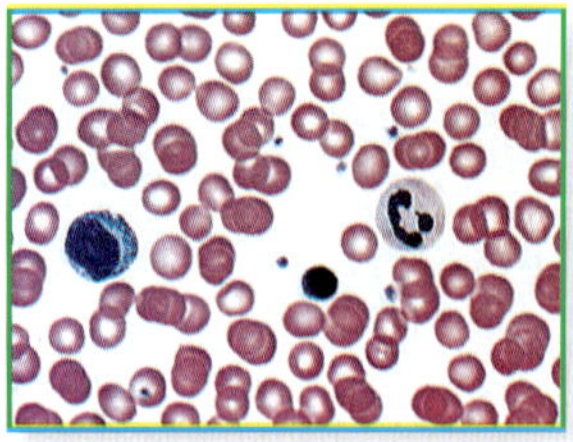

El frotis de sangre permite visualizar en el microscopio óptico las características principales de las células sanguíneas. En la fotografía se ven glóbulos rojos y glóbulos blancos.

La **sangre** es el tejido líquido circulatorio que representa un 7% del peso total del cuerpo.

La sangre cumple diversas funciones, entre las cuales las principales incluyen la función respiratoria; de transporte de hormonas; de desechos del metabolismo; de gases respiratorios; de defensa del organismo; de regulación del equilibrio hídrico y de la temperatura corporal.

La sangre tiene una parte líquida (plasma) y elementos figurados o células.

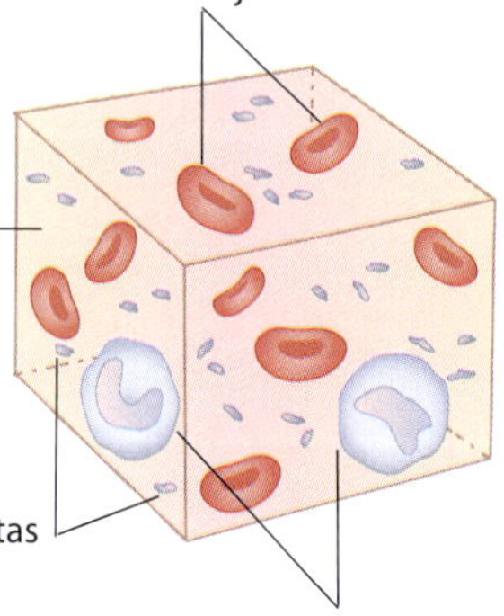

El plasma sanguíneo

El **plasma sanguíneo** es un líquido amarillento que integra entre el 55 y el 60% del volumen total de la sangre. Está formado en un 90% por agua; y en solución, la mayoría de las moléculas requeridas por las células y los productos de desecho del metabolismo celular. Contiene proteínas plasmáticas, como la albúmina, el fibrinógeno y las inmunoglobulinas.

La **albúmina** mantiene el potencial osmótico del plasma en relación con el líquido intersticial, impidiendo que ciertos iones y moléculas pequeñas abandonen la sangre hacia los tejidos.

Los elementos figurados

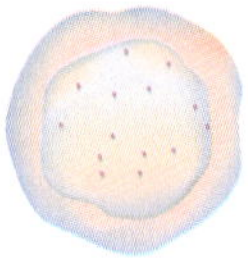

Linfocito

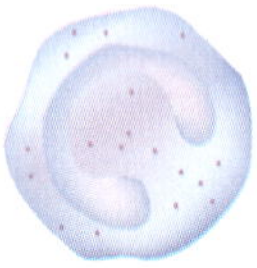

Granulocito

El 40 y 45% restante del volumen sanguíneo está formado por los glóbulos rojos, o eritrocitos, los glóbulos blancos, o leucocitos, y las plaquetas.

Los **eritrocitos**, **hematíes** o **glóbulos rojos** tienen la forma de un disco bicóncavo y transportan el oxígeno.

Se encuentran entre 6.000 a 9.000 **leucocitos** o **glóbulos blancos** por mm^3 de sangre. Son más grandes que los eritrocitos y su núcleo es de forma muy variada. Los leucocitos se pueden clasificar en granulocitos y agranulocitos.

Los **granulocitos** o **polimorfonucleares** son los leucocitos más numerosos: hay entre 3.000 a 7.000/mm^3. La mayoría de ellos contienen gránulos que no reaccionan con los colorantes (neutrófilos). A estas células se unen unas proteínas plasmáticas llamadas **opsoninas**, que se unen a las bacterias y ayudan a neutralizarlas. Otros granulocitos llevan gránulos que se tiñen con colorantes ácidos, los **eosinófilos**, y con colorantes básicos, los **basófilos**. Tanto los neutrófilos como los eosinófilos contienen gránulos de histamina que desencadenan la inflamación, producida ante la herida o la infección.

El resto de los leucocitos se caracterizan histológicamente como **agranulocitos**, porque carecen de gránulos. Los **linfocitos** presentan un núcleo grande, redondeado, y poco citoplasma.

Las **plaquetas** (300.000 por mm^3), de forma oval o irregular y de 3 μ de diámetro, son fragmentos de células llamadas megacariocitos, que se encuentran en la médula ósea. Su función es intervenir en la coagulación sanguínea.

Formación de plaquetas

Grupos sanguíneos y transfusión

El médico alemán Karl Landsteiner identificó por primera vez la presencia o ausencia de una clase de proteínas de la membrana de los glóbulos rojos, los **aglutinógenos** o **antígenos**, y logró clasificarlos en cuatro grupos diferentes (**A**, **B**, **AB** y **0**).

Si se mezcla la sangre de dos personas con grupos sanguíneos diferentes, en algunos casos no tiene efectos (se trata de personas con grupos sanguíneos compatibles), pero en otros casos esto provoca una **aglutinación** de los glóbulos rojos por la presencia de **anticuerpos** específicos, **anti-A** o **anti-B**, en el plasma (grupos sanguíneos no compatibles); como resultado, los glóbulos rojos se adhieren entre sí, o aglutinan, lo que impide el transporte de gases.

Resulta entonces fundamental identificar el grupo sanguíneo del donante y del receptor antes de realizar una transfusión.

Existen cuatro grupos sanguíneos: el grupo A, el grupo B, el grupo AB y el grupo 0.

En el grupo 0 no hay antígenos en la superficie de los glóbulos rojos y en el plasma están presentes los dos tipos de anticuerpos: anti-A y anti-B.

En el grupo A, el antígeno A se encuentra en los glóbulos rojos y en el plasma están los anticuerpos anti-B.

En el grupo B está presente el antígeno B en los glóbulos rojos y en el plasma están los anticuerpos anti-A.

En el grupo AB están presentes los antígenos A y B y en el plasma no hay anticuerpos.

Todo esto permite explicar las reacciones durante una transfusión sanguínea:

- Los individuos del grupo 0 pueden dar sangre a todos los grupos, pero sólo pueden recibir sangre de su mismo grupo (dador universal).
- Los del grupo A pueden donar sangre al A y al AB, y recibir del A y del 0.
- Los del grupo B pueden donar sangre al B y al AB, y recibir del B y del 0.
- Los del grupo AB pueden donar a los del mismo grupo y recibir de cualquier grupo (receptor universal).

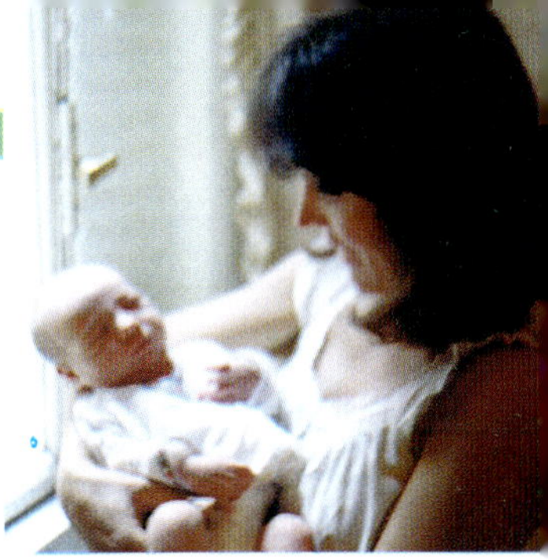

Además de los antígenos A y B, existe otro tipo de antígeno presente en los glóbulos rojos: el **factor Rh**, que se debe estudiar durante el desarrollo fetal.

Grupo	Antígeno	Anticuerpo
0	Ninguno	Anti-A y anti-B
A	A	Anti-B
B	B	Anti-A
AB	A y B	Ninguno

Coagulación de la sangre

Cuando la sangre se extrae de un vaso sanguíneo y se coloca en un tubo de ensayo, se produce el fenómeno denominado **coagulación**, es decir, se forma un coágulo y un líquido claro lo rodea, el suero, que contiene todos los componentes de la sangre excepto células y fibrina.

La **coagulación** ocurre naturalmente cuando se produce una herida o lesión de un vaso sanguíneo: la sangre choca contra una superficie rugosa, por ejemplo, un tejido lastimado, y se dispara una serie de transformaciones de proteínas del plasma.

Las plaquetas se acumulan sobre la lesión y liberan **serotonina**, sustancia que produce vasoconstricción. La serie de reacciones químicas activa la proteína **tromboplastina**, que actúa transformando a la enzima **protrombina** –una proteína plasmática producida en el hígado–, en su forma activa la **trombina**.

La trombina convierte el fibrinógeno, una proteína soluble del plasma, en **fibrina**, que es insoluble y sus moléculas se agrupan formando una red en la que quedan atrapados eritrocitos y plaquetas: se forma un coágulo.

Coagulación sanguínea

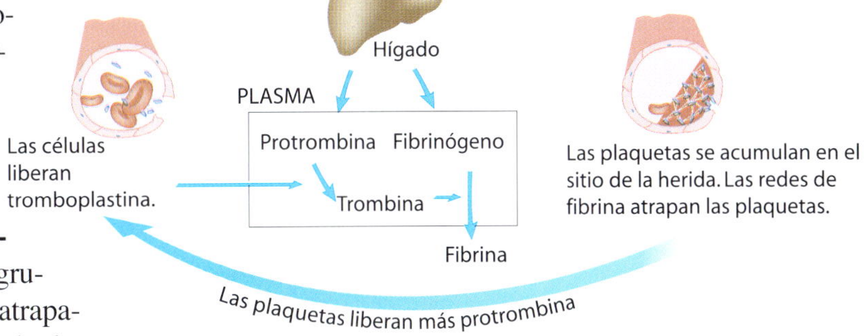

El sistema linfático

Como se explicó, además de la sangre existe en el cuerpo otro importante líquido circulante, la **linfa**. El **sistema linfático** es un sistema de vasos especiales, los **vasos linfáticos**, a través de los cuales fluye la linfa, y varios tejidos linfoides distribuidos a través del cuerpo.

temasrelacionados

En el capítulo 7 se amplía la información de los análisis clínicos y otro mecanismo de la homeostasis, el balance hídrico; en el capítulo 11 se estudian los diferentes productos hormonales de las glándulas endocrinas, y en el capítulo 15 se trata la importancia de la prevención para la salud.

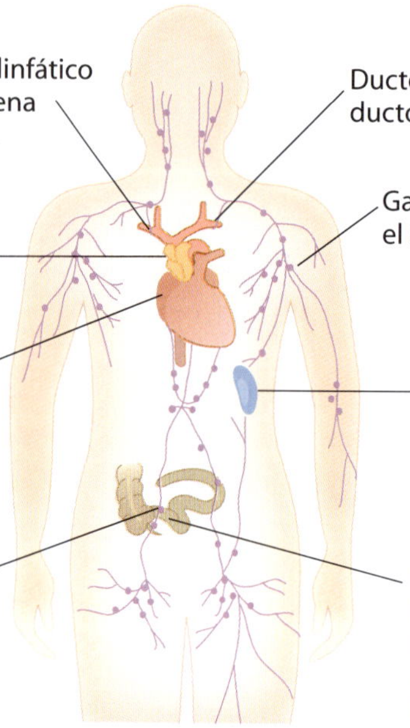

Los **capilares linfáticos** difieren de los sanguíneos en dos maneras: en primer lugar, tienen extremos ciegos, como dedos de guante. Entonces actúan como tubos de drenaje, ya que el fluido ingresa en las puntas y se desplaza fácilmente en un movimiento unidireccional.

En segundo lugar, son mucho más permeables que los capilares sanguíneos, lo que es una clave importante para explicar su capacidad para absorber los triglicéridos (grasas) así como el exceso de fluido tisular. Las células endoteliales de la pared de los capilares linfáticos se superponen muy laxamente entre sí y cada una está anclada en el tejido circundante por finos filamentos. Esto determina que estas células funcionen como **válvulas unidireccionales** que responden a la presión del fluido intersticial acumulado. Los cambios de presión en el tórax durante la respiración también ayudan a este movimiento de la linfa.

Capilares linfáticos

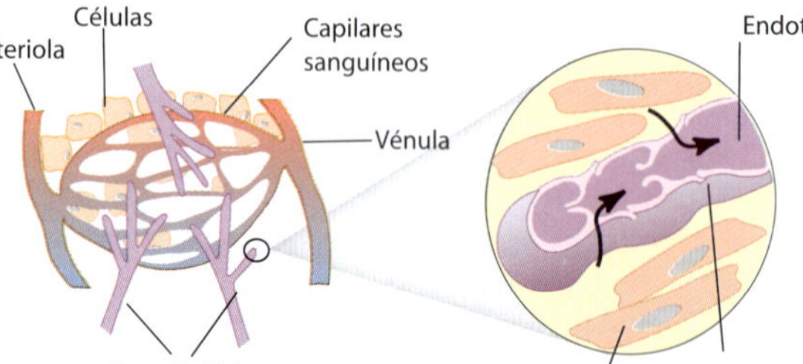

Los **capilares linfáticos** drenan en los vasos linfáticos mayores. Se hacen cada vez más grandes y con paredes más gruesas. Al no estar conectados a una bomba, la linfa fluye lentamente en los vasos linfáticos, llevada por las mismas fuerzas que transportan la sangre a través de las venas, mediante la contracción de los músculos estriados o esqueléticos.

Ganglios linfáticos

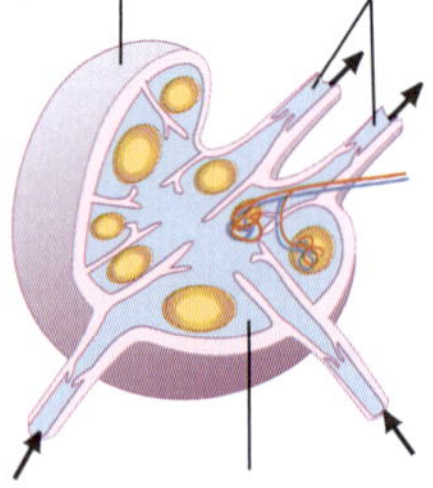

Los **ganglios linfáticos** son estructuras redondeadas en las que se encuentran distintas clases de glóbulos blancos, como los linfocitos y los macrófagos, que cumplen una función fundamental en la defensa del organismo al destruir elementos extraños como células infectadas con virus y células tumorales. A medida que el líquido linfático pasa por los ganglios es "controlado" y depurado por los glóbulos blancos.

Estructura y función comparadas

Circulación y transporte en los seres vivos

Xilema y floema.

Sistema circulatorio cerrado.

Sistema circulatorio abierto.

En las plantas vasculares, el sistema de transporte consta del **xilema**, formado por células especiales, las traqueidas, y los tubos cribosos (estos últimos sólo en angiospermas), que permiten la circulación de agua y sales minerales (savia bruta), y el **floema**, que permite la circulación de sustancias elaboradas (azúcares) además de agua y sales (savia elaborada).

En los animales existen dos tipos diferentes de sistemas circulatorios:

- En los **sistemas abiertos**, el líquido circulatorio es bombeado directamente desde los tejidos del cuerpo, desde los espacios o lagunas hemocélicas y hacia ellas. Éste es el caso de los moluscos.
- En los **sistemas cerrados**, los vasos sanguíneos forman sistemas de tuberías en cuyo interior circula el líquido de transporte, como en los anélidos.

Una aurícula y un ventrículo.

Dos aurículas y un ventrículo.

Dos aurículas y dos ventrículos.

En los vertebrados, hay un único corazón muscular prominente que bombea la sangre en todo el cuerpo. Está dividido en cámaras, pero su número varía en las diferentes clases de vertebrados, desde los peces (dos cavidades) hasta los mamíferos (cuatro).

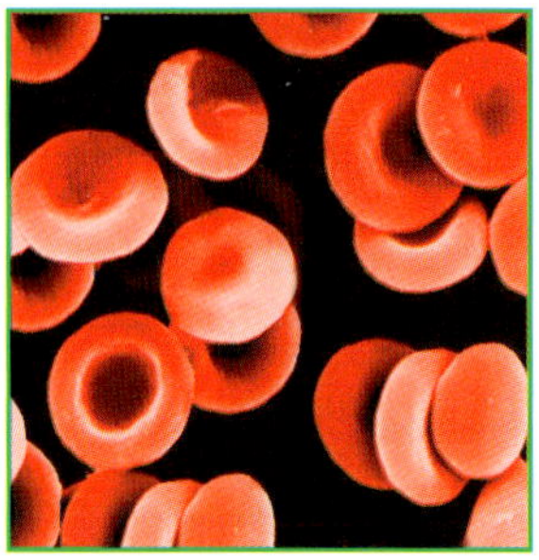

Los glóbulos rojos maduros del ser humano y otros mamíferos carecen de núcleo y demás estructuras celulares, de tal manera que todo su volumen está ocupado por la hemoglobina encargada de este transporte.
El color rojo de la sangre se debe entonces a los eritrocitos que contienen hemoglobina. La intensidad de este color varía con el contenido de oxígeno (alcanza el máximo brillo cuando la hemoglobina está cargada completamente de oxígeno).

Pigmentos sanguíneos y color de la sangre

La **hemoglobina** es el pigmento rojo de los eritrocitos y cumple una función esencial en el vida de los vertebrados (incluido el ser humano): es la encargada del transporte de oxígeno.

La hemoglobina le otorga a la sangre un color rojo más o menos brillante. Es una proteína globular constituida por cuatro **subunidades**. Cada subunidad se encuentra asociada a un polipéptido y contiene un grupo **hemo**; el grupo hemo contiene **hierro**.

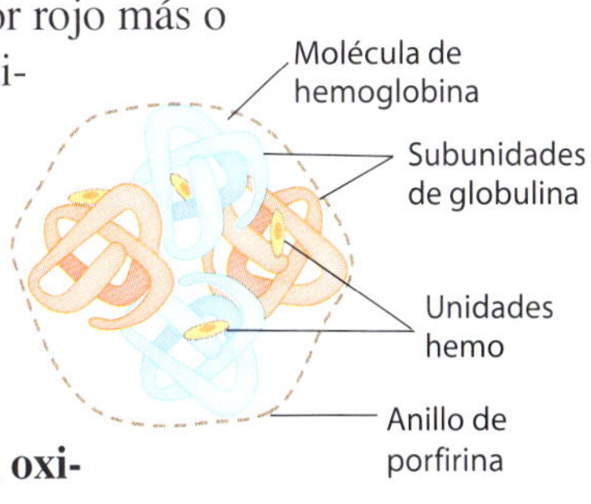

La hemoglobina transporta oxígeno mediante el siguiente mecanismo reversible: el oxígeno (O_2) se une al hierro del grupo hemo y se forma **oxihemoglobina**.

En los invertebrados existen diferentes tipos de pigmentos respiratorios.
Los más comunes, además de la hemoglobina, son: la hemeritrina, de color violeta a rosa; la clorocruonina, de color verde y la hemocianina, de color azul.

EXPERIENCIAS

Estudio del corazón de los vertebrados

El corazón de vaca u otros mamíferos, así como el de pollo, presenta las cuatro cavidades típicas y permite realizar un estudio detallado de la estructura y los vasos sanguíneos que realizan la doble circulación

Objetivo

Reconocer el aspecto externo y la estructura interna de un corazón de vaca y de pollo.

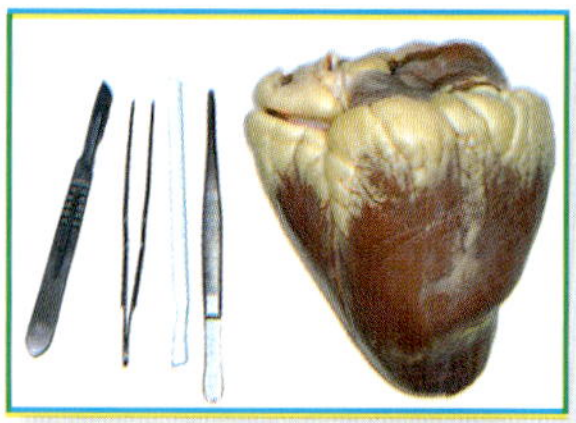

Corazón de vaca.

Corazón de pollo.

Procedimiento

Un corazón de vaca, un corazón de pollo, bisturí, agujas de disección, pinzas.

1. Ubiquen el corazón de vaca en la mesa de trabajo.
2. Observen la estructura del pericardio, y si es posible, la presencia de los vasos coronarios.
3. Con agujas de disección y pinzas, separen el pericardio.
4. Señalen el surco auriculoventricular que separa las aurículas de los ventrículos.
5. Introduzcan una varilla de vidrio dentro de la arteria aorta hasta localizar el ventrículo izquierdo.
6. Hagan un corte longitudinal del corazón. Observen las cavidades.
7. Realicen la observación y disección del corazón de pollo.

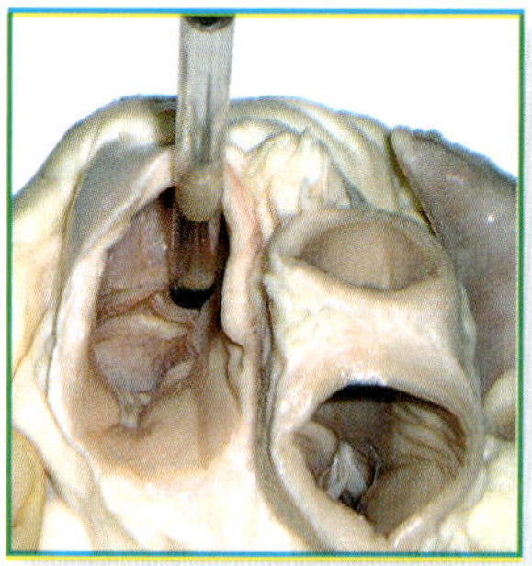

Detalle de vasos coronarios.

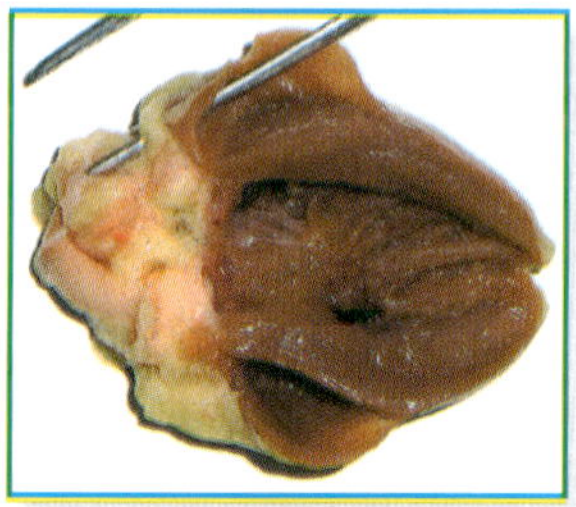

Disección de corazón de pollo.

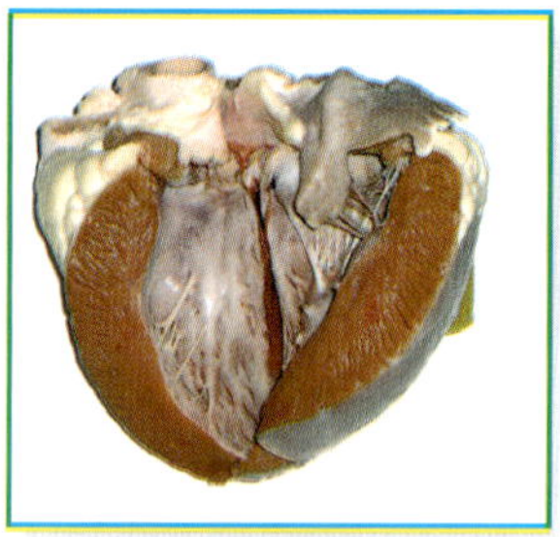

Disección de corazón de vaca.

Análisis

a) Elaboren un informe sobre la base de sus observaciones. Realicen un gráfico de la circulación de la sangre por las diferentes cavidades.
b) Observen y describan la posición de algunos vasos sanguíneos principales.
c) Luego de la observación, comparen los diagramas A, B y C que muestran secciones transversales de tres diferentes tipos de vasos sanguíneos (no están a escala).

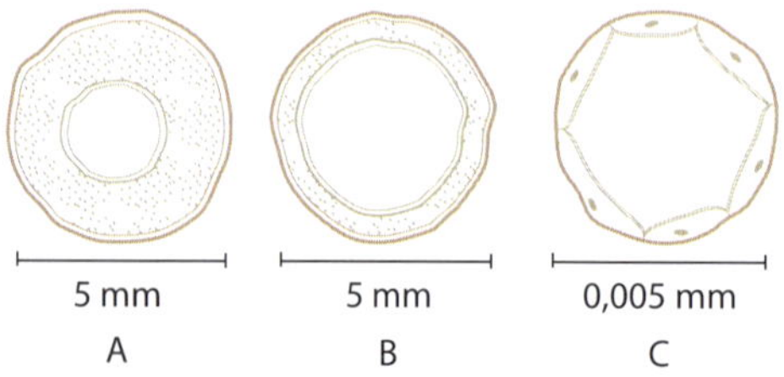

d) Identifiquen qué vaso representa cada esquema.
e) Indiquen dos formas en que el vaso A se halla adaptado para realizar mejor su función.

ACTIVIDADES

1. Completen los nombres de los rótulos que explican los circuitos de la circulación doble. A continuación describan en la carpeta cómo se produce la circulación en los circuitos.

a) Nombren los vasos A, B y C.

b) Dibujen una flecha para mostrar la dirección del flujo sanguíneo en B y C.

c) Completen finalmente la tabla de las características de los vasos principales con Sí o No, según corresponda.

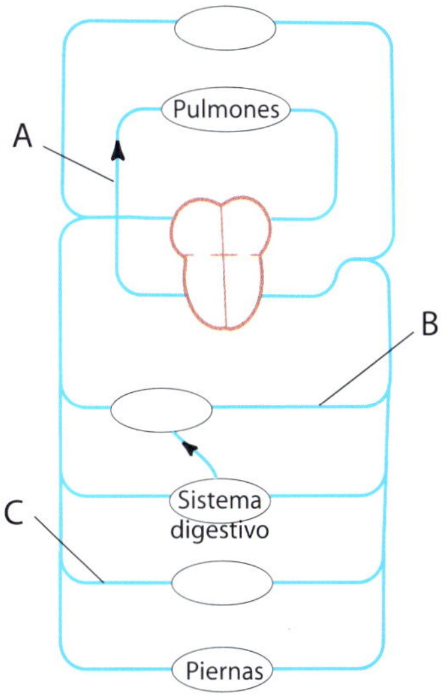

	Aorta	Capilares	Venas cavas
Válvulas			
Pasaje de glucosa			
Transporte de sangre oxigenada			

2. Consigan análisis de sangre y compárenlos con los datos del recuadro de la derecha.

Los **parámetros citológicos** normales en la sangre son los siguientes:

- Hematíes: varones, 5 a 5,5 millones por milímetro cúbico; mujeres, 4,5 a 5 millones por milímetro cúbico.
- Plaquetas: 150.000 a 360.000/ mm^3
- Leucocitos totales: 4.500 a 11.000/mm^3

autoevaluación

Elijan la respuesta correcta

1. Uno de los siguientes elementos figurados no tiene núcleo celular y contiene hemoglobina:
a) linfocito; ☐
b) eritrocito; ☐
c) monocito. ☐

2. El plasma sanguíneo contiene:
a) igual cantidad de proteínas que el fluido tisular; ☐
b) mayor cantidad de proteínas que el fluido tisular; ☐
c) menor cantidad de proteínas que el fluido tisular. ☐

3. En el circuito mayor de la circulación:
a) la sangre carbooxigenada sale del ventrículo derecho por la arteria pulmonar y se dirige a los pulmones; ☐
b) la sangre oxigenada vuelve al corazón por la aurícula izquierda a través de las venas pulmonares; ☐
c) la sangre oxigenada sale del ventrículo izquierdo por la arteria aorta y se dirige a todos los tejidos del cuerpo. ☐

4. El grupo sanguíneo 0:
a) no presenta anticuerpos; ☐
b) presenta los dos tipos de anticuerpos anti-A y anti-B; ☐
c) los antígenos A y B se encuentran en los eritrocitos. ☐

5. Las arterias tienen las paredes:
a) más gruesas que otros vasos; ☐
b) más finas que otros vasos; ☐
c) con grosor variable y no comparable con otros vasos. ☐

6. Los capilares linfáticos difieren de los sanguíneos en que:
a) tienen ambos extremos abiertos; ☐
b) no tienen válvulas; ☐
c) son más permeables para el pasaje de proteínas. ☐

7. La oxihemoglobina:
a) se forma por la fijación de oxígeno al hierro del grupo hemo de la hemoglobina; ☐
b) es el producto de una reacción irreversible luego de la cual la hemoglobina se destruye; ☐
c) se forma por la fijación de dióxido de carbono a los leucocitos. ☐

8. En la coagulación:
a) la tromboplastina se convierte en fibrina; ☐
b) la serotonina produce fibrina; ☐
c) la tromboplastina se convierte en trombina. ☐

9. El marcapasos natural del corazón es:
a) el nódulo sinusal; ☐
b) las fibras de Purkinje; ☐
c) las válvulas semilunares. ☐

10. En la circulación fetal no se comunican:
a) la arteria pulmonar con la aorta; ☐
b) la aurícula derecha con la izquierda; ☐
c) el ventrículo derecho con el izquierdo. ☐

Sistema excretor

Desde la época de Galeno, y durante siglos, se consideró el riñón como un "sedazo que purifica las suciedades del cuerpo". Sin embargo, se desconocía la función del sistema excretor. El gran descubrimiento llegó gracias a las observaciones del sabio italiano Marcello Malpighi (1628-1694), que logró relacionar con precisión la estructura interna de un órgano (la anatomía del riñón) con la función o fisiología (la filtración). Gracias al uso del microscopio, Malpighi pudo distinguir unas pequeñas estructuras, los glomérulos renales, y descubrió su íntima asociación con los capilares sanguíneos.

Además de la estructura del riñón, Malpighi estudió la estructura de la piel, en la cual descubrió un estrato que lleva su nombre, y reconoció su función excretora en la formación del sudor.

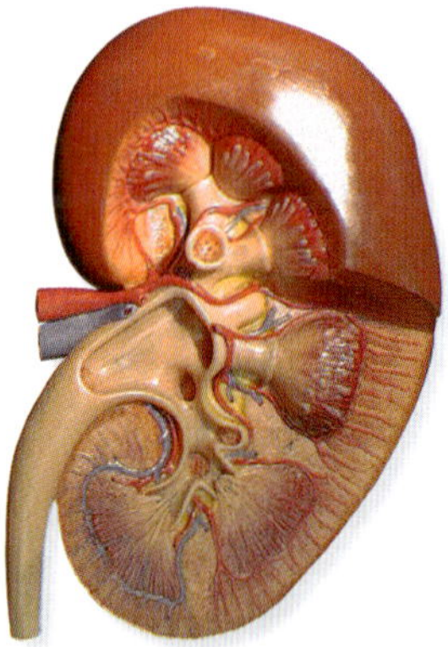

Corte de riñón. Mediante la observación de la estructura interna del riñón, se comprobó la formación de la orina a partir de la sangre mediante un triple mecanismo: la filtración de determinadas sustancias (eliminadas del cuerpo), su reabsorción (o retorno a la sangre) y secreción (formación de nuevas sustancias).

Balance hídrico. El riñón y las glándulas sudoríparas de la piel son los órganos que actúan en el equilibrio hídrico del cuerpo (regulando el ingreso de agua ingerida y su salida a través de la orina o el sudor). Resulta muy importante beber abundante agua para mantener el volumen de líquido corporal, en especial durante los días de calor intenso.

Funciones de excreción y osmorregulación

El metabolismo celular produce diferentes sustancias de desecho: algunas resultan tóxicas y otras provocan alteraciones si se acumulan en exceso. Además, ingresan en el cuerpo, ingeridas con los alimentos, otras diversas sustancias que deben eliminarse, además de sustancias contaminantes que entran en las vías respiratorias. Por otra parte, el ambiente externo del cuerpo cambia permanentemente y se hace necesario mantener un estado de equilibrio mediante el ajuste de las condiciones internas, por ejemplo, el nivel del agua que ingresa y sale del cuerpo.

Ambas funciones, de eliminación de sustancias tóxicas y de equilibrio del volumen de agua del cuerpo, se relacionan con los órganos de la excreción y la osmorregulación, principalmente los riñones y la piel.

- La **excreción** es el proceso por el cual son eliminados del cuerpo los productos del metabolismo (que ya no son utilizados) o las sustancias tóxicas. Los principales desechos del metabolismo son: el agua, el dióxido de carbono y los residuos nitrogenados, como el amoníaco y la urea.
- La **osmorregulación**, o **balance hídrico**, es la relación entre el ingreso, o entrada, y el egreso, o salida, del agua del cuerpo.

En resumen, el agua es un desecho metabólico, aunque también es el líquido de los fluidos corporales y su nivel, o concentración, dentro del organismo debe mantenerse en un ajustado equilibrio para permitir las funciones normales del cuerpo.

Los órganos excretores

La función de excreción en el ser humano es realizada por diferentes órganos: en primer lugar, los **riñones**, que son los **órganos excretores** principales, y en segundo lugar, otros diversos órganos que colaboran con la eliminación de diferentes desechos: las **glándulas sudoríparas**, los **pulmones**, el **intestino grueso**, el **hígado** y las **glándulas lacrimales**.

temasrelacionados

En el capítulo 2 se analizan las características del metabolismo celular; en el 4, las funciones principales del sistema digestivo y las glándulas anexas, y en el 5, la mecánica respiratoria y la función de los alvéolos pulmonares.

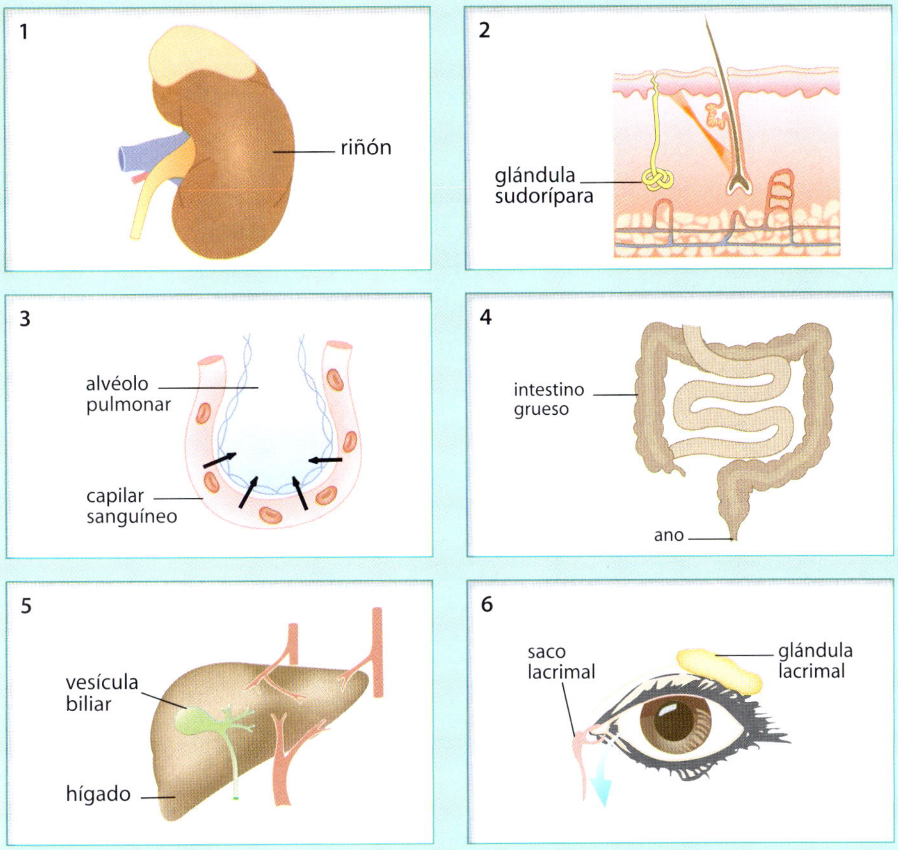

1. **Riñones** (órganos excretores principales, situados en la cavidad abdominal): elaboración de la orina (principal líquido excretor) con la eliminación de un 90% de los desechos metabólicos nitrogenados (del metabolismo de las proteínas y las bases de los ácidos nucleicos).

2. **Glándulas sudoríparas** (se encuentran en la piel): elaboración del sudor que permite la excreción de alrededor del 10% de los desechos metabólicos nitrogenados (como en la orina, aunque en menor concentración, ya que el 99% es agua).

3. **Pulmones** (situados en la cavidad torácica): eliminación de dióxido de carbono (y agua) del catabolismo de los hidratos de carbono y los lípidos.

4. **Intestino grueso** (segmento final del tubo digestivo): eliminación de desechos sólidos (como los restos no digeridos de la celulosa que contiene la materia vegetal) y gases (resultantes de la acción de la flora intestinal (como el sulfuro de hidrógeno).

5. **Bazo** (órgano relacionado con la función inmune del organismo), **hígado** y **vesícula biliar** (glándulas anexas del sistema digestivo): destrucción de los glóbulos rojos envejecidos (que se acumulan en el bazo), formación de la bilirrubina (en el hígado) y almacenamiento de la bilirrubina hasta su pasaje al intestino delgado (en la vesícula biliar).

6. **Glándulas lacrimales** (ubicadas en las cavidades oculares): producción de las lágrimas para la lubricación y humectación de la superficie de los ojos (un producto excretor secundario, formado por un 99% de agua, con sales disueltas, proteínas y glucosa).

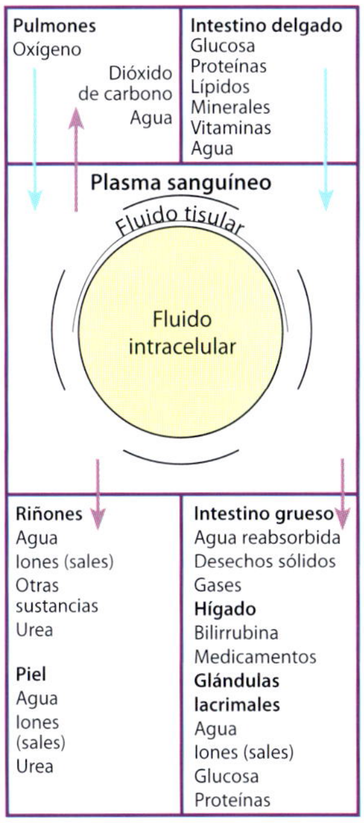

Órganos del sistema urinario

El **sistema urinario** está formado por los **riñones** (izquierdo y derecho), los **uréteres** (comunicados con cada riñón), la **vejiga urinaria** y la **uretra**.

Los riñones se ubican a ambos lados de las vértebras lumbares, en la pared posterior de la cavidad abdominal (el derecho usualmente se encuentra en posición ligeramente inferior, como si hubiese sido empujado hacia abajo por el hígado). Tienen forma de poroto, de color marrón rojizo; pesan aproximadamente 150 g y miden alrededor de 11 cm de ancho y 3 cm de espesor.

Los riñones son órganos delicados y, por esta razón, se hallan bien protegidos en la cavidad abdominal, por los huesos de las costillas y las vértebras lumbares, la pared abdominal, los intestinos, los músculos dorsales, una capa de grasa que los rodea y la membrana que los tapiza.

- Los riñones actúan en la excreción de los desechos metabólicos, principalmente la urea, el cloruro de sodio en exceso y otros minerales, e igualmente, en la osmorregulación o equilibrio entre los líquidos del cuerpo. Además segregan hormonas como la **eritropoyetina**, que estimula la producción de eritrocitos o glóbulos rojos de la sangre, y participan en la síntesis de **calcitriol**, la forma activa de la vitamina D.
- Los uréteres transportan la orina desde los riñones a la vejiga.
- La vejiga urinaria almacena la orina y la expele hacia la uretra.
- La uretra transporta la orina desde la vejiga al exterior del cuerpo.

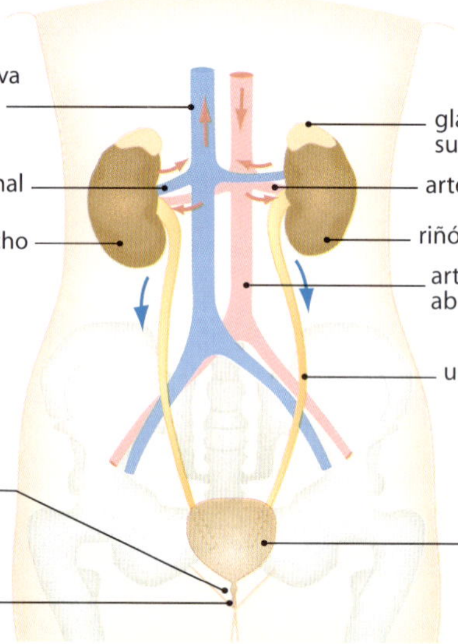

Cada riñón se conecta con una arteria y una vena (arterias y venas renales en la región cóncava denominada **hilio**). Por cada riñón pasan, por minuto, unos 600 ml de sangre. Los riñones cumplen su función en forma tan eficaz que un organismo puede sobrevivir con uno solo de ellos.

Micción y control muscular

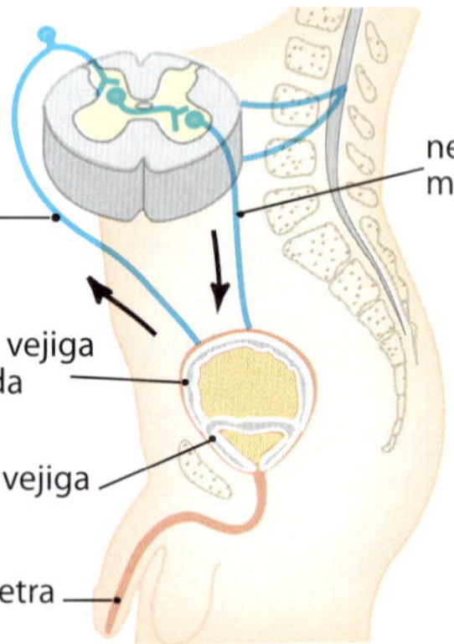

Reflejo de micción.

La **micción** es la eliminación de la orina y esta función se halla controlada por dos clases de músculos: el músculo estriado o esquelético, asociado con el **esfínter externo**, bajo control voluntario, y el músculo liso, con el **esfínter interno** en la pared de la vejiga, bajo control reflejo involuntario. Cuando la vejiga se carga, la presión de la orina alcanza cierto nivel que "dispara" el reflejo para distender o relajar el esfínter interno. El control voluntario del esfínter externo puede reprimir el deseo de orinar, inhibir el reflejo y contraer el esfínter externo. Si, en cambio, el organismo cede al deseo de orinar, el esfínter externo se relaja y la musculatura de la vejiga se contrae: en consecuencia, la orina es expulsada hacia el exterior a través de la uretra. La pérdida del control del esfínter externo trae como resultado la **incontinencia**.

La estructura interna del riñón

En un corte longitudinal de riñón se distinguen dos regiones diferenciadas: una externa, el **parénquima**, y otra interna, la **pelvis renal**.

En el parénquima se diferencian:

- la **corteza**, región externa más oscura,
- y la **médula renal**, región interna más clara o pálida, constituida por las **pirámides de Malpighi**, que se hallan separadas por las prolongaciones de la corteza y se orientan hacia el centro formando las **papilas renales**.

La pelvis renal es una cavidad de color blanco que se estrecha hacia los uréteres, y toma la forma de un embudo. Está constituida por dos o tres sacos, los **cálices mayores**, que a su vez se originan a partir de varios **cálices menores**.

El nefrón, unidad funcional del riñón

En la médula renal se encuentran los **nefrones**: aproximadamente un millón por cada riñón, miden de 3 a 5 cm de longitud y tienen forma de bucle. El extremo ciego de cada nefrón yace contra la corteza y se expande en una estructura en forma de copa, la **cápsula de Bowman**, en cuyo interior hay un ovillo de capilares, el **glomérulo**, y de la que sale un conjunto de túbulos. La cápsula y el glomérulo forman el **corpúsculo de Malpighi**. El conjunto de túbulos que se abre en la médula se compone de las siguientes estructuras: el **túbulo contorneado proximal**, el **asa de Henle** y el **túbulo contorneado distal**, que desemboca en el **tubo colector**.

El nefrón es la unidad funcional del riñón: la orina se produce como resultado de la actividad conjunta de todos los nefrones.

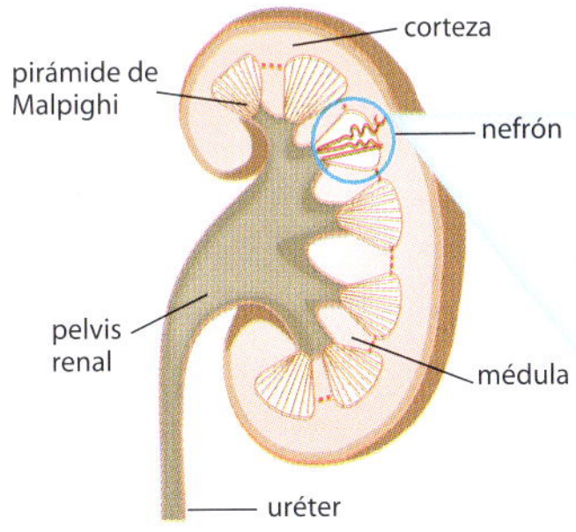

Riñón: corte longitudinal.

Nefrón: unidad funcional del riñón.

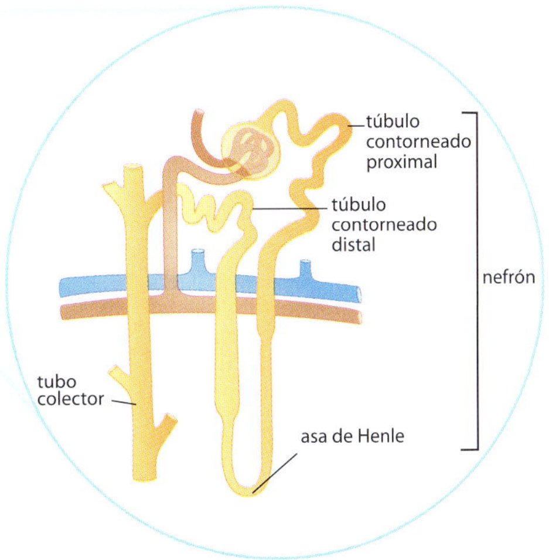

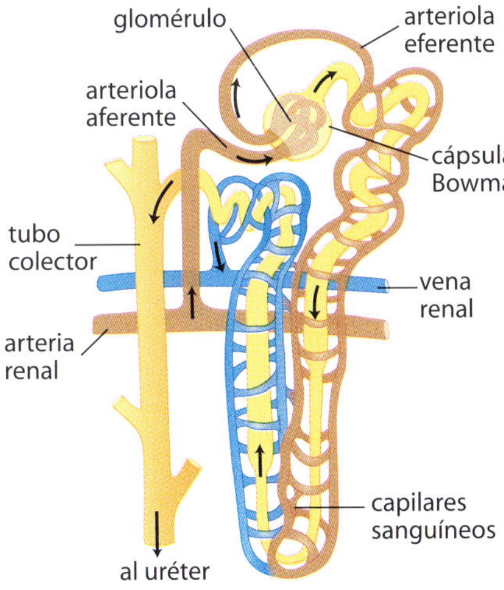

temasrelacionados

En el capítulo 9 se analizan las respuestas reflejas y voluntarias. En el capítulo 11 se estudia la producción de hormonas por otros órganos.

Irrigación renal

Arteria renal: es una rama de la arteria aorta y transporta sangre a presión elevada. Ingresa en el riñón por el hilio y forma gran cantidad de arteriolas aferentes. **Arteriola aferente:** cada una suministra sangre a su nefrón y se ramifica en varios capilares que originan el glomérulo (primera red de capilares). **Glomérulo:** proporciona la superficie de filtración del riñón. **Cápsula de Bowman:** la presión en el glomérulo fuerza el líquido hacia la cápsula. **Arteriola eferente:** se forma al reunirse nuevamente los capilares y allí llega la sangre que deja el glomérulo. **Capilares peritubulares:** es una segunda red de capilares que surgen de las arteriolas eferentes. **Vena renal:** allí se reúnen los capilares peritubulares.

Filtración, reabsorción, secreción

La función de excreción, que conduce a la formación de la orina, consta de tres procesos:

- la **filtración**, en la que los fluidos corporales son filtrados y pasan al interior de los túbulos renales;
- la **reabsorción**, en la que se recuperan sustancias de esos fluidos en forma activa, que retornan a la sangre y los tejidos;
- la **secreción**, en la que se adicionan sustancias al líquido filtrado para formar la orina.

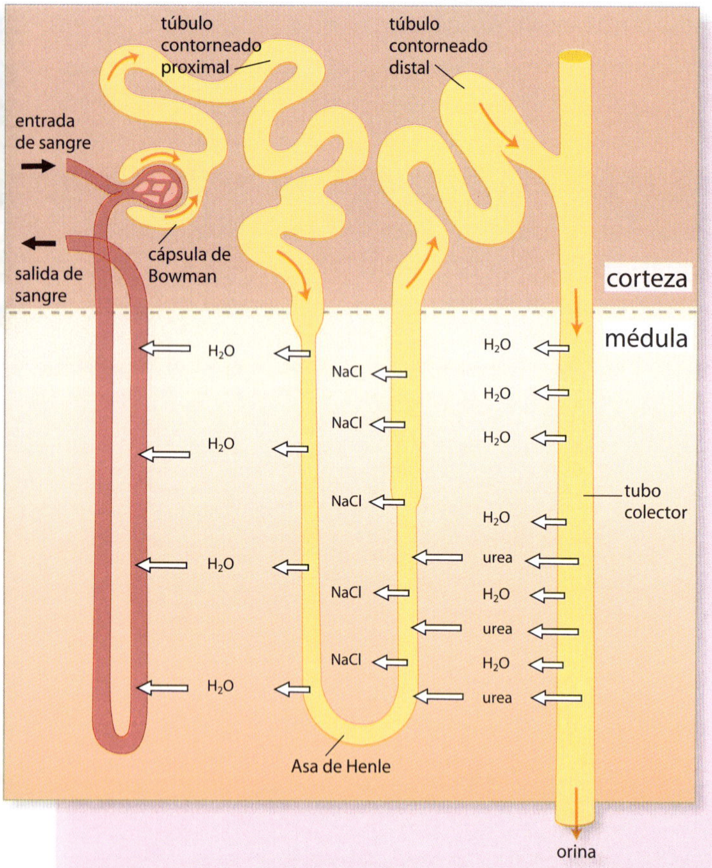

Filtración glomerular o ultrafiltración

La sangre ingresa por la red capilar llamada glomérulo dentro de la cápsula de Bowman hacia la arteriola eferente. Como la arteriola eferente es más estrecha que la aferente, hay un incremento en la presión sanguínea que fuerza el filtrado de materiales. La pared endotelial de los capilares en el glomérulo tiene grandes poros y en la cápsula de Bowman hay células especiales, los podocitos, que también se relacionan con numerosos poros. El volumen del filtrado glomerular es de alrededor de 125 ml/min. Por lo tanto, en un día el filtrado es de cerca de 180 litros.

Reabsorción selectiva

Las células epiteliales del túbulo contorneado proximal tienen muchas mitocondrias. En ellas tiene lugar la mayor parte de la absorción, aunque también se produce en otras regiones tubulares. En la reabsorción, las sustancias pasan desde la luz del túbulo hacia los capilares peritubulares en forma activa (en contra de un gradiente de concentraciones) y pasiva (a favor de ese gradiente). La reabsorción permite recuperar la mayor parte del agua filtrada (99 %), toda la glucosa, gran parte de los aminoácidos, sales y otros solutos que se filtraron libremente.

Secreción tubular

Es un proceso activo por el cual pasan sustancias desde la sangre hasta el interior de los túbulos. El túbulo contorneado distal y su suministro de sangre se hallan muy próximos entre sí dentro de la corteza. Las células en esta parte de los túbulos renales tienen microvellosidades (pequeñas extensiones citoplasmáticas, a modo de dedos de guante) y pueden secretar sustancias en forma activa hacia la sangre o hacia el filtrado. Por ejemplo, la creatinina y los iones potasio se secretan activamente del túbulo a los capilares peritubulares. Esto es muy importante para el balance del pH. En esta función actúa también la hormona ADH (antidiurética) que afecta la permeabilidad del túbulo.

Tipos de filtrado

En el **glomérulo** se filtra la sangre y se elimina una quinta parte del agua del plasma, sales (principalmente cloruro de sodio), glucosa, aminoácidos, desechos nitrogenados como la urea, la creatinina, el ácido úrico y las proteínas más pequeñas.

En el **túbulo contorneado proximal** se reabsorbe agua (70 %), así como los aniones bicarbonato (HCO^{3-}) y cloruro (Cl^-), y los cationes sodio (Na^+), calcio (Ca^{2+}) y magnesio (Mg^{2+}) en solución. Se segregan protones (H^+) y ion amonio (NH_4^+). También se reabsorbe toda la glucosa y gran parte de los aminoácidos.

En el **asa de Henle** se reabsorbe agua en la rama descendente y se filtran iones Na^+, potasio (K^+) y Cl^- por transporte activo en la rama ascendente (ya que es impermeable al agua). También se segrega urea.

En el **túbulo contorneado distal** se reabsorbe agua, glucosa, Na^+, Cl^- y HCO_3^-. Se segrega ion K^+.

En el **tubo colector** se acumula la orina, aunque también se reabsorbe agua y los iones Na^+ y Cl^-. Se segrega urea.

Características de la orina

La **orina** es un líquido amarillento producido por los riñones. Se compone de agua y productos de desecho metabólicos de la actividad celular, además de otras sustancias que se hallan en exceso o cuya presencia resulta tóxica para el organismo.

- **Color:** el color de la orina se debe a la presencia del pigmento urocromo. Luego de una alimentación rica en betacarotenos, por ejemplo, remolachas, o después de la ingestión de ciertos medicamentos, la orina puede tomar un color rosado fuerte. La **hematuria** (sangre en la orina) también la torna rojiza y es la causa más frecuente de la alteración del color. La fiebre provoca un color amarillo oscuro en la orina. La hepatitis y otras enfermedades del hígado pueden resultar en la excreción de pigmentos biliares que le otorgan un color amarillo muy oscuro, verde, pardo o anaranjado.
- **Turbidez:** la orina generalmente es límpida, pero puede verse turbia por la precipitación de cristales, células (bacterias, células sanguíneas, células epiteliales) o proteínas. La **proteinuria** es la presencia de cierto nivel de proteínas en la orina.
- **Aroma:** la orina normal exhala un aroma suave. Cuando está contaminada con bacterias, la urea se convierte en amoníaco que le otorga un olor muy fuerte. La cistitis y la ingestión de ciertos alimentos, como los espárragos, pueden ocasionar olor persistente y desagradable.
- **pH:** la orina es usualmente ácida. Las variaciones se deben a factores tales como la ingesta de medicamentos, diferentes infecciones urinarias o disfunción renal.

Los análisis clínicos se completan con el estudio de las características de la orina.

Composición química de la orina

La composición química de la orina varía ampliamente y depende de la cantidad de desechos y tóxicos excretados.

Las principales sustancias de la orina son el agua (un litro y medio), la urea (30 g) y la sal común, o cloruro de sodio (15 g). Usualmente consumimos más sal de la que se elimina en las heces o en la transpiración, por lo que el exceso debe ser excretado en la orina. En cambio, cuando hay un déficit de sal, prácticamente se produce la reabsorción completa de toda la sal en los túbulos renales.

Normalmente se encuentran también en la orina otras muchas sustancias, como el ácido úrico y la creatinina (dos compuestos nitrogenados), hormonas (como los estrógenos), minerales (como los iones potasio, calcio y magnesio), trazas de alcohol, esteroides y ciertas drogas o medicamentos (cuando se los ingiere).

Algunas sustancias y elementos, como los que se presentan en el cuadro de detección de alteraciones, son menos frecuentes.

Detección de alteraciones en la orina

Glucosa	La glucosuria (glucosa en la orina) es indicador de diabetes.
Proteínas /albúmina	La proteinuria es el elevado nivel de proteínas en la orina.
Cetonas	Un aumento se relaciona con la disminución en la ingesta de comidas o ayuno prolongado.
Sangre /hemoglobina	Indica enfermedad renal o de la vejiga, aunque también puede deberse a trastornos hemolíticos.
Bilirrubina y pigmentos biliares	Su detección en la orina puede ser el primer indicador de una enfermedad hepática.
Urobilina (o urobilinógeno)	Puede aumentar en enfermedades hepáticas y hemolíticas.
Nitritos	Se presentan cuando hay infección urinaria.

Balance hídrico

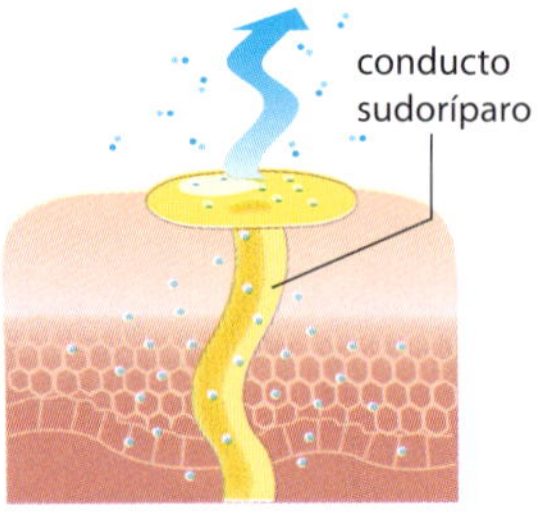

La piel, por medio de la transpiración, resulta un importante órgano de la osmorregulación: elimina vapor de agua, lo que disminuye la temperatura corporal.

Uno de los mecanismos de la **homeostasis** (mantenimiento del estado de equilibrio del cuerpo) es el **balance hídrico**, o del volumen de agua, que ingresa principalmente mediante la ingestión y egresa por la orina o la transpiración. El proceso que actúa en esta función es la osmorregulación, realizada principalmente por los riñones y también por la piel (a través de las glándulas sudoríparas).

Igualmente las glándulas suprarrenales, ubicadas por encima de los riñones, y el corazón, desempeñan un importante papel en este balance.

Una consecuencia importante es el mantenimiento del volumen sanguíneo y de la presión arterial. La presión arterial aumenta con el incremento de la **volemia**, o **volumen sanguíneo**. El corazón reduce la producción de péptidos, y favorece la reabsorción de agua y de sodio. Esto provoca cambios en la estimulación del hipotálamo, la hipófisis y las glándulas suprarrenales.

El hipotálamo, a través de la **hormona antidiurética** (**ADH**) aumenta el retorno de agua hacia la sangre y disminuye la cantidad eliminada con la orina.

La transpiración

Durante un ejercicio físico intenso, es necesario reponer el agua perdida para evitar la deshidratación.

El proceso de la **transpiración**, o **sudor**, mantiene el cuerpo a una temperatura constante y le permite refrescarse cuando aumenta la temperatura, al producir agua que se evapora sobre la piel por la acción de las **glándulas sudoríparas**, que si bien se hallan en todo el cuerpo, son más abundantes en la frente, en las axilas, en las palmas de las manos y en las plantas de los pies.

Además de agua, las glándulas sudoríparas excretan por el tubo y el poro sales y urea que llegan a la superficie de la piel disueltas en el agua.

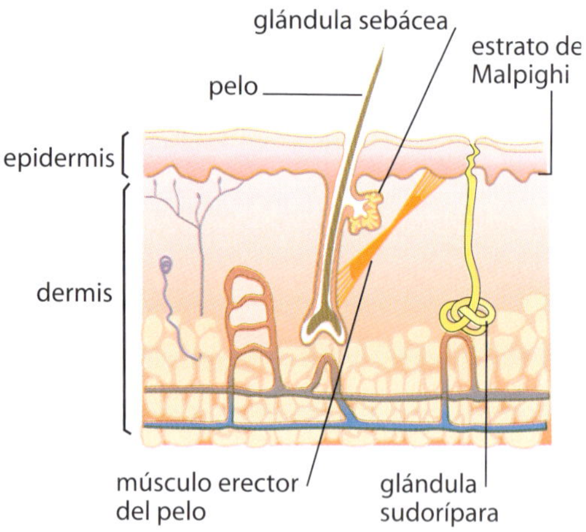

Estructura de la piel y localización de las glándulas

La deshidratación

Un porcentaje del agua ingerida por el cuerpo debe asegurar la volemia que mantiene la presión arterial. Si el organismo no logra retener la cantidad de agua necesaria o no repone convenientemente la que ha perdido, se inicia un proceso de **deshidratación**, que va acompañado de síntomas como el resecamiento de la piel y las mucosas, la reducción del volumen de orina y, en los casos más graves, dolores abdominales, edemas e incluso insuficiencia cardíaca.

El proceso de deshidratación evoluciona más rápido en los ancianos y los niños.

Como medidas más importantes para la prevención de la deshidratación se aconseja:

- la consulta permanente al médico frente a la aparición de los primeros síntomas;
- la abundante ingesta de bebida diaria, especialmente en los días de mayor calor y cuando se realiza ejercicio físico;
- el uso de ropas livianas, absorbentes y la permanencia en lugares frescos durante el pico de calor.

Para los pacientes deshidratados existen líquidos hidratantes especiales (que pueden prepararse con sales y azúcar disueltas en agua potable).

temasrelacionados

En el capítulo 10 se examinan otras funciones de la piel (tacto). En el capítulo 11 se trata la función de la hipófisis y otras glándulas endocrinas y sus hormonas.

Estructura y función comparadas

Productos y órganos de excreción en los seres vivos

Los principales productos de excreción en los diferentes grupos de seres vivos son los siguientes:

- **Oxígeno** (en todos los organismos que fotosintetizan utilizando el dióxido de carbono del aire, como las cianobacterias, las algas verdes, las algas pardas y las plantas terrestres).
- **Dióxido de carbono** (producido en la respiración aerobia o anaerobia, desde las bacterias hasta los mamíferos).
- **Agua** (producida en la respiración aerobia y en las reacciones de condensación en todos los seres vivos).
- **Taninos** y **otros ácidos orgánicos** (en las plantas terrestres).
- **Sales biliares** y **pigmentos biliares** (producidos en el hígado de los vertebrados y otros animales, por el metabolismo de los lípidos y la hemoglobina).
- **Productos nitrogenados** resultantes del metabolismo de las proteínas y los ácidos nucleicos: amoníaco (principalmente en los peces, los crustáceos y otros animales acuáticos); ácido úrico (en los reptiles, las aves y también los insectos) y urea (producto principal en los mamíferos y también en los anfibios).

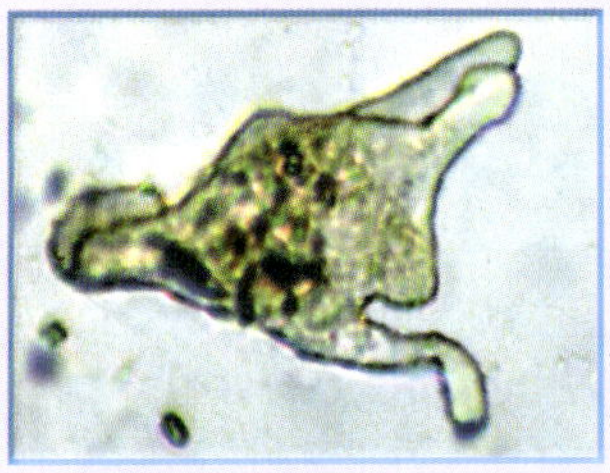

▲ Los protozoos y también las esponjas de agua dulce son hipertónicos (mayor concentración de sales en el medio interno que en el medio externo) y expulsan el exceso de agua mediante unas estructuras especiales, las **vacuolas contráctiles**.

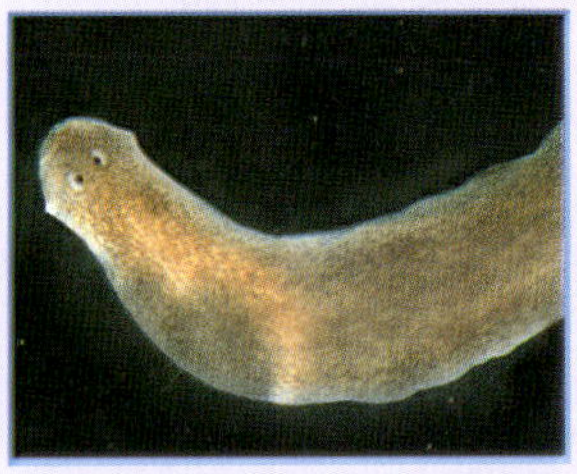

◀ Los platelmintos (planarias) tienen un sistema de excreción y osmorregulación que consiste en los **protonefridios**, túbulos ramificados con células en forma de bulbo alargadas que contienen cilias, los bulbos flamíferos.

Los artrópodos terrestres (insectos, arácnidos y miriápodos) tienen **túbulos de Malpighi** que se ramifican desde la porción posterior del tubo digestivo. Los túbulos son ciegos y yacen entre los espacios intercelulares del abdomen, bañados por la hemolinfa. ▶

▲ Los anélidos (lombrices) y los moluscos (caracoles) tienen órganos excretores llamados **nefridios**, compuestos de túbulos musculares y ciliados que se abren en un embudo, el nefrostoma, o por un orificio especial, el nefridioporo.

▲ Los peces óseos marinos (como el besugo y la corvina) excretan un pequeño volumen de orina para evitar la pérdida de agua.

Los peces cartilaginosos marinos, como el tiburón, aumentan la concentración de sales en su medio interno hasta equilibrarla con la del medio externo; esto evita la pérdida de agua por ósmosis.
▼

Observación de la estructura de un riñón

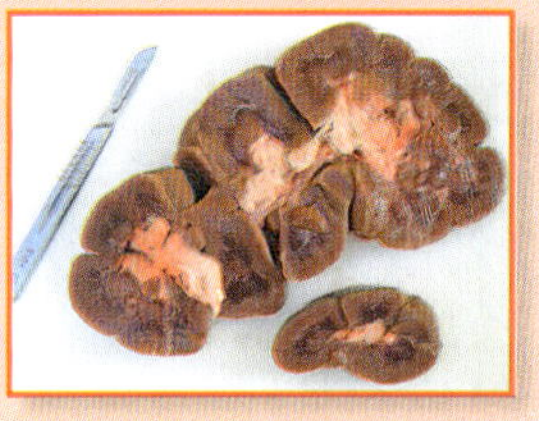

Materiales

Un riñón de vaca o de cerdo; agujas de disección, pinza de disección; un bisturí o cortante.

Procedimiento

Disección de un riñón de mamífero

1. Fíjense la coloración y la forma del riñón. Observen que el peritoneo cubre los riñones y los separa de la cavidad abdominal.

2. Con agujas de disección y pinzas, levanten la membrana y localicen la glándula suprarrenal. También traten de detectar la presencia de vasos sanguíneos mayores (como la arteria renal o la vena renal) que suministran sangre al riñón. Observen un tubo delgado y coloreado que sale fuera del hilio (el uréter).

3. Hagan un corte del riñón con el bisturí. La capa externa del riñón es la corteza, y la interior, la médula. Distingan las características de ambas capas. Observen que los nefrones, unidades funcionales del riñón, están embebidos dentro de la corteza y la médula.

TALLER

Modelos de las funciones de excreción

Mediante el empleo de modelos es posible representar la estructura y la función de los órganos. En el caso del sistema urinario se pueden armar dispositivos para analizar dos de las funciones de excreción: la filtración y la reabsorción.

1. Filtración

Materiales

Dos vasos de precipitado; agua; arena; tierra de maceta; tinta de color; cuchara; papel de filtro; embudo.

Procedimiento

- Mezclen agua, arena, tierra de maceta y tinta de color en uno de los recipientes de vidrio.
- Ubiquen el embudo en el otro recipiente y, por encima, el papel de filtro.
- Filtren la mezcla vertiendo cuidadosamente el contenido del primer recipiente a través del filtro del embudo.
- Observen el líquido filtrado y el material obtenido en el embudo de vidrio sobre el filtro.

Análisis y conclusiones

a) ¿Por qué este modelo representa la función de filtración del riñón?
b) ¿Qué sustancias pasan a través del "filtro" glomerular y forman el filtrado que continúa su pasaje hacia los túbulos renales y cuáles son retenidas en el filtro?
c) ¿Qué sustancias podrían aparecer en la orina e indicar una posible enfermedad?

2. Reabsorción

Materiales

Dos tubos de ensayo; papel de celofán; bandas elásticas; agua; solución de Lugol en agua; solución concentrada de almidón; dos vasos de precipitado o frascos de Erlenmeyer.

Procedimiento

1. Ubiquen en un tubo de ensayo la solución de Lugol, y en el otro, la solución de almidón. Cierren los tubos con trozos de celofán transparente y sujeten el papel de celofán con las bandas elásticas.
2. Coloquen también la solución de Lugol en uno de los frascos de Erlenmeyer, y la solución de almidón en el otro.
3. Inviertan el tubo de ensayo con Lugol y colóquenlo en el recipiente con el almidón. A continuación, inviertan el tubo de ensayo con almidón y colóquenlo en el recipiente con Lugol. Observen en cada caso.

Análisis y conclusiones

a) Si la solución de Lugol tiñe el almidón, ¿qué pasaje se produce en cada caso?
b) ¿En qué sector de los túbulos renales se produce la reabsorción de agua?
c) ¿Qué sustancias disueltas se reabsorben también?

ACTIVIDADES

1. Analicen los datos de la tabla (pérdidas por día) y respondan.

	Orina en dm^3	Azúcar en dm^3	Sales (cloruro de sodio) en g	
			En orina	En sudor
Día normal	1,5	0,5	18,0	1,5
Día frío	2,5	0,0	19,5	0,0
Día cálido	0,4	2,0	13,5	6,0

a) ¿Qué diferencias observan en la pérdida de orina entre un día cálido, uno frío y otro normal? ¿Cómo lo explicarían?
b) ¿Por qué la cantidad total de sales perdidas durante los tres días es la misma?
c) La cantidad mínima producida en la orina en un día es de 0,4 dm^3. ¿Por qué creen que los riñones siempre producen algo de orina? ¿Cuáles son los principales productos de desecho del metabolismo eliminados en la orina y el sudor?
d) ¿Qué es la deshidratación? ¿Qué debe hacer una persona que pierde más de 7 dm^3 de sudor por día?

2. Analicen las zonas numeradas con letras en el esquema.

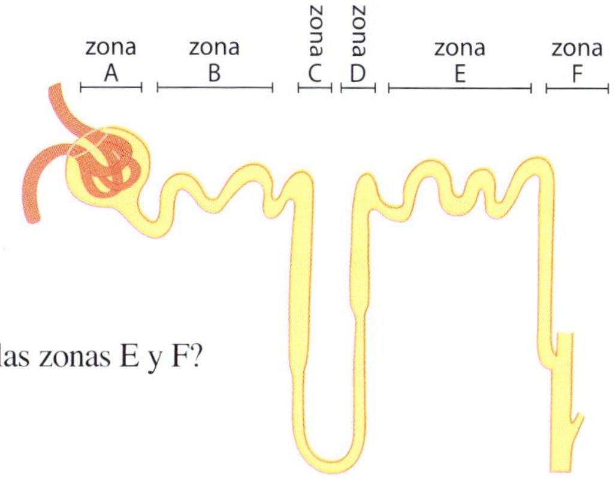

a) ¿Qué proceso tiene lugar en la zona A de los túbulos?
b) ¿En qué zonas pasa la urea?
c) ¿Qué sustancia pasa en la zona D de los túbulos?
d) ¿Qué función tiene la zona F?
e) ¿Qué hay entre las zonas C y D?
f) ¿Qué sustancia principal puede dejar el túbulo por ósmosis en las zonas E y F?

autoevaluación

Elijan la respuesta correcta

1. El esfínter interno de la vejiga se halla:
a) bajo control voluntario; ☐
b) bajo control involuntario; ☐
c) sin control. ☐

2. ¿Cuál de los siguientes productos nitrogenados de desecho es el más frecuente en la sangre de un mamífero?
a) Ácido úrico; ☐
b) Amoníaco; ☐
c) Urea. ☐

3. La sangre es filtrada en el:
a) glomérulo; ☐
b) tubo colector; ☐
c) asa de Henle. ☐

4. La glucosa es recuperada en el riñón del ser humano por alguno de estos procesos:
a) filtración; ☐
b) reabsorción; ☐
c) secreción. ☐

5. La estructura que elimina la orina al exterior es:
a) el tubo colector; ☐
b) el uréter; ☐
c) la uretra. ☐

6. El principal órgano que actúa en la osmorregulación en el ser humano es:
a) la piel; ☐
b) el riñón; ☐
c) el pulmón. ☐

7. En los platelmintos, existe el siguiente tipo de órgano excretor:
a) protonefridios; ☐
b) metenefridios; ☐
c) riñón. ☐

8. La hormona de la hipófisis que regula el equilibrio hídrico es:
a) angiotensina; ☐
b) glucagon; ☐
c) ACTH. ☐

9. La unidad funcional del riñón es:
a) el nefrón; ☐
b) la corteza; ☐
c) la médula. ☐

10. En el túbulo contorneado proximal:
a) se lleva a cabo la mayor parte de la reabsorción del agua; ☐
b) se produce la secreción de sustancias hacia el interior del túbulo para la formación final de la orina; ☐
c) se produce el filtrado de la sangre. ☐

Sistema osteoartromuscular y evolución del esqueleto

Andreas Vesalius (Vesalio) (1514-1564) fue un médico y anatomista flamenco que realizó las primeras demostraciones prácticas de anatomía en las aulas de Medicina de Padua y Bolonia, en Italia, donde tenía su cargo. Mediante las disecciones de cadáveres humanos, describió correctamente la articulación de todos los huesos y la inserción de los músculos del cuerpo. Pronto, se convenció de los errores existentes en todas las descripciones anatómicas realizadas hasta el momento, y que habían permanecido sin cambios desde la época del médico romano Galeno, y se dedicó a corregirlos.

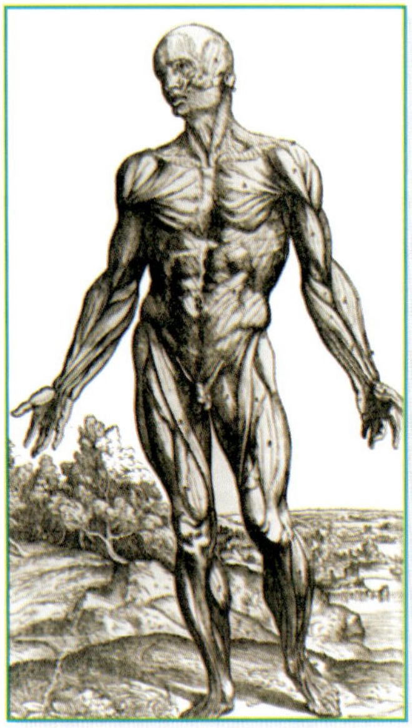

En 1543, Vesalio publicó su obra más importante, *De corporis humani fabrica* (Sobre la estructura del cuerpo humano). Esta obra contaba con numerosas descripciones gráficas completas del esqueleto y la musculatura humanas.

Locomoción humana. En el ser humano, la función de locomoción permite realizar muchos de los movimientos del cuerpo, como acrobacias, ejercicios y danzas complejas.

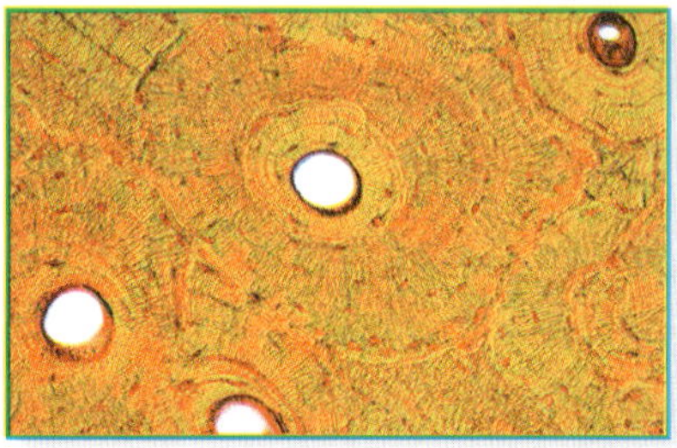

Aspecto microscópico del tejido óseo. El material que forma los huesos está constituido en un 70 % por una sustancia llamada **hidroxiapatita**, que es casi tan dura como el mármol, y en un 30 %, por un tipo de proteína especial, el colágeno.

Función de locomoción

La **locomoción** es la función corporal que nos permite mover parte o la totalidad del cuerpo, y desplazarnos por lugares diferentes. En los animales, esta capacidad resulta vital porque les posibilita buscar alimento, un mejor lugar para vivir o un refugio, huir de los peligros o encontrar la pareja durante la época de celo. En el ser humano, si bien estas actividades resultan todavía básicas e importantes, la locomoción pasa a ser una parte integral de la vida social de las personas, extendiéndola mediante la construcción y el uso de toda clase de medios de transporte, como automóviles, aviones, etcétera.

La función de locomoción es tan importante que cuando se produce una discapacidad, se intenta reemplazarla inmediatamente con dispositivos tecnológicos de movimiento, como sillas de rueda o brazos mecánicos, o se realizan implantes de estructuras que simulan la función de los huesos y los músculos. En el caso de pacientes con casos más graves de inmovilidad o discapacidad motora completa, otros sistemas y funciones del cuerpo pueden resultar seriamente afectados, como la circulación y la digestión.

En síntesis, nuestra capacidad de movernos mediante la locomoción resulta fundamental y es importante la realización del ejercicio físico regular y una estrategia duradera para mantener su capacidad toda la vida, lo que nos permitirá extender la vida activa y saludable por más tiempo.

Los órganos locomotores: del esqueleto a la musculatura

La función de locomoción en un individuo es realizada por el **esqueleto**, formado por los **huesos** y las **articulaciones**, y la **musculatura**, compuesta por los **músculos estriados**, o **esqueléticos**, del cuerpo.

Función y estructura del esqueleto

El **esqueleto** representa el armazón y sostén del cuerpo, como si se tratara de las columnas, pilares y vigas de un edificio. Como se halla dentro de la cavidad corporal, se trata de un **endoesqueleto**, o esqueleto interno, aunque algunas de sus partes rodean órganos delicados y los protegen de las heridas.

Además del movimiento coordinado, que se realiza gracias a las articulaciones (entre los huesos) y a la inserción de los músculos (en cada hueso particular), también el esqueleto:

- da forma al cuerpo y a sus partes individuales;
- protege los órganos internos (por ejemplo, el **cráneo** protege el cerebro; las **vértebras**, la médula espinal, y las **costillas** junto con el esternón protegen el corazón, los pulmones, el hígado, el bazo, los riñones y los intestinos);
- fabrica muchas células sanguíneas (todos los eritrocitos y algunos leucocitos son elaborados en la médula ósea);
- almacena calcio, para permitir un suministro continuo de movilidad rápida.

Los huesos están formados por sales (hidroxiapatita o fosfato tricálcico) y fibras de colágeno (un tipo de proteínas). Se podría decir que mientras las fibras se asemejan a las varillas de hierro de los edificios, las sales representan el hormigón.

Existen básicamente dos tipos de tejido óseo, el compacto y el esponjoso. El **compacto** forma una capa externa de aspecto macizo (más gruesa en las áreas que están sometidas a mayor estrés), mientras que el **esponjoso** debe su nombre por los numerosos y diminutos espacios existentes entre los filamentos óseos, o **trabéculas**, que lo forman.

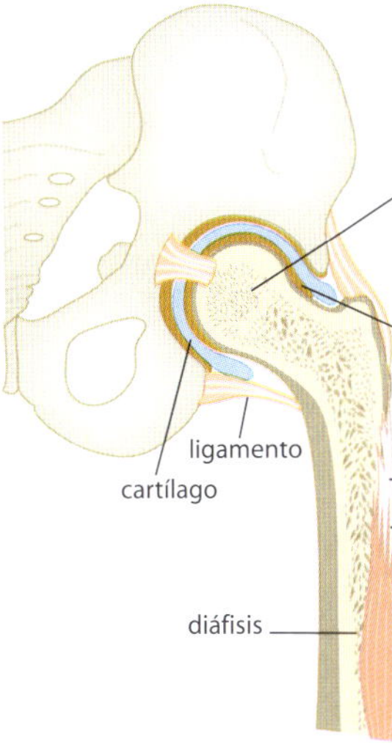

Además del hueso, en ciertas partes del esqueleto, como los extremos de algunos huesos y en la posición de las articulaciones, o bien en las regiones de crecimiento de los huesos jóvenes, existe tejido cartilaginoso que forma los **cartílagos**, mucho más blandos y flexibles que los huesos.

Función y estructura de la musculatura

Gracias a la existencia de los músculos esqueléticos se genera todo el movimiento de los huesos y las articulaciones: el esqueleto, por sí solo, no se puede mover; son los músculos los que producen toda la gama de movimientos que nos permiten correr, saltar, caminar, sentarnos, masticar y hablar.

Los músculos están formados por las **fibras musculares**. En el extremo del músculo, estas fibras se fusionan con otro tipo de fibras muy resistentes, las **fibras tendinosas**, que forman estructuras llamadas **tendones**. Los músculos quedan anclados en los huesos porque los tendones penetran y se fijan a ellos, extendiéndose entre las articulaciones, de un hueso a otro.

Órganos y tejidos esqueléticos

La función primordial del **movimiento coordinado** se logra mediante las articulaciones (entre los diferentes huesos) y la inserción de los músculos (en determinada superficie de los huesos).

temasrelacionados
En el capítulo 9 se amplía la información sobre el sistema nervioso

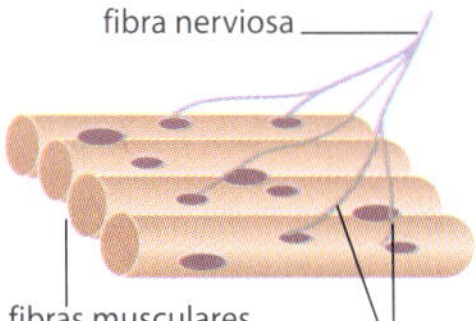

Los músculos esqueléticos tienen un suministro de nervios que provienen de la médula espinal. Cuando un mensaje del cerebro pasa a los nervios, cada fibra individual se contrae (y el músculo disminuye hasta la mitad de su tamaño). Cuando este mensaje finaliza, el músculo se relaja y vuelve a tomar su forma original.

Plan de organización del esqueleto

El esqueleto humano se compone de 206 huesos.

- El **cráneo**, la **columna vertebral** y la **caja torácica** forman el **esqueleto axial**, que constituye el eje principal del cuerpo.
- La **cintura pectoral**, la **cintura pélvica**, las **extremidades inferiores** y las **superiores** se unen al eje principal y permiten la locomoción: componen el **esqueleto apendicular**.

Estructura del esqueleto

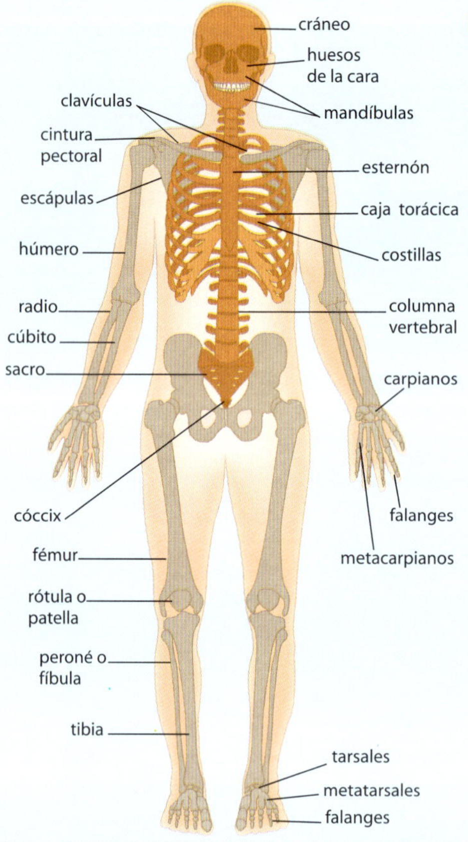

Los **huesos largos** son los que tienen forma cilíndrica y mayor longitud, por ejemplo, los de los brazos y los de las piernas. Por su forma larga y delgada, estos huesos están más expuestos a ceder ante los golpes. Los **huesos cortos**, como las vértebras, presentan largo, ancho y espesor similares, son pequeños y más resistentes. Los **huesos planos**, como los que forman el cráneo, tienen menor espesor que ancho y largo.

El cráneo: cabeza y cara

El **cráneo** adulto tiene una capacidad de 1,5 litros y aloja el cerebro e importantes órganos sensoriales (los ojos y los oídos). Está constituido por 22 huesos firmemente unidos entre sí por medio de las **suturas**. En las etapas iniciales del desarrollo, el cráneo está formado por cartílago, que paulatinamente será reemplazado por hueso.

La **mandíbula**, o **maxilar inferior**, constituye la única parte móvil del cráneo: se une al resto mediante ligamentos, y se mueve por la acción de músculos que se articulan a ambos lados del cráneo.

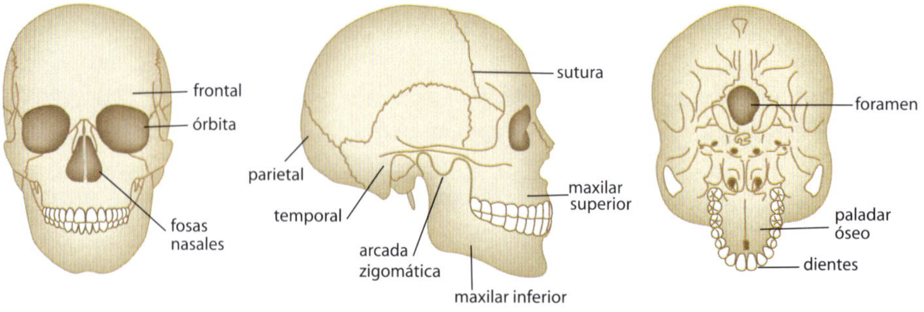

Vista frontal Vista lateral Vista inferior

prevención y salud

Postura corporal

La **postura** es la posición en la que permanece el cuerpo al estar parado, sentado, en reposo o durante una actividad física cualquiera. Depende de varios factores, como la flexibilidad de las articulaciones; el entrenamiento para mejorar la capacidad muscular; el estado de salud; el peso; la actividad física, así como el estado de ánimo del individuo. Cuando el eje del cuerpo permanece recto, los discos intervertebrales se hallan bajo presión debido a la masa corporal. Sin embargo, al mantener una postura correcta, se hace mínimo el estrés sobre las vértebras, los discos y los músculos.

La postura correcta del cuerpo se logra con los siguientes cuidados: manteniendo la cabeza hacia arriba y al frente; los hombros hacia atrás, en posición relajada; la parte inferior de la espalda ahuecada y los músculos abdominales firmes.

Postura correcta.

Postura incorrecta.

La columna vertebral y la caja torácica

La **columna vertebral** forma una hilera de 33 huesos que se articulan entre sí y con las costillas, constituyendo un sistema que es, a la vez, fuerte y flexible.

Las vértebras varían de forma y tamaño según el área de la columna, pero el plan general es similar. Se distingue una zona llamada centro; zonas de cartílago y ligamento, los **discos intervertebrales**. Éstos son una especie de almohadillas que funcionan como amortiguadores. Su grosor varía notablemente: tres milímetros en las cervicales, cinco milímetros en las dorsales y nueve milímetros en las lumbares.

Un arco de hueso, el **arco neural**, rodea el **canal neural** (**foramen vertebral**) a través del cual se extiende la médula espinal.

La caja torácica está formada por el esternón, las costillas y parte de la columna vertebral. Los doce pares de costillas se unen a las doce vértebras torácicas, y los diez pares superiores también se unen al esternón.

Columna vertebral

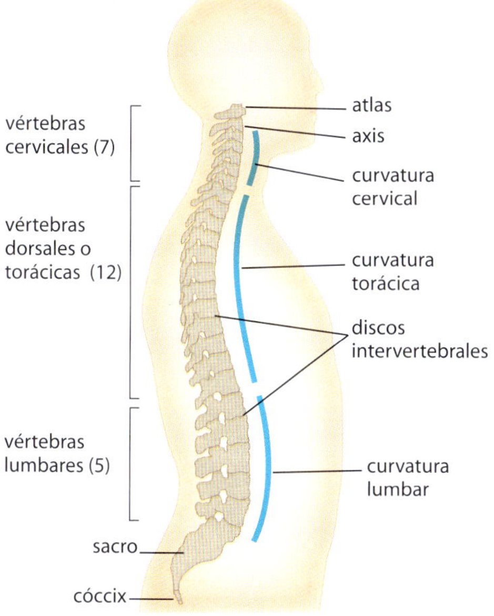

Caja torácica

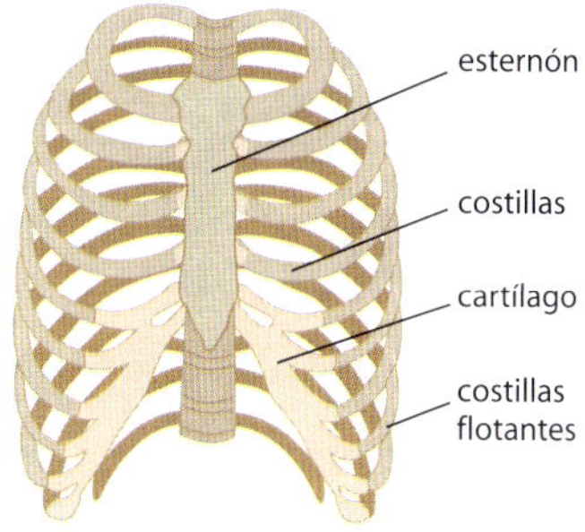

Articulación vertebral

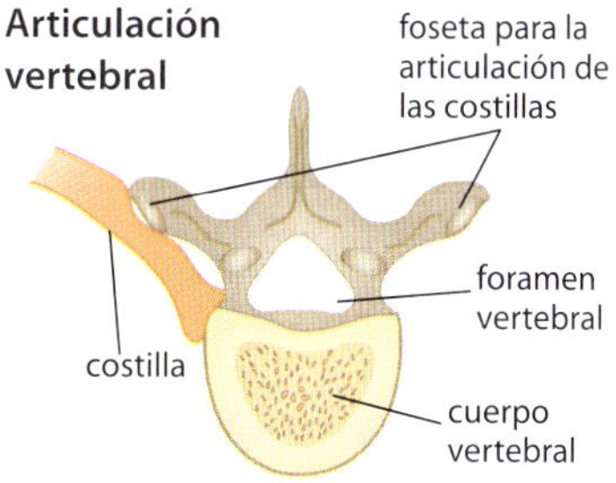

Las cinturas y extremidades

La **cintura pectoral** está formada por cuatro huesos (dos clavículas y dos escápulas) que permiten la articulación de los hombros para la inserción de las extremidades superiores.

La **cintura pélvica** consta de la pelvis derecha e izquierda (formadas por la fusión de tres huesos: isquion, ilion y pubis) que se unen por detrás con el sacro y permiten la inserción de las extremidades inferiores.

Las **extremidades superiores** e **inferiores** derivan del miembro **pentadáctilo** (de cinco dedos) y exhiben un plan de organización similar en manos y pies.

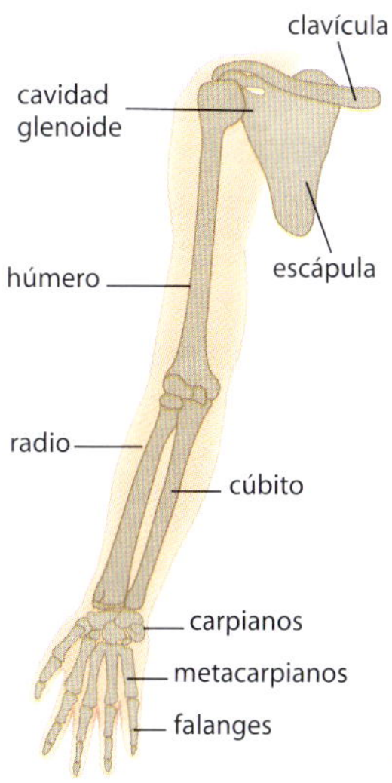

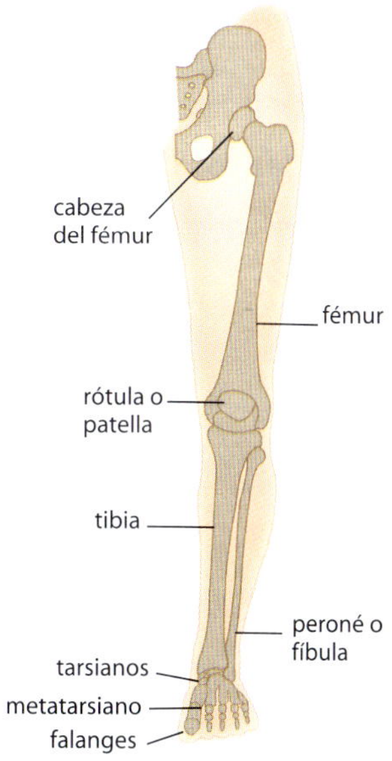

Las articulaciones

Articulación de esfera con foseta

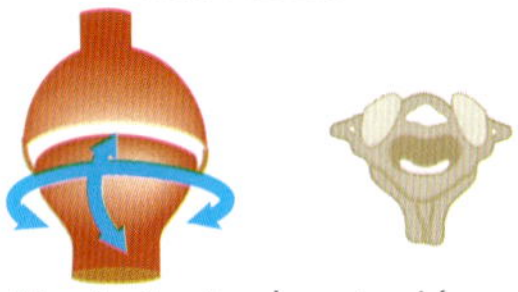

Movimiento de rotación en todos los planos

Articulación de bisagra o cojinete

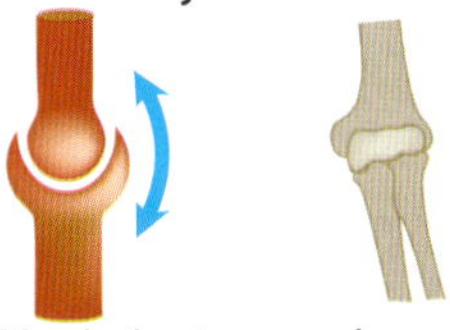

Movimiento superior e inferior en un plano

Articulación de pivote o pivotante

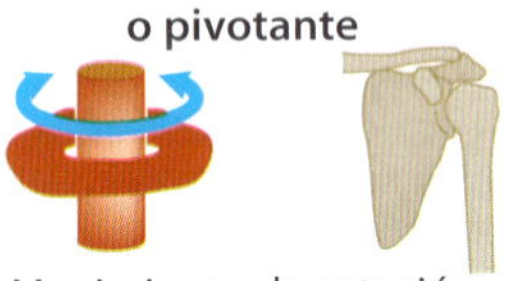

Movimiento de rotación en un plano

El esqueleto es fuerte y rígido para soportar el peso del cuerpo, aunque su diseño debe, a la vez, permitir el movimiento. Esto es posible gracias a las **articulaciones**, zonas donde dos o más huesos se ponen en contacto a través de los elementos de conjunción.

Los hombros, los tobillos, los codos, las rodillas, son ejemplos de **articulaciones de libre movimiento**, **sinoviales** o **diartrosis**. En muchas regiones del esqueleto, también existe otro tipo de articulaciones: las **articulaciones semimóviles** o **anfiartrosis** y las **articulaciones fijas** o **sinartrosis**.

Articulaciones móviles	Articulaciones semimóviles	Articulaciones fijas
Las superficies articulares están recubiertas por cartílago y se encuentran en una cavidad articular. Pueden deslizarse ampliamente, una sobre otra.	Las superficies articulares están tapizadas por cartílago, pero presentan un menor grado de movimiento.	Las superficies articulares están enfrentadas, con tejido conjuntivo que las une firmemente.
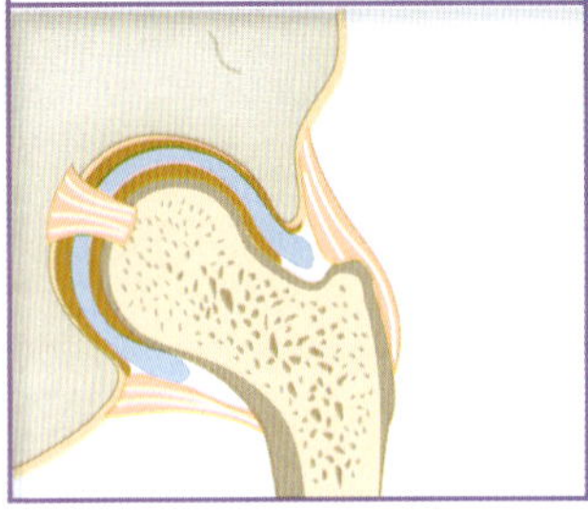	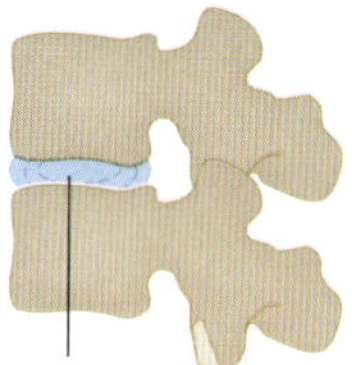	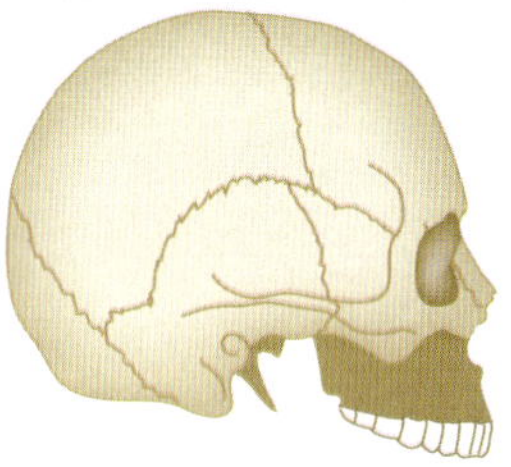

Distribución de las principales articulaciones

Las articulaciones fijas se encuentran, principalmente, entre los huesos del cráneo (**suturas**) o entre el esternón y la primera costilla. Las articulaciones semimóviles se extienden entre las vértebras, en la muñeca y el tobillo, y en la sínfisis o unión de los huesos del pubis. Las articulaciones libres, o sinoviales, son las más comunes del cuerpo, y permiten una amplia gama de movimientos por sus tres modelos posibles (**pivote**, **bisagra** o **cojinete** y **esfera con foseta**).

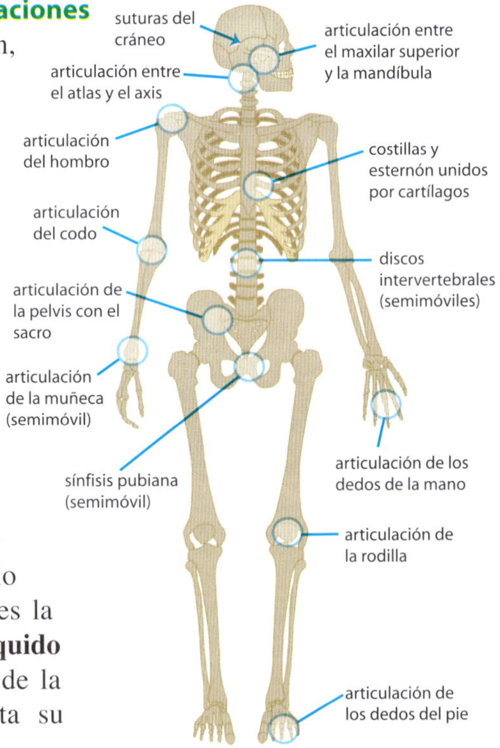

Elementos de una articulación libre

Cada articulación está rodeada por una cápsula de tejido fibroso. El espacio que queda delimitado por esta cápsula es la **cavidad articular**, que contiene el **líquido sinovial**, el cual permite la lubricación de la articulación y, de esta manera, facilita su movilidad.

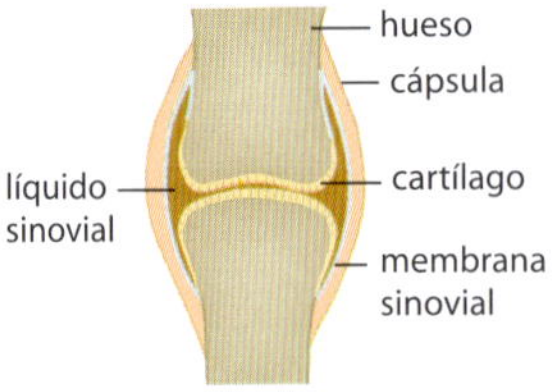

Cuando las superficies articulares no concuerdan entre sí, como en las rodillas, se extiende una lámina fibrosa, el menisco, que establece esa concordancia.

A los lados de la cápsula fibrosa se extienden los **ligamentos**, bandas de tejido elástico y resistente.

Los beneficios del ejercicio físico

La vida natural del ser humano es mayormente activa y se relaciona con el movimiento. Para realizarlo hasta edad avanzada sin problemas, el cuerpo necesita de la práctica regular del **ejercicio físico**, que permite:

- mantener músculos fuertes, incluido el del miocardio, o músculo del corazón;
- mantener las articulaciones móviles y vigorosas;
- mantener los huesos sanos;
- prevenir el exceso de peso y la acumulación de grasa corporal;
- mejorar el suministro de sangre a los vasos saguíneos;
- mejorar la coordinación sensorial;
- mejorar la respiración, permitiendo una inspiración más profunda y una mayor captación de oxígeno;
- inducir el sueño y el reposo;
- mantener un buen estado de salud general del cuerpo.

Entre los ejercicios físicos más importantes se sugieren:

- El mantenimiento de la flexibilidad de los hombros y la ejercitación de las extremidades superiores.
- La ejercitación de los músculos de los hombros, el tronco y las piernas.
- La extensión de los músculos laterales y el mantenimiento de la flexibilidad de la columna vertebral.
- El refuerzo de la parte inferior del cuerpo y la cintura pélvica.
- El mantenimiento de las articulaciones móviles y el refuerzo de los músculos de las extremidades inferiores.

Accidentes deportivos

Existen diferentes tipos de accidentes que pueden afectar los huesos y las articulaciones durante la práctica del ejercicio físico y el entrenamiento deportivo.

- Las **fracturas** son discontinuidades o roturas de los huesos, especialmente los largos, por golpes fuertes que hacen ceder su estructura rígida (cuando la fuerza que deben soportar es superior a su resistencia).
- Un **esguince** o **torcedura** es una distensión o rotura parcial o total de la cápsula fibrosa y los ligamentos de la articulación, que en algunas ocasiones puede afectar también los meniscos. Los esguinces son frecuentes en el tobillo y la rodilla.
- Una **luxación** es la combinación de la rotura de ligamentos con un desplazamiento de la superficie articular de los huesos. Si la luxación no es bien tratada, una vuelta precoz a la competición o la práctica del ejercicio puede afectar el cartílago articular (**condritis**) y provocar una artrosis.

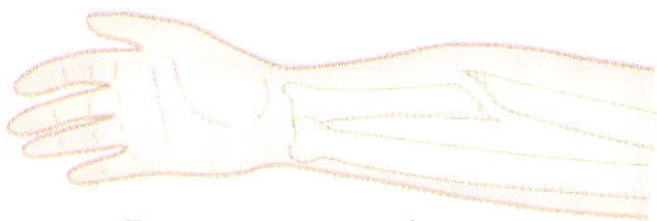

Fractura cerrada.

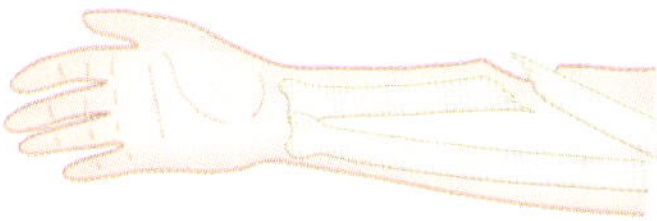

Fractura abierta.

Las **fracturas cerradas** se dan cuando no existen heridas en la piel. Las **fracturas expuestas**, o **abiertas**, involucran, en cambio, una herida expuesta y la salida de fragmentos óseos.

prevención y salud

Primeros auxilios y tratamiento de las fracturas

Si se sospecha de la rotura de un hueso o fractura, el miembro debe ser inmovilizado en forma inmediata. No debe moverse innecesariamente para evitar mayor daño y disminuir la intensidad del dolor.

- Un brazo fracturado puede ser tratado uniéndolo firmemente a un lado del pecho.
- Si la lesión es en una pierna, se puede entablillar y sujetar con la pierna sana que sirve de sostén y pivote.
- Si la lesión es en el cuello, debe inmovilizarse la cabeza y la espalda.
- En una fractura expuesta no debe intentarse introducir el hueso salido dentro de la herida.

temas relacionados

En el capítulo 5 se analizan las características de la respiración y los volúmenes respiratorios, y en el 6, las características de la frecuencia cardíaca y la circulación sanguínea.

Músculos en pares

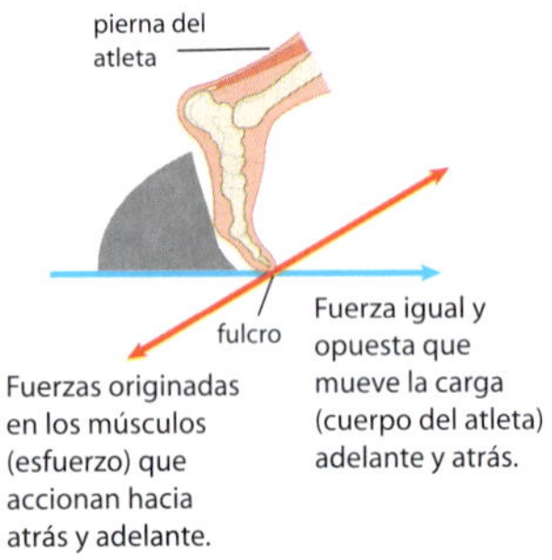

La locomoción aeroterrestre y acuática (carrera, natación), que se realizan mediante las extremidades, requieren un sistema de palancas. Una palanca es una máquina simple que permite aplicar fuerzas para elevar una carga. La articulación es el pivote o fulcro mediante el cual se mueve la extremidad; el hueso es la carga, y el músculo, el esfuerzo requerido para hacerlo trabajar.

Los músculos esqueléticos tienen los huesos en posición y permiten el movimiento cuando se requiere. Para esto, generalmente trabajan en pares, a veces varios en conjunto posibilitando el movimiento coordinado. Como ya analizamos, los tendones ingresan en los huesos y se fijan a ellos, de modo que los músculos quedan anclados y se extienden sobre las articulaciones, desde un hueso hasta otro. Todos los músculos alrededor de una articulación se hallan en un estado ligero de contracción, el tono muscular.

Cuando tiene lugar el movimiento, el músculo de un lado se contrae y tira más fuertemente de la articulación que el contiguo, que se relaja gradualmente y mantiene el control del movimiento (el **agonista**, o **músculo flexor**, y el **antagonista**, o **músculo extensor**, que se contraen y relajan en forma sucesiva, como el bíceps y el tríceps).

- Cuando los músculos se contraen, es decir, se acortan, se produce el movimiento.
- Cuando se relajan, toman su forma original y vuelven al estado inicial.

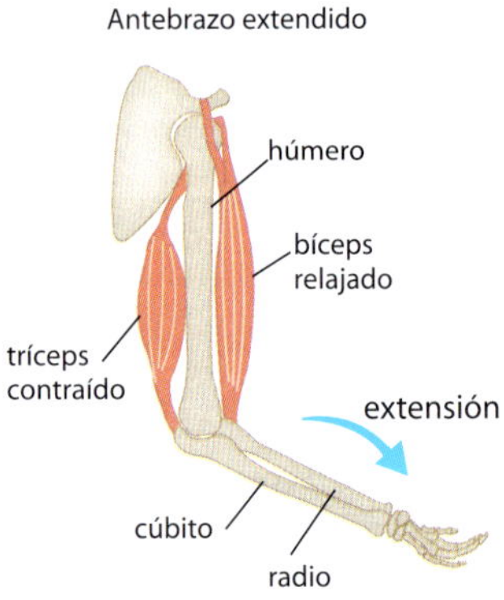

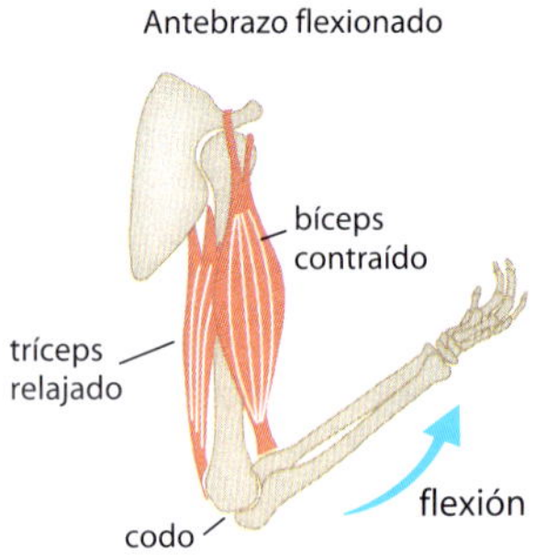

Distribución de la musculatura esquelética

Los músculos esqueléticos se distribuyen en todo el cuerpo y forman gran parte (40 %) de su masa, la llamada "carne", que brinda la estructura y la forma corporal. Se pueden distinguir más de 600 músculos esqueléticos en un patrón muy complejo de distribución. En la ilustración se distinguen los principales o más conocidos en posición anterior y posterior.

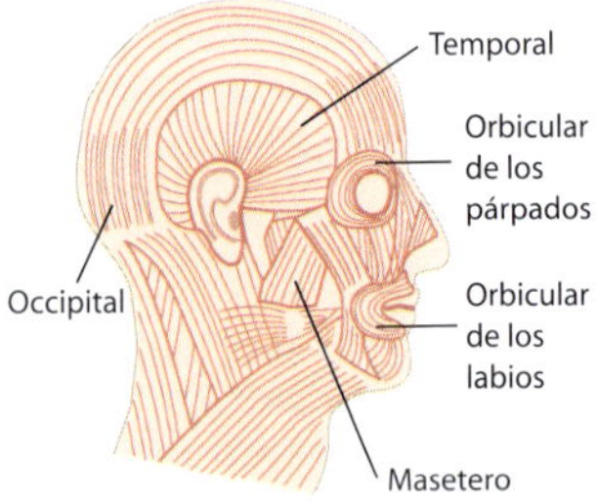

Algunos músculos, como el orbicular de los párpados y el orbicular de los labios, no se insertan en ningún hueso, pero permiten realizar movimientos muy finos que posibilitan la expresión facial, forma importante de comunicarnos.

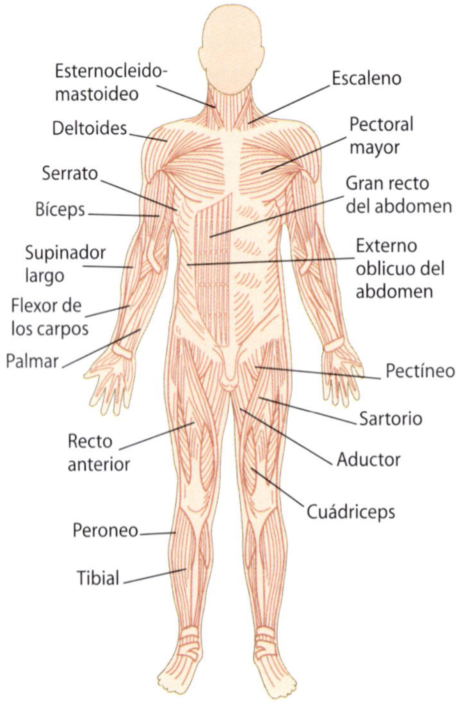

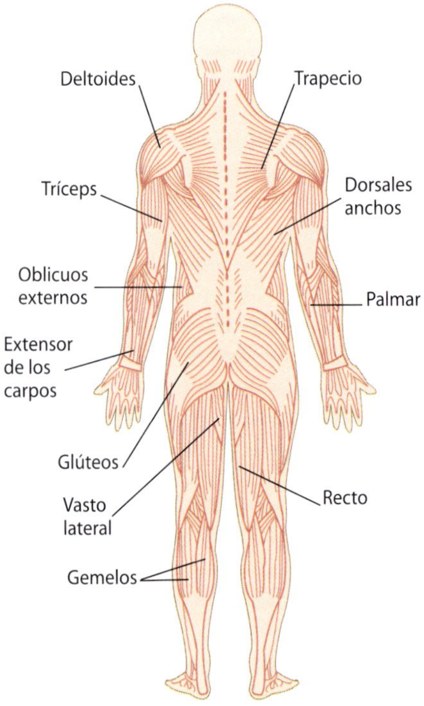

Estructura interna y fibras musculares

Los músculos esqueléticos estriados están formados por numerosas **fibras musculares**.

- Cada fibra está formada por miles de **miofibrillas**.
- Cada miofibrilla, a su vez, está formada por millones de filamentos proteicos, de **actina** y **miosina** (los filamentos de actina son más delgados que los de miosina).
- La disposición de estos filamentos determina la formación de un patrón alternado de bandas claras estrechas (**bandas I**), formadas por los miofilamentos más finos de actina, y bandas oscuras anchas (**bandas A**), formadas por los miofilamentos anchos de miosina, que se superponen con los de actina a ambos lados pero no en el centro.
- El **disco Z** es la zona oscura que atraviesa las bandas I.
- La **zona H** es la zona más clara en el interior de las bandas A (donde no se superponen la actina y la miosina).
- La extensión de una línea Z a otra es el **sarcómero**, o unidad de contracción muscular.
- El citoplasma dentro de las fibrillas es el **sarcoplasma**, y la red de membranas, el **retículo sarcoplasmático**.
- Entre las miofibrillas, y corriendo transversalmente, se encuentran los **túbulos T** que almacenan y liberan iones calcio, los cuales afectan la contracción muscular.

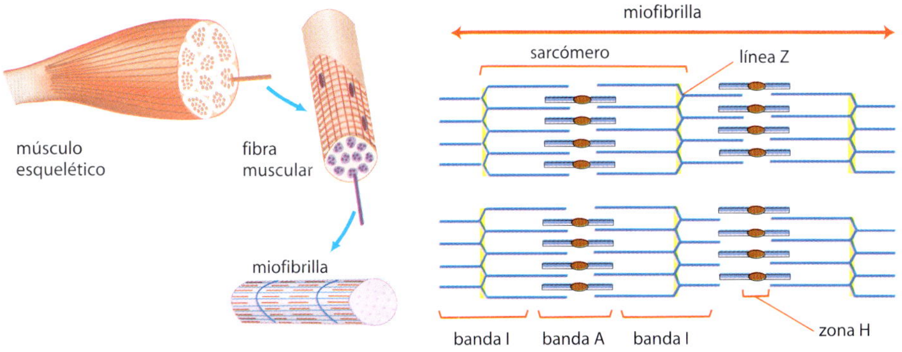

Fisiología de la contracción muscular

Cada fibra muscular tiene sus propias fibras nerviosas, que se originan en la médula espinal, y su suplemento de vasos sanguíneos.

La estimulación nerviosa que parte del SNC (sistema nervioso central) llega entonces a cada fibra muscular. La unión entre la terminación nerviosa y la fibra muscular se conoce como **unión neuromuscular**, o **placa motriz**.

La contracción muscular en la placa motriz se explica por la **teoría del deslizamiento de filamentos**: los filamentos de actina se deslizan entre los de miosina (formándose puentes entre ambos filamentos).

La energía para la contracción muscular proviene del ATP (adenosintrifosfato).

Cuando se contrae la fibra muscular, los iones calcio son liberados desde los túbulos T. Se unen a la proteína troponina que cambia de forma y se transforma en tropomiosina. Las cabezas de filamentos de miosina se unen con los filamentos de actina, acortando su distancia y uniéndolos, de modo que disminuye la longitud de la fibra muscular.

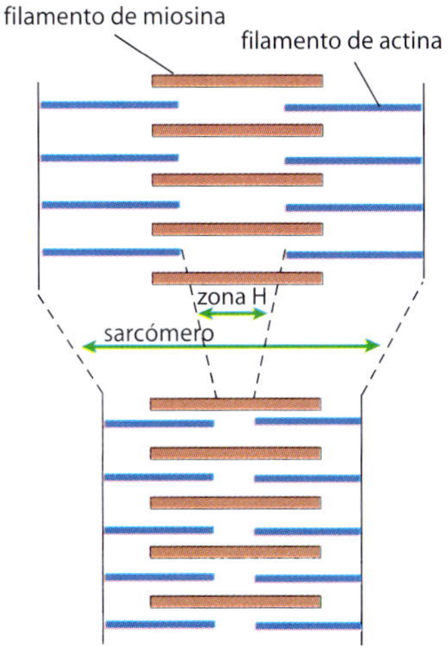

prevención y salud

Miopatías.
Son enfermedades propias de la musculatura, diferentes de las que tienen su origen en el sistema nervioso. Generan desequilibrios en la contracción muscular.

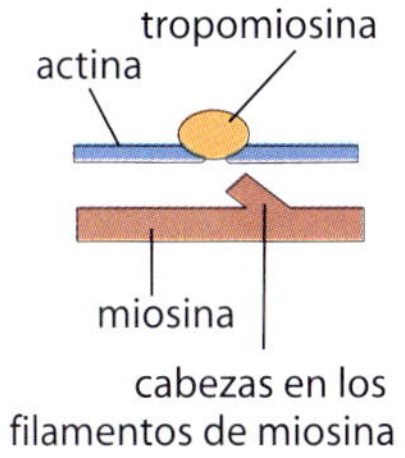

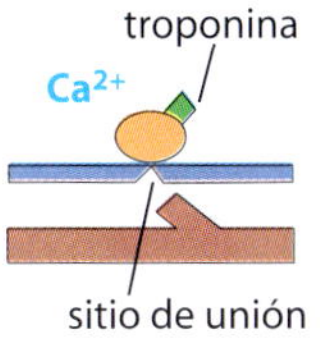

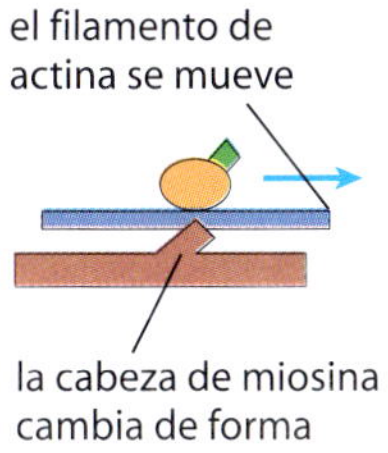

El hombre moderno (*Homo sapiens*) apareció hace 250.000 años en África. Pero antes de que esta especie emigrara hacia el norte, vivía en Europa otra especie (o subespecie) emparentada, el hombre de Neanderthal (*Homo neanderthalensis*), adaptada a temperaturas mucho más bajas (la Edad de Hielo), con tabiques nasales más anchos y mayor prognatismo (extensión frontal) del cráneo. Se desconoce el destino final de esta especie, pero algunos antropólogos piensan que se cruzó con el ser humano moderno o alternativamente fue exterminada cuando el *Homo sapiens* llegó a Europa.

Las huellas de un australopitecino (*Australopithecus afarensis*) que indican un andar bípedo hace más de 4 millones de años, en África oriental.

Evolución del esqueleto humano: bipedalismo

Muchas características del esqueleto y la musculatura humanos fueron heredadas en el transcurso de millones de años de los antepasados primates. Este grupo de mamíferos hizo su aparición en el registro fósil hace 75 millones de años. Dentro del grupo de los primates, el chimpancé y el bonobo son los más cercanos al ser humano (98 y 99 % de coincidencia en su composición de ADN). Sin embargo, los monos no son los antepasados del ser humano, sino que son parte del linaje ancestral al que pertenece la línea que conduce a nuestra especie, *Homo sapiens* (el hombre moderno).

Algunas características importantes compartidas con todos los primates incluyen, por ejemplo, las siguientes:

- manos con cinco dígitos en cada extremidad, con uñas en las puntas que reemplazan las garras de otros mamíferos;
- pulgar oponible con poderosa musculatura flexora y extensora que permite asir los objetos (compartido con los monos superiores, desde el gibón al chimpancé);
- una gran clavícula que permite que los brazos cuelguen a los costados y no hacia delante como en otros mamíferos;
- grandes cavidades oculares para los ojos que están en posición frontal (visión estereoscópica);
- cuello móvil para mover la cabeza en todas direcciones.

A diferencia de todas las especies de monos, el linaje del ser humano dejó el ambiente de bosque y pasó a la sabana abierta. Esto indujo un cambio importante en la postura, el **bipedalismo**, o andar sobre las extremidades inferiores. Esta característica presente en los australopitecinos fósiles más antiguos, como *Ardipithecus ramidus* y *Australopithecus anamensis*, se fue perfeccionando hasta nuestra especie. La evidencia más importante es el foramen magnum, apertura en la base del cráneo por la que la médula espinal se comunica con el cerebro, que ocupa una posición central y no desplazada hacia atrás como en otros mamíferos cuadrúpedos, lo que permite equilibrar la columna vertebral para mantener una posición recta.

Otro cambio importante desde el gorila y el chimpancé hasta el ser humano moderno se relaciona con las características de los huesos del cráneo y los músculos asociados. A medida que aumentó la capacidad cerebral, también se aplanó la cara, incluida la mandíbula inferior, en relación con un cambio de dieta básica, y disminuyó hasta desaparecer la cresta sagital con su poderosa inserción muscular, típica del gorila.

Cambio de la postura corporal y desarrollo del bipedalismo.

Estructura y función comparadas

Cubiertas corporales y locomoción en los animales

El **esqueleto interno**, o **endoesqueleto**, es una característica común a todos los vertebrados, desde los peces hasta los mamíferos (incluido el ser humano). Sin embargo, presenta diferentes características en relación con las principales adaptaciones para la locomoción. A continuación se citan las más importantes.

- Ausencia de mandíbulas en los peces agnatos (lampreas y mixinos).
- Desarrollo de las mandíbulas en los restantes vertebrados.
- Esqueleto formado enteramente por cartílago: en los peces cartilaginosos o condrictios, como las rayas y los tiburones.
- Cintura escapular libre y desarrollo del miembro pentadáctilo o queiridio (con cinco dedos) a partir de los anfibios.
- Articulación del tobillo que permite la separación de las extremidades por debajo del cuerpo (y no a los costados) en los cocodrilos, en los sinápsidos (o ancestros de los mamíferos) y en los dinosaurios, tal vez en forma independiente en los tres grupos.
- Huesos neumáticos y con sacos aéreos para permitir el vuelo, en las aves (y probablemente en el grupo ancestral de los dinosaurios).
- Desarrollo progresivo de cascos con fusión progresiva de las falanges y las pezuñas en los perisodáctilos (caballos).
- Transformación de las extremidades en aletas en diferentes animales marinos, como los cetáceos, los pinnípedos (focas y lobos marinos) y los pingüinos.

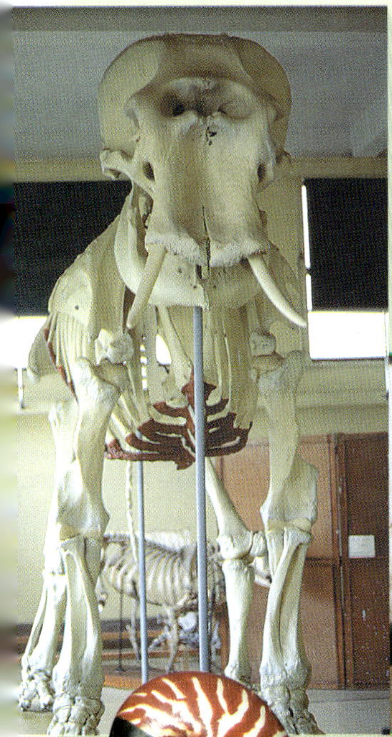

Entre los invertebrados, sólo existe un esqueleto interno de origen mesodérmico en los equinodermos (estrellas de mar, pepinos de mar, erizos de mar, etc.). Sin embargo, en vez de fosfato de calcio, contiene carbonato de calcio. En cambio, el fosfato de calcio sí se halla presente en el caparazón bivalvo (con dos valvas, dorsal y ventral) de los braquiópodos, o animales lámpara marinos.

Otros grupos de invertebrados como algunas esponjas (calcáreas), los briosos, o animales costra, y los moluscos (caracoles, quitones, almejas, también bivalvos pero con valvas izquierda y derecha, y nautilos) presentan un caparazón externo o placas separadas formadas también por carbonato de calcio.

Los artrópodos exhiben un verdadero **exoesqueleto** o **cubierta corporal de quitina** que en las extremidades ambulatorias permite la inserción de una poderosa musculatura estriada (similar a la de los vertebrados). Además, la gran mayoría de los insectos desarrollaron uno o dos pares de alas que también les permiten el vuelo.

Análisis de huesos de vertebrados

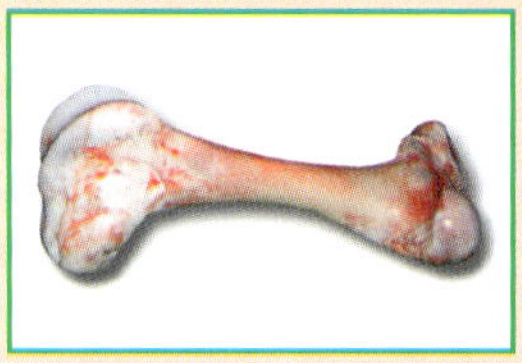

1. Consigan un pescado con sus aletas, una pata de pollo con su carne y un hueso de vaca con carne.
2. Ubiquen los materiales sobre la mesa de trabajo y examinen el aspecto general con una lupa de mano. Analicen la inserción de los músculos (carne) sobre los huesos y la presencia de articulaciones. También observen la distribución de las espinas del pescado y su conformación en las aletas.
3. Con agujas de disección y pinzas, separen la carne del hueso y observen la consistencia diferencial (espinas duras, huesos neumáticos, huesos macizos con tejido compacto y esponjoso).
4. Elaboren un informe sobre la base de sus observaciones. ¿Cómo explicarían la evolución de los esqueletos en los diferentes vertebrados?

TALLER

Representación de movimientos de las articulaciones y los músculos

La ejercitación de los huesos, las articulaciones y los músculos permite correlacionar la estructura y la función, y extraer conclusiones generales acerca de su acción conjunta en la locomoción.

1. Observen las fotografías y lean los textos explicativos. A continuación, realicen ejercicios para cada movimiento en el patio de la escuela o en un lugar al aire libre. Pueden trabajar también en la clase de Educación física.

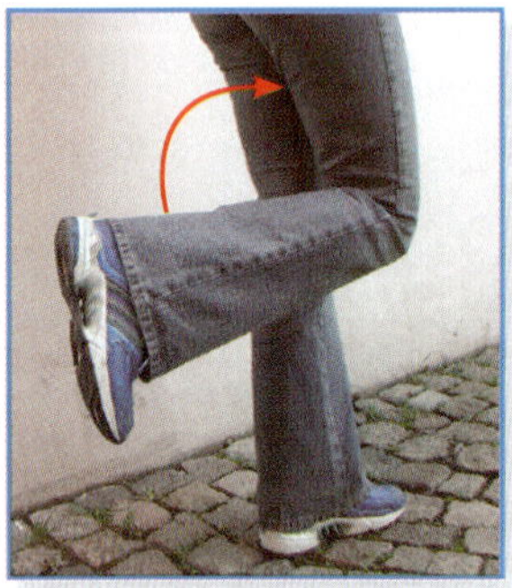

Flexión: acción de doblar que acerca dos partes de un miembro.

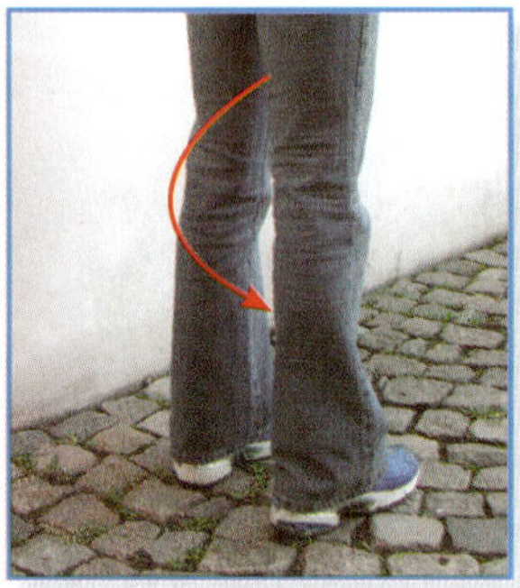

Extensión: acción de extender que aleja dos partes de un miembro.

Abducción: movimiento de una extremidad desde la línea media.
Aducción: movimiento de una extremidad hacia la línea media.

Circunducción: movimiento en el que el extremo libre de una extremidad traza un círculo mientras su base se mantiene estable (360°).

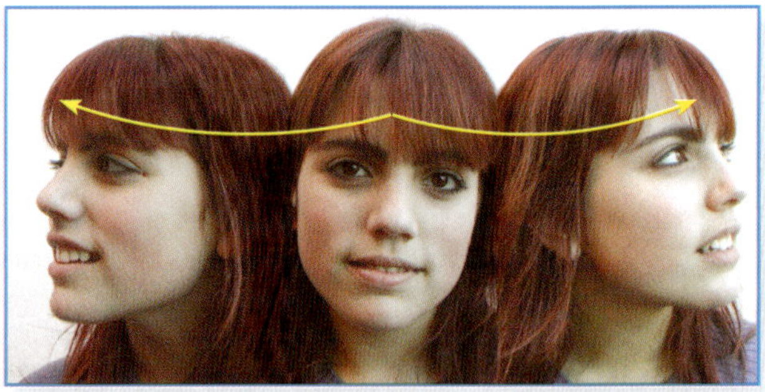

Rotación: movimiento de un hueso (y músculo) alrededor de su propio eje longitudinal.

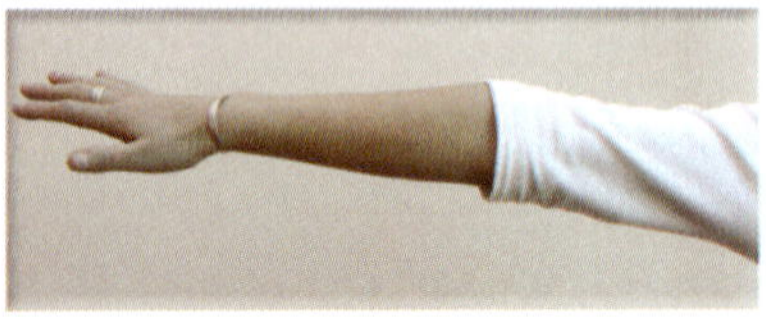

2. Muevan los músculos flexor y extensor del brazo. A continuación, realicen un esquema explicativo en la carpeta y respondan.
   a) Cuando el músculo flexor del brazo se contrae, el músculo extensor se relaja. ¿Cuál es el músculo agonista? ¿Y el antagonista?
   b) Si el músculo abductor del brazo superior es un agonista, ¿qué músculo del brazo superior será el antagonista?
3. Analicen la ilustración y realicen movimientos de palanca con diferentes partes del cuerpo.
4. Investiguen acerca de las palancas de primero, segundo y tercer género y expliquen la acción de los huesos, articulaciones y músculos en cada caso.

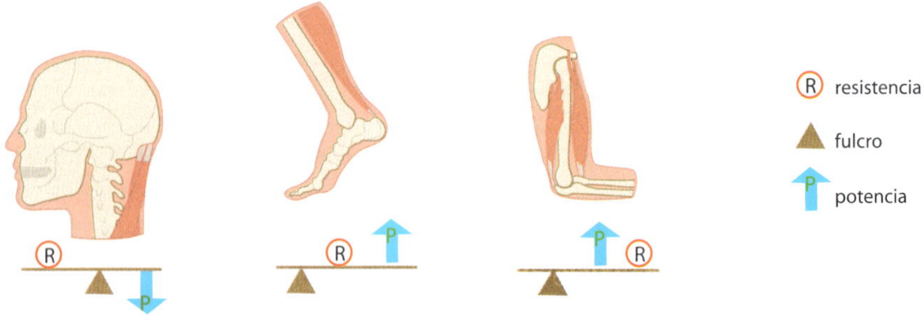

ACTIVIDADES

1. **Revisen el siguiente esquema. Copien en la carpeta y rotulen las regiones A, B y C. ¿Qué sector de las miofibrillas representan? ¿Qué material constituye la región D?**
Expliquen en la carpeta qué sucede en la apariencia de B cuando la fibra muscular se contrae.

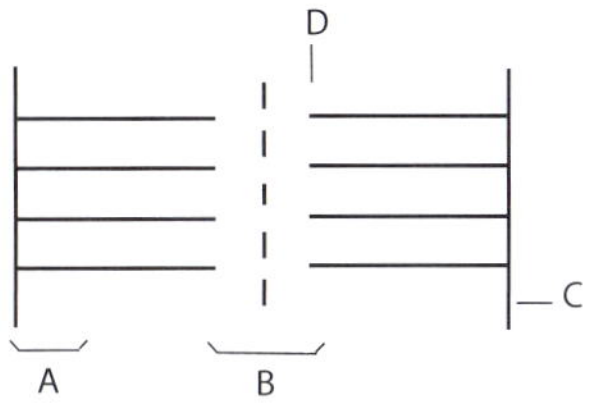

2. **Comparen los esqueletos de un gibón y un ser humano. Escriban en la carpeta cinco similitudes y cinco diferencias entre ambos esqueletos.** ¿Cómo se relacionan estas diferencias con la locomoción diferencial en la selva y en un terreno abierto?

3. **Analicen el esquema y señalen en la carpeta.**
   a) Dos huesos al que se une el músculo C.
   b) Un efecto de la contracción del músculo B.
   c) El tipo de articulación en F.
   d) Un efecto de la contracción del músculo E.
   e) El número total de huesos del pie.
   f) La acción antagónica de los músculos B y E.
   g) El nombre de los músculos A, B, C, D y E.

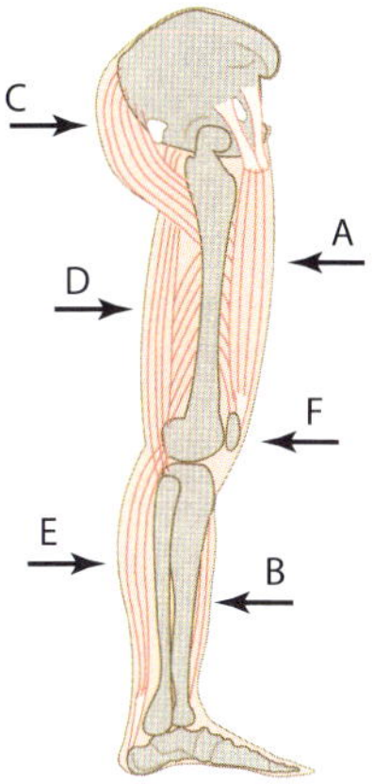

autoevaluación

Elijan la respuesta correcta

1. **El hueso que se une al omóplato es:**
   a) húmero; ☐
   b) radio; ☐
   c) cúbito. ☐

2. **El bíceps es un músculo:**
   a) flexor; ☐
   b) antagonista; ☐
   c) extensor. ☐

3. **El tipo de articulación de esfera y foseta en el brazo se da entre:**
   a) radio y ulna; ☐
   b) ulna y húmero; ☐
   c) omóplato y húmero. ☐

4. **La articulación de las vértebras es de tipo:**
   a) fija; ☐
   b) móvil; ☐
   c) semimóvil. ☐

5. **El disco Z es:**
   a) la zona oscura que atraviesa la banda A; ☐
   b) la zona clara que atraviesa la banda I; ☐
   c) la zona entre dos bandas A consecutivas. ☐

6. **La concordancia entre las superficies articulares de la rodilla se establece mediante los:**
   a) meniscos; ☐
   b) ligamentos; ☐
   c) tendones. ☐

7. **En los artrópodos hay un:**
   a) endoesqueleto fosfático; ☐
   b) endoesqueleto carbonático; ☐
   c) exoesqueleto. ☐

8. **El esqueleto axial consiste en:**
   a) cráneo y columna vertebral; ☐
   b) columna vertebral y caja torácica; ☐
   c) extremidades y cinturas. ☐

9. **La cintura pectoral está formada por:**
   a) dos clavículas y dos escápulas; ☐
   b) el miembro pentadáctilo; ☐
   c) tres huesos fusionados: isquion, ilion y pubis. ☐

10. **Una luxación consiste en la:**
   a) rotura parcial o total de la cápsula fibrosa y los ligamentos de la articulación; ☐
   b) rotura o discontinuidad de los huesos; ☐
   c) combinación de rotura de ligamentos y desplazamiento de la superficie articular. ☐

9 Sistema nervioso

Dos de los grandes científicos en el estudio del sistema nervioso fueron el italiano Camillo Golgi (1843-1926) y el español Santiago Ramón y Cajal (1852-1934) quienes realizaron, separadamente, el estudio de las neuronas con el microscopio. A pesar de sus técnicas muy precisas, extrajeron conclusiones opuestas acerca de la conexión entre las neuronas, que quedaron plasmadas en las teorías reticular y neuronal del cerebro. En 1906, a causa de sus descubrimientos, ambos compartieron el Premio Nobel de Medicina y Fisiología.

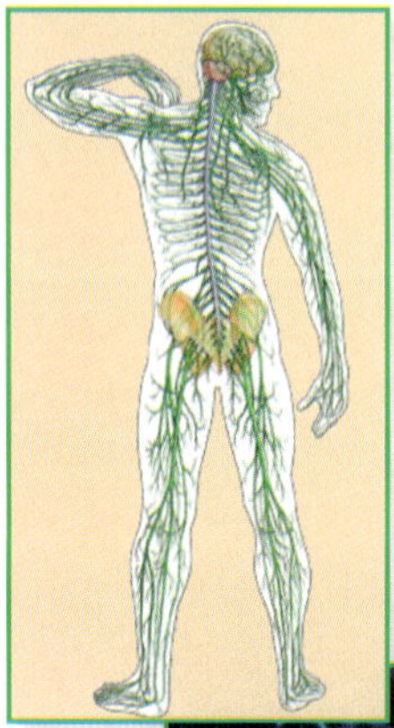

El sistema nervioso humano se divide en el sistema nervioso central (cerebro y médula espinal) y el sistema nervioso periférico (ganglios y nervios).

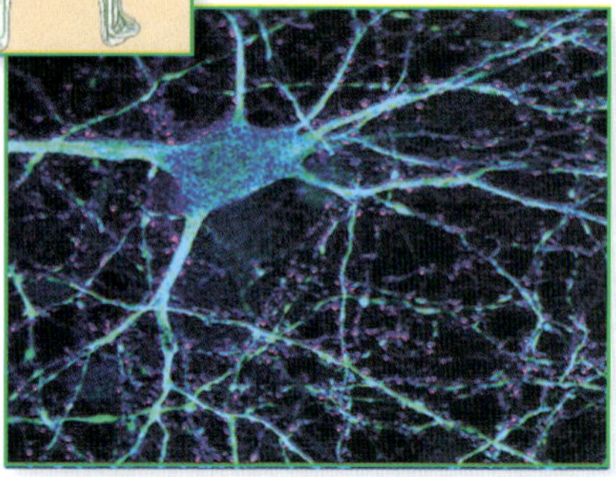

El núcleo principal del trabajo de Ramón y Cajal, quien realizó sus estudios médicos en la Universidad de Zaragoza, España, propone que entre las neuronas hay un intervalo o hendidura sináptica donde se descargan moléculas que transmiten información.

La coordinación de estímulos y respuestas

Un organismo tan complejo como el ser humano requiere el control y la regulación de las múltiples funciones que desarrollan las células, los tejidos, los órganos y los sistemas orgánicos. Esta coordinación se realiza a través de impulsos eléctricos que viajan por las células especiales del **sistema nervioso**, las **neuronas**, o como sustancias químicas que fluyen en la sangre y que son segregadas por las glándulas del **sistema endocrino**. Los dos sistemas se hallan íntimamente relacionados, por ejemplo, a través de la relación entre sustancias especiales (los **neurotransmisores**). Así, el organismo responde como una **unidad electroquímica** a cualquier cambio que tenga lugar en el medio. Estos sistemas regulan y controlan, por ejemplo, el metabolismo, la circulación, la respiración y otras funciones.

En el caso particular del sistema nervioso, su función se realiza a través de:

- la **recepción de los estímulos** que provienen tanto del medio externo como del interno (el mismo cuerpo), y que se desarrolla en conexión con los **órganos sensoriales**;
- la **transmisión** por medio de las prolongaciones de las células nerviosas y el **procesamiento de la información** al llegar a los centros del sistema, en particular el cerebro;
- la **elaboración de una respuesta**, rápida y de corta duración, que puede ser muscular, tanto involuntaria (por ejemplo, retirar la mano al pincharse o quemarse) como voluntaria y más compleja (alejarse o acercarse de una fuente de olor), e incluso glandular (la segregación de determinada sustancia para cumplir una función específica, como la adrenalina, en una situación de estrés, o el jugo gástrico, si se siente hambre);
- el **almacenamiento de la información** en el propio sistema y su relación con la nueva información que se ha de procesar.

Organización del sistema nervioso

El **sistema nervioso** es una red de millones de neuronas, células especializadas en la comunicación y transmisión de los impulsos nerviosos, que por su gran extensión se organiza en diferentes estructuras y órganos.

El sistema nervioso se puede dividir en dos grandes conjuntos:

- el **sistema nervioso central** (**SNC**), formado por el **encéfalo**, que se halla en el interior del cráneo, y la **médula espinal**, ubicada dentro del canal vertebral, y que en conjunto detectan la información de los receptores y la transmiten mediante las neuronas sensoriales para luego elaborar las respuestas;
- el **sistema nervioso periférico** (**SNP**), compuesto por los **nervios**, haces o manojos de fibras nerviosas paralelas y envueltas por tejido conectivo, que transportan los estímulos desde los receptores al SNC o desde el SNC a los efectores (músculos, glándulas), mediante las **neuronas motoras**.

Como las respuestas del SNP pueden ser **voluntarias** (por ejemplo, mediante los músculos estriados unidos a los huesos) o **involuntarias** (por ejemplo, los músculos lisos de la pared del intestino, el músculo cardíaco o las glándulas), este sistema se suele dividir en dos grandes sectores (o, según otros autores, se asocia con otros dos sistemas):

- **sistema nervioso somático** o **voluntario** (**SNS**), que comprende los nervios sensoriales que actúan como receptores en la piel y en los órganos sensoriales de la cabeza, y los nervios motores que se dirigen a los músculos esqueléticos;
- **sistema nervioso autónomo**, **vegetativo** o **involuntario** (**SNA**), que controla las actividades inconscientes de los órganos internos (corazón, intestino, glándulas, etcétera).

El SNA, finalmente, se divide en:

- el **sistema nervioso simpático**, que actúa en las respuestas de estrés o emergencia;
- el **sistema nervioso parasimpático**, que actúa en las respuestas de reposo o relajación.

El SNS y el SNA (simpático y parasimpático) están integrados centralizadamente, ya que los nervios rematan en **ganglios**, conjuntos de cuerpos neuronales ubicados por fuera del SNC.

Por otra parte, la distinción entre voluntario e involuntario no es del todo correcta cuando se aplica a los SNS y SNA, ya que existen excepciones en ambos sentidos.

Sistema nervioso
- Central (SNC) encéfalo y médula espinal
- Periférico (SNP) nervios craneales y raquídeos que llegan a todo el organismo
  - Somático nervios craneales y raquídeos que llegan hasta los músculos esqueléticos
  - Autónomo nervios que llegan a las glándulas, músculo liso y músculo cardíaco
    - Simpático
    - Parasimpático

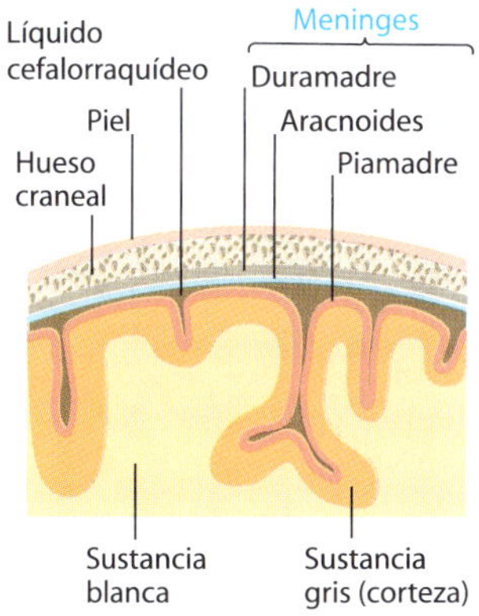

Las meninges

El encéfalo y la médula están cubiertos por tres membranas vascularizadas especiales del tejido conectivo, las **meninges**, que los protegen, los sostienen y los nutren.

La membrana interna, que está en contacto con el tejido nervioso, de tejido conectivo laxo, se denomina **piamadre**. La membrana intermedia es la **aracnoides** (y con la piamadre determina el espacio por el que circula el LCR). La membrana externa es la **duramadre**, compuesta por tejido conectivo fibroso, ligada a los huesos (del cráneo o las vértebras). En el encéfalo, la duramadre se internaliza formando tabiques que separan los hemisferios cerebrales del cerebelo y de la hipófisis.

temasrelacionados

En el capítulo 8, se analizan las características de la musculatura estriada y en el 10, la clasificación de los receptores sensoriales.

La estructura de las neuronas

Las **neuronas** o células nerviosas constan de un **soma** o **pericarion**, el cuerpo celular, del que salen ramificaciones cortas, las **dendritas**, y prolongaciones muy largas, los **axones**, que pueden tener desde algunos centímetros hasta más de un metro de longitud. Mediante las terminaciones de los axones, las neuronas se conectan a centenas e incluso miles de otras neuronas.

Muchos axones (no todos) están cubiertos por una cápsula o vaina de lípidos, la **mielina**, con una función aislante (como si fuera la cubierta plástica de un cable eléctrico), que se forma al enrollarse las capas de la membrana plasmática de otras células que protegen las neuronas, las **células de la glía**. En las zonas de los axones donde no hay vaina de mielina, se forman los **nodos de Ranvier**, que aumentan la velocidad de transmisión del impulso nervioso.

Vaina de mielina

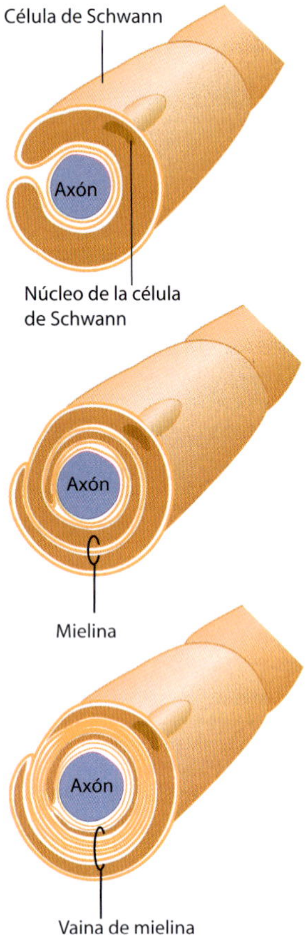

Muchos axones están cubiertos por una vaina de una sustancia grasa, la **mielina**, compuesta de numerosas capas de la membrana plasmática de las células de la glía, interrumpida por los **nodos de Ranvier.** Esta vaina se forma por múltiples enrollamientos y empaquetamientos producidos por las **células de Schwann** o los **oligodendrocitos**, respectivamente en el SNP y el SNC.

Estructura de una neurona típica

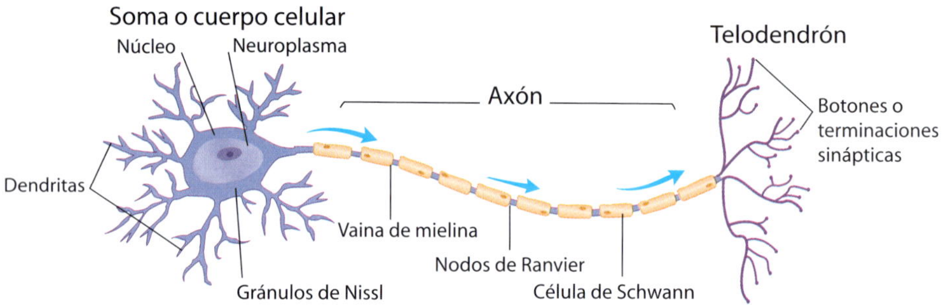

Clasificación de las neuronas

Como las neuronas son responsables de una gama muy amplia de funciones se pueden clasificar en tres grandes categorías:

- **neuronas sensitivas** o **neuronas aferentes**, conducen la información desde los receptores que reciben el estímulo hasta el SNC;
- **neuronas motoras** o **neuronas eferentes**, transportan la información procesada desde el SNC hasta el músculo o la glándula que da la respuesta;
- **interneuronas** o **neuronas de asociación**, localizadas entre las neuronas sensitivas y las motoras, se encargan de integrar la información.

Esa variedad de funciones determina morfologías diversas.

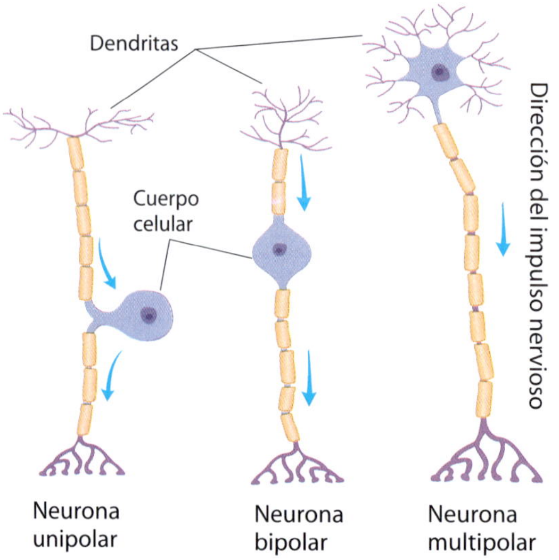

Las **neuronas multipolares**, que incluyen a la mayoría de las neuronas motoras y las de asociación, constan de un largo axón y un mínimo de dos dendritas cortas; los cuerpos celulares de posición central forman la sustancia gris del SNC.

Las **neuronas unipolares**, que son la mayoría de las neuronas sensitivas, forman un proceso continuo, con una dendrita muy larga, un axón breve y el cuerpo celular ubicado en posición lateral, en los ganglios.

Las **neuronas bipolares**, típicas de los receptores sensoriales, como la retina, se caracterizan porque el axón y la dendrita se extienden en extremos opuestos del cuerpo celular.

El impulso nervioso

Una neurona se comunica con otras: recibe información y la transmite (ya que las neuronas son células especializadas en la comunicación). Entonces, resta analizar la naturaleza de dicha información, el **impulso nervioso**, que se propaga por el axón de la neurona. Se trata de un proceso **autorregenerativo** (instantes depués de que se inicia y pasa el primer impulso, el sistema está listo para continuar con el siguiente). Además, se trata de una señal neutra que no tiene relación con el estímulo que la originó y se expresa en una lógica binaria similar a la de las computadoras: se produce o no (*on* u *off*), siempre con la misma intensidad, en relación con la polarización y despolarización sucesiva de la membrana plasmática de la neurona.

prevención y salud

Esclerosis múltiple

La importancia de la vaina de mielina se hace evidente en la afección autoinmune conocida como **esclerosis múltiple** en placas (la respuesta de defensa del organismo es atacar la mielina y en las zonas dañadas forma escleromas). La pérdida de la vaina de mielina altera la capacidad para conducir el impulso nervioso.

Potencial de reposo y potencial de acción

Al igual que otras membranas, la membrana plasmática de la neurona es semipermeable: deja pasar algunas sustancias e impide el pasaje de otras a través de los poros y canales iónicos formados por las proteínas. Algunos canales están abiertos, los que dejan pasar el ion potasio (K^+), y otros tienen un puente molecular que se abre o cierra para controlar el pasaje de iones, tanto para el K^+, como para el Na^+. Por lo tanto, como el K^+ se difunde mejor y se intercambia libremente desde el fluido extracelular al citoplasma neuronal, el Na^+ se acumula en el exterior de la célula. Además de este movimiento, existen proteínas transportadoras especiales embebidas en la membrana, la **bomba de sodio-potasio**, que extrae Na^+ hacia el exterior del citoplasma e introduce K^+ hacia el interior, lo que requiere un gasto de energía en forma de ATP (adenosintrifosfato) que se genera en la respiración celular. Como la **carga neta** en el interior de la membrana de la neurona es **negativa** con respecto del exterior celular, este estado se denomina **potencial de reposo**.

Las células excitables, como las neuronas y el músculo, tienen la capacidad de cambiar su condición de reposo. Ante un estímulo se produce un ingreso masivo de Na^+ y una salida de K^+, el interior de la célula se vuelve más positivo que el exterior y se invierte el potencial de reposo. Se dice que la célula se **despolariza**. Esta inversión rápida de la carga a un lado y otro es el **potencial de acción**.

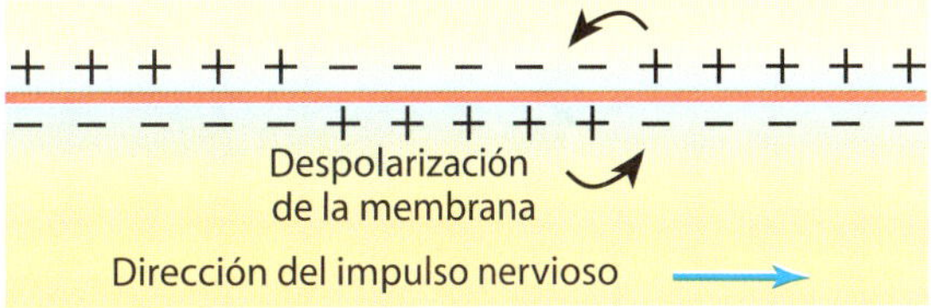

Si el estímulo no alcanza un cierto valor (**el valor umbral**), no se desencadena el potencial de acción. Una vez que se desencadena el potencial de acción, la despolarización es la máxima: la ley de "**todo o nada**".

Conducción del impulso nervioso

El potencial de acción se transmite a lo largo de la neurona; este proceso es la conducción del impulso nervioso. La velocidad del impulso depende del grosor del axón y la presencia o ausencia de una vaina de mielina: los más rápidos (130 m/s) se producen en las fibras gruesas con vainas de mielina, y los más lentos (aproximadamente 0,5 m/s) en los axones más finos y sin vainas de mielina. Los potenciales de acción se transmiten de a saltos en las fibras con mielina. Como se explicó, la mielina no es continua, ya que regularmente presenta brechas donde el axón está descubierto (los nodos de Ranvier). Los potenciales de acción saltan de nodo en nodo aumentando considerablemente la velocidad de propagación del impulso nervioso.

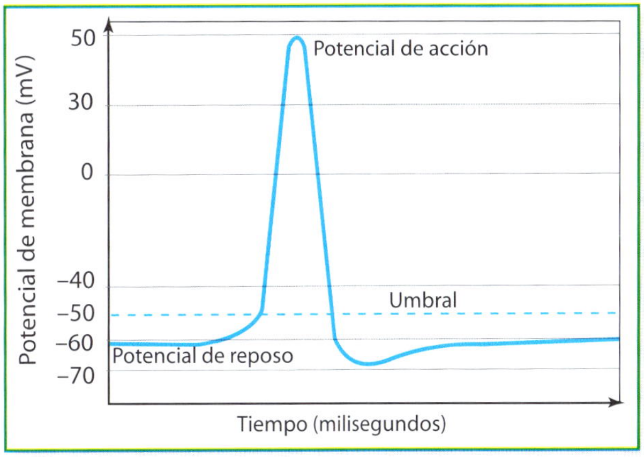

Sinapsis y función neuronal

La unión entre dos neuronas es una **sinapsis**. Se trata de espacios diminutos donde prácticamente se juntan dos neuronas. Usualmente existen numerosas sinapsis en cada neurona (por ejemplo, hay más de cien en las neuronas motoras de un nervio espinal). Sin embargo, existen diferentes tipos de sinapsis, la mayoría son químicas aunque también existen otras eléctricas. Además, algunas sinapsis tienen efectos excitatorios y otras inhibitorios sobre la membrana postsináptica.

1. El impulso nervioso se desplaza en la neurona presináptica y llega al botón sináptico. Esto produce un aumento de la permeabilidad de la membrana presináptica para el ingreso de los iones calcio (Ca^{++}) al interior del botón.
2. La entrada de iones calcio (Ca^{++}) permite la fusión de las vesículas sinápticas que contienen neurotransmisores, como la acetilcolina, con la membrana presináptica. La acetilcolina se descarga en la hendidura sináptica.
3. Las moléculas de acetilcolina se unen con los receptores de la membrana postsináptica y los activan.
4. Los receptores activados abren los canales por donde ingresan iones Na^{+}, esto produce la despolarización de la membrana y dispara un potencial de acción que se transmite por la membrana de la neurona postsináptica.
5. Las moléculas de acetilcolina son degradadas por la acetilcolinesterasa y sus productos ingresan nuevamente a la neurona presináptica.
6. A partir de estos productos se sintetiza nuevamente acetilcolina en la célula presináptica.

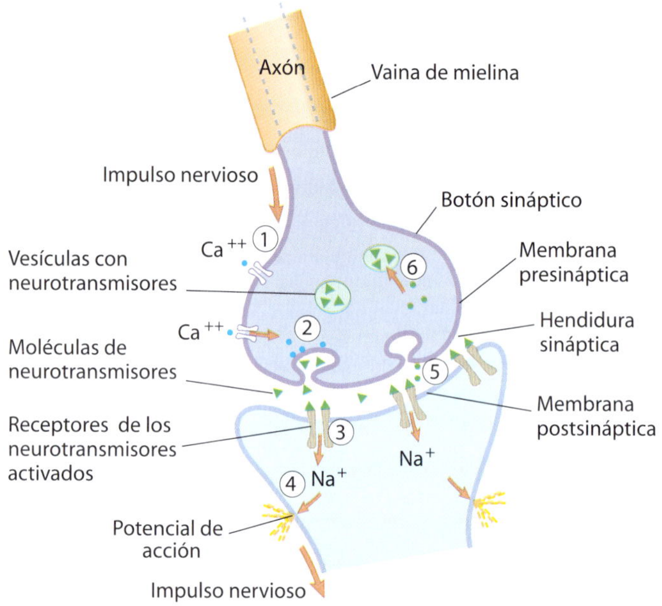

Variedad de neurotransmisores y sinapsis eléctricas

Además de la **acetilcolina**, existen diferentes neurotransmisores que se producen en los botones sinápticos de diferentes neuronas, como la **noradrenalina**, la **dopamina**, el **ácido gamma-aminobutírico** (**GABA**), la **serotonina** o **5-hidroxitriptamina** y otros. Una vez liberados al espacio intersináptico, se unen al receptor correspondiente de la membrana postsináptica. Algunos, como la acetilcolina y la serotonina son excitadores: se acoplan a receptores de la membrana postsináptica y generan su despolarización. Así, el impulso pasa desde una neurona a otra. Por ejemplo, la serotonina se relaciona con zonas del cerebro con la función de atender o despertar. Otros neurotransmisores, como la noradrenalina, GABA y la glicina, tienen efectos inhibidores porque actúan reforzando la polarización de la membrana: el neurotransmisor hace que la membrana postsináptica se vuelva más negativa en su interior, haciendo más difícil que se alcance el potencial de acción y, en consecuencia, no se transmita el impulso nervioso.

Los dos principales neurotransmisores en el ser humano son la acetilcolina, producida en las neuronas colinérgicas, y la noradrenalina, producida en las neuronas adrenérgicas.

Los neurotransmisores se eliminan del espacio sináptico por la acción de enzimas que los degradan o son recaptados por los botones terminales que los secretaron.

En las **sinapsis eléctricas**, más comunes en los invertebrados que en los vertebrados, sólo existe una estrecha conexión membrana a membrana entre los canales de dos neuronas. Los iones pasan directamente de una a otra por los canales. Sólo estas neuronas poseen realmente continuidad (un apoyo a la teoría reticular de Golgi).

prevención y salud

Mal de Parkinson

El mal de Parkinson es una enfermedad neuronal en que se interfiere la liberación de la dopamina. Como resultado se produce una afección común en los ancianos que puede causar temblores, debilidad muscular, movimientos lentos o invalidez. El ejercicio físico y el plan alimentario saludable previenen sus síntomas.

El encéfalo

El **encéfalo** es una masa de tejido nervioso que se desarrolla a partir del extremo de la médula espinal y se encuentra en el interior del cráneo bañado por el **líquido cefalorraquídeo** (**LCR**). El peso promedio de la masa encefálica es de unos 1300 a 1500 g.

La hominización de los primates, además de traducirse en la postura y la marcha bípeda, se relaciona con la **cerebralización**, o aumento del volumen del cerebro, y la capacidad craneana hasta llegar al estado actual del *Homo sapiens sapiens* (el ser humano moderno).

temasrelacionados

En el capítulo 16, se amplía la información sobre la drogadependencia.

Origen del encéfalo

En el estado inicial del desarrollo del encéfalo se forma la **vesícula encefálica**, que luego se divide en **arquiencéfalo** y **deuteroencéfalo**.

El arquiencéfalo origina el **prosencéfalo**, o encéfalo anterior; por su parte, el deuteroencéfalo origina el **mesencéfalo**, o encéfalo medio, y el **rombencéfalo**, o encéfalo posterior.

El prosencéfalo se divide en dos regiones: el **telencéfalo**, o encéfalo distal, y el **diencéfalo**.

El rombencéfalo, que probablemente evolucionó primero, comprende: el **metencéfalo** anterior y el **mielencéfalo** posterior.

El **tallo encefálico** abarca el conjunto del mesencéfalo y el mielencéfalo.

La comprensión de las funciones del encéfalo proviene de diversos estudios realizados en animales, fetos anormales, personas con daño encefálico debido a accidentes y enfermos epilépticos.

Origen del encéfalo

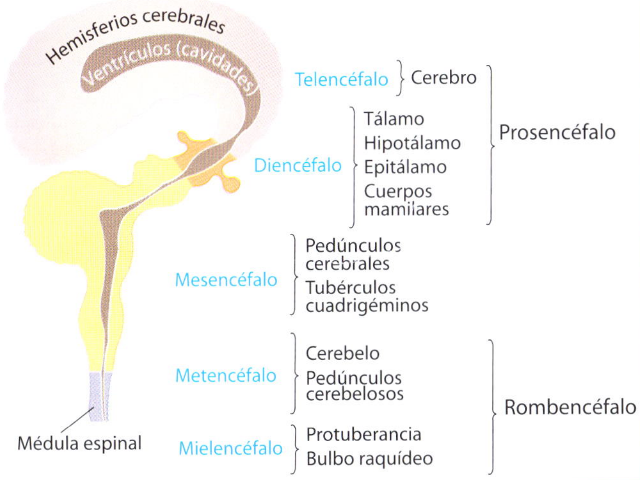

Organografía del encéfalo

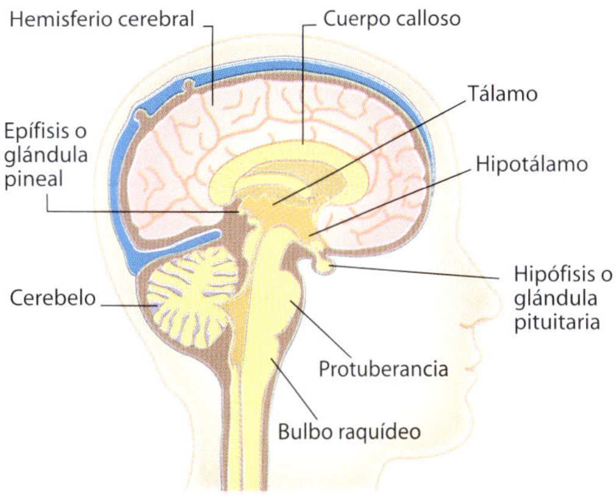

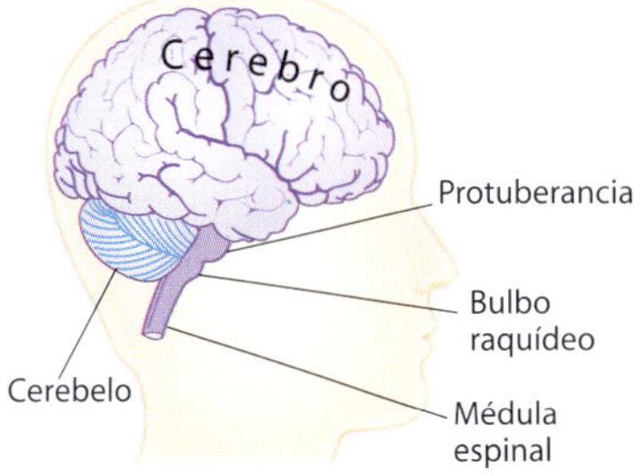

Hemisferios cerebrales

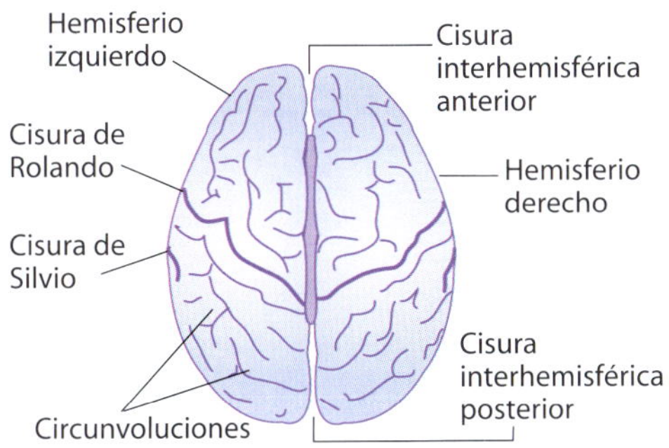

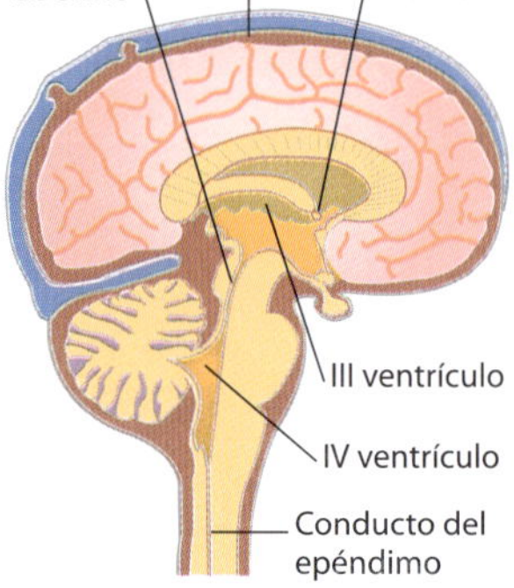

Los órganos del SNC (encéfalo y médula espinal) presentan **cavidades** que se comunican entre sí y están ocupadas por el **líquido cefalorraquídeo** (**LCR**). Desde el momento en que se forma el embrión, el sistema nervioso es hueco y este espacio se transforma más tarde en el **conducto del epéndimo** (en el interior de la médula), y los **ventrículos cerebrales** I, II, III y IV ubicados en el encéfalo.

Estructura y función del encéfalo

El telencéfalo comprende el **cerebro**. Es el principal centro de control, origen de las respuestas motoras voluntarias, el lenguaje, la memoria, la percepción de las sensaciones, la conciencia y las áreas de asociación.

El diencéfalo está constituido por un techo, el **epitálamo**, o glándula pineal, por debajo el **tálamo** y en posición inferior medial y lateral, el **hipotálamo** y el **subtálamo**, respectivamente.

El tálamo está formado por dos masas oviformes de sustancia gris. Es la estación de relevo entre los núcleos cerebrales superiores y el tallo cerebral. Se relaciona con la asociación de sentimientos y emociones.

El hipotálamo forma el piso del tercer ventrículo al que divide en una porción derecha e izquierda, en la cara inferior de los hemisferios y enmarcado por los **pedúnculos cerebrales** y las **cintillas** o **quiasmas ópticos**. Ejerce influencia sobre varios tipos de actividades y motivaciones, como el control de la saciedad y el hambre, la ingestión de agua, la conducta sexual, el sueño, el control de la temperatura (termostato) y las conductas emocionales como la ira, el terror y el placer. Además, desempeña un papel fundamental en las situaciones de estrés, ya que coordina e integra al resto del sistema nervioso. Finalmente, produce neurohormonas, como la ocitocina, que se almacena en el lóbulo posterior de la hipófisis.

La parte anterior del hipotálamo se continúa con el **área preóptica**. A su vez, los **cuerpos mamilares** son pequeñas prominencias de la superficie ventral del diencéfalo que forman la zona posterior o caudal del hipotálamo.

El metencéfalo comprende el **cerebelo** y los **pedúnculos cerebelosos**.

El cerebelo consta de dos hemisferios y un lóbulo medio, la **vermis**, surcada por pliegues. Está cubierto por una lámina fibrosa, dependiente de la duramadre, llamada **tienda**, que los separa de los lóbulos occipitales del cerebro. La sustancia gris forma la **corteza cerebelosa**. Este órgano actúa en el equilibrio y ajuste fino de movimientos, el control de la postura y la posición erecta, colaborando con la marcha.

Por delante del cerebelo, los **pedúnculos cerebelosos** son tres pares de cordones blancos (superiores, medios e inferiores) que conectan con el mesencéfalo, la protuberancia anular y el bulbo raquídeo, respectivamente.

El mielencéfalo comprende el **bulbo raquídeo**, o **médula oblonga**, y la **protuberancia anular** o ***pons*** (puente). En estos órganos, la sustancia blanca se ubica exteriormente.

El bulbo raquídeo, extensión piramidal de la médula espinal, es el origen de la **formación reticular**, importante red de células nerviosas y del núcleo de los pares craneales IX al XII. Relaciona los impulsos entre el cerebro y la médula espinal por vías ascendentes y descendentes. Controla la función cardíaca, la contracción y dilatación de los vasos sanguíneos, así como la frecuencia respiratoria y ciertas actividades reflejas.

La protuberancia es un abultamiento del tallo encefálico con fibras nerviosas blancas transversales y longitudinales entrelazadas. Se une al cerebelo por los pedúnculos cerebelosos y allí se localizan los núcleos de los nervios craneales V al VIII. Regula los reflejos vitales, las emociones y se relaciona con el equilibrio y la locomoción.

El mesencéfalo, finalmente, comprende tres partes: **tectum**, **pedúnculos cerebrales** y **canal central**. El tectum y los cuatro **tubérculos cuadrigéminos**, o **colículos** (dos rostrales y dos caudales), se relacionan con la función visual (lóbulos ópticos) y auditiva, respectivamente. Los pedúnculos cerebrales comprenden el ***tegmen***, con los núcleos motores de los nervios craneales III y IV, así como el **núcleo rojo** y la **sustancia negra** (***locus niger***), dos partes importantes de la formación reticular. La última parte, el canal central, constituye el **acueducto de Silvio**, alrededor del cual se localiza la sustancia gris.

prevención y salud

El electroencefalograma

Algunos aspectos del cerebro pueden estudiarse mediante el **electroencefalograma (EEG)** técnica que consiste en la colocación de electrodos de un galvanómetro conectado a un polígrafo que registra en una pantalla de osciloscopio la actividad cerebral.

El cerebro y los hemisferios cerebrales

El **cerebro** es el órgano mayor del encéfalo. Se divide en dos hemisferios cerebrales: derecho e izquierdo, separados por la cisura interhemisférica y conectados por las formaciones comisurales, como el **cuerpo calloso**.

- El hemisferio cerebral izquierdo recibe información únicamente del lado derecho del cuerpo. Domina en tareas verbales como la identificación de palabras orales y escritas.
- El hemisferio cerebral derecho recibe información del lado izquierdo del campo visual y, en general, se destaca en el mundo de las imágenes, la música y los ruidos ambientales, el reconocimiento del rostro y la percepción y expresión de las emociones.

Para acomodarse en el cráneo, los hemisferios desarrollaron un intrincado patrón de pliegues, las **circunvoluciones**, patrón único para cada persona, como las huellas digitales.

La zona más externa de ambos hemisferios es la **corteza cerebral**. Estudios de estimulación e inhibición permitieron identificar diferentes áreas funcionales.

Lóbulos y cisuras de la corteza cerebral

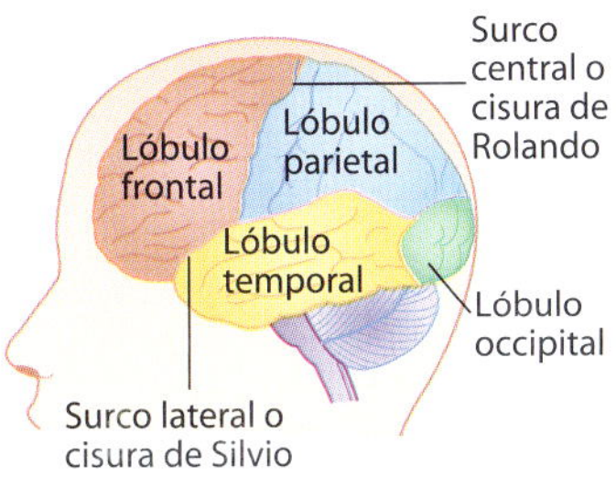

Distribución esquemática de las principales áreas en corteza e interiores del encéfalo

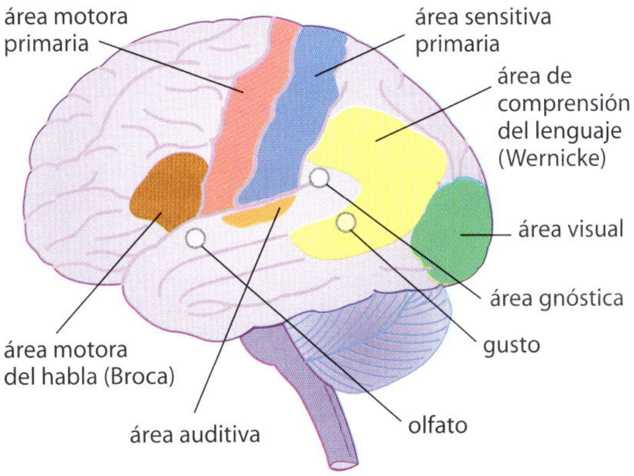

En el cerebro se identifican cuatro lóbulos: occipital, temporal, parietal y frontal, separados entre sí por surcos. En los lóbulos se distribuyen las áreas de asociación cerebrales especializadas en cumplir diferentes funciones.

1. El área de la visión y el área de asociación visual, encargadas de la recepción de los estímulos visuales y su interpretación, se localizan en el lóbulo occipital. La fóvea, que representa el 1 % del área de la retina, se proyecta en un 50 % sobre esta corteza visual.

2. El área de la audición y el área de asociación auditiva, relacionadas con la recepción de los impulsos nerviosos del oído y su interpretación, se localizan en el lóbulo temporal.

3. Las áreas del pensamiento abstracto y de la memoria remota se ubican en la zona de la memoria, en el lóbulo temporal.

4. El área del gusto se ubica en el lóbulo del hipocampo, en la cara interna de los hemisferios y se relaciona con los receptores gustativos.

5. El área del olfato también se ubica en la cara interna del hemisferio y allí llegan los impulsos olfatorios.

6. El área motora primaria, o somatomotriz, se ubica en el lóbulo frontal del cerebro, por delante de la cisura de Rolando, y emite impulsos nerviosos relacionados con los movimientos musculares voluntarios.

7. El área de asociación somática, o premotora, se ubica también en el lóbulo frontal y procesa los mensajes recibidos por el área sensorial primaria.

8. Igualmente se ubica en el lóbulo frontal el área gnóstica, o del pensamiento.

9. El área sensorial primaria, de la sensibilidad táctil, o somatosensitiva, se ubica detrás de la cisura de Rolando, en el lóbulo parietal; recibe los estímulos de todo el cuerpo, como el dolor y la presión o la sensibilidad táctil.

10. El área del habla, o de Broca, se encuentra en el hemisferio izquierdo (en las personas diestras) por delante de la corteza motora, en el lóbulo frontal.

11. El área de comprensión del lenguaje de Wernicke, o de asociación del habla, se ubica debajo de la cisura de Silvio, contigua a la zona auditiva.

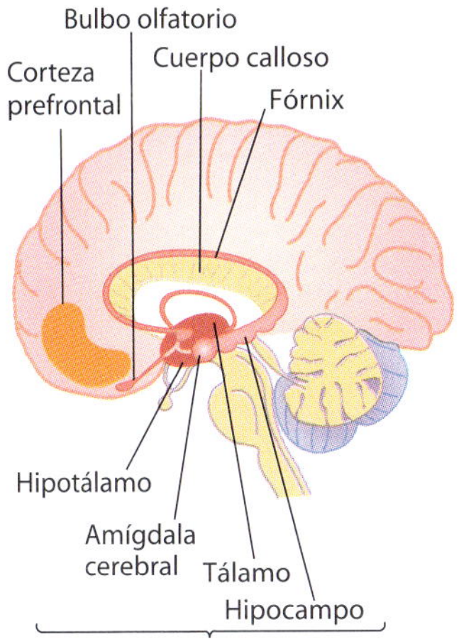

Sistema límbico

El **sistema límbico** es una red neuronal subcortical que forma un bucle alrededor de la parte superior del diencéfalo aunque pertenece al telencéfalo. Antes se pensaba que el sistema límbico estaba relacionado con la percepción olfatoria (rinencéfalo o lóbulos olfatorios). En la actualidad se conoce su relación con las emociones, los impulsos y la consolidación de la memoria, la atención y el aprendizaje. Está formado por los núcleos basales del cerebro, el **hipocampo** y la **amígdala**, asi como las **formaciones comisurales**, que comprenden el **cuerpo calloso** (hoja de sustancia blanca cuadrilateral, que ocupa el 50% del volumen hemisférico), el **fórnix** o **trígono** (por debajo del cuerpo calloso), la **comisura blanca anterior** (que une ambos hemisferios) y el *septum pellucidum* (láminas gliales en la línea media entre los ventrículos izquierdo y derecho).

Las funciones de la médula espinal

La **médula espinal** es el otro componente fundamental del SNC, además del cerebro. Es un tubo de tejido nervioso que se continúa con la protuberancia anular y el bulbo raquídeo, y se extiende unos 45 cm por debajo de la última costilla. Está rodeada y protegida por los huesos de la columna vertebral.

La médula espinal realiza dos funciones muy importantes:

- Transmite los mensajes hacia el cerebro y desde él. Esta función es realizada principalmente por la sustancia blanca que se encuentra en la región externa de la médula.
- Sirve como centro reflejo independiente.

Las ramas o astas ascendentes de la médula espinal transportan la información hacia el cerebro, y las ramas o astas descendentes, desde el cerebro a cada **nervio espinal** o **raquídeo**.

La médula organiza la función motora mediante la contracción de los músculos y el control del estado de contracción, tensión o estiramiento al que se halla sometido cada uno.

Esto es posible gracias a la existencia de receptores internos en el músculo, por ejemplo, los **órganos tendinosos de Golgi** y el **huso neuromuscular**, estructuras accesorias que envían información a la médula en forma de impulsos nerviosos.

Detalle de nervio espinal

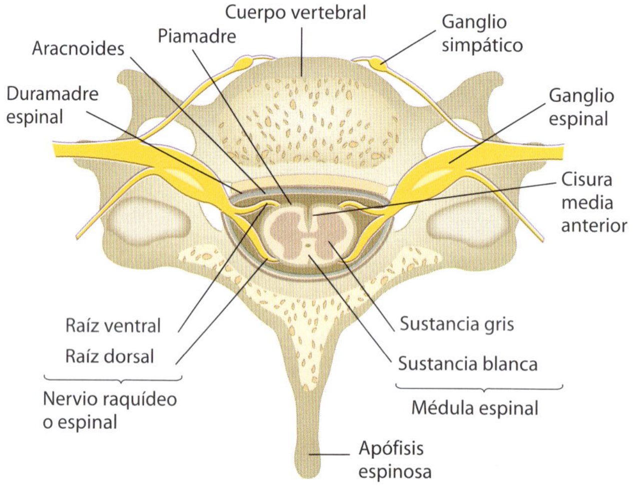

De la médula espinal salen 31 pares de nervios espinales que ingresan o salen del SNC.
Cada nervio espinal está formado por una raíz dorsal que transporta la información sensorial a la médula espinal y una raíz ventral motora, que transporta los mensajes motores desde la médula espinal.

Nervios raquídeos o espinales

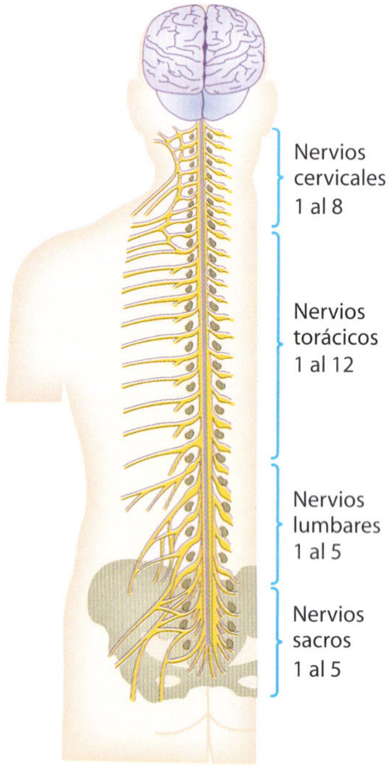

Distribución de la sustancia gris y blanca de la médula

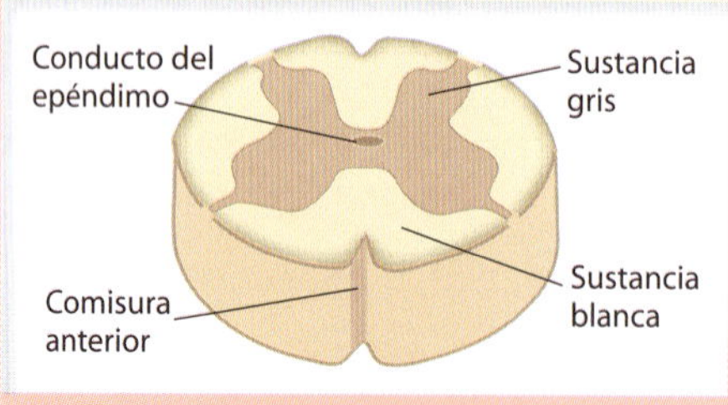

En la médula se encuentra una zona central en forma de "H", la sustancia gris, constituida por los cuerpos de neuronas motoras (asta anterior) y de neuronas sensoriales (asta posterior) que están sostenidos por la neuroglia. Sus axones forman parte de los cordones nerviosos anterior (motor) y posterior (sensorial) de los nervios espinales. Estas neuronas son responsables de los reflejos medulares. También permiten la conducción de impulsos nerviosos entre los centros superiores hacia la médula y desde ella hacia el resto del cuerpo.
La sustancia blanca está distribuida en la periferia de la médula. Forma haces o tractos de axones mielinizados que transportan información sensorial al cerebro (tractos ascendentes) o desde el cerebro (tractos descendentes).

Acto y arco reflejo

Un **acto** o **acción refleja** es una respuesta de un efector del cuerpo (por ejemplo, un músculo) para protegerse de una amenaza o agresión.

La descripción del camino realizado por el impulso nervioso entre el estímulo en el receptor y la respuesta en el efector (músculo) es el **arco reflejo**.

Por ejemplo, cuando alguien se pincha o se quema la mano, ésta se retira al instante y de manera automática. Esta respuesta está concebida para ser muy veloz y tiene lugar en forma involuntaria. Como esta reacción se realiza en la médula espinal se trata de un reflejo espinal. Aunque también existen centros productores de reflejos fuera de la médula, por ejemplo, en el bulbo raquídeo, la protuberancia o el hipotálamo.

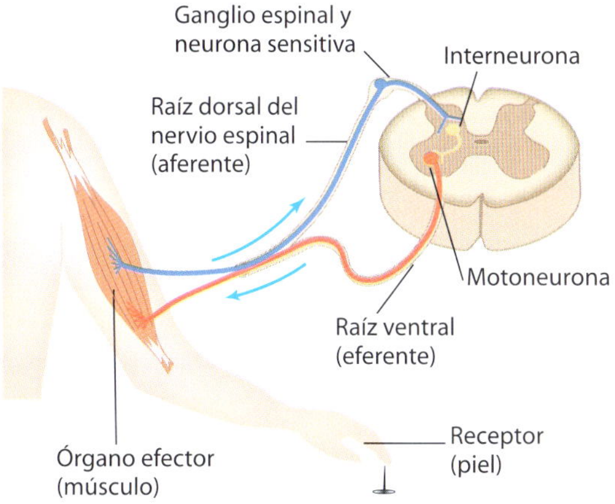

Acto reflejo espinal.

Cada brazo tiene cinco pares de nervios espinales unidos a la médula en la región superior de la espalda, entre las vértebras quinta y novena. Los cuerpos celulares de estos nervios se hallan dentro del **ganglio espinal** situado cerca de la médula. Los axones con vainas de mielina parten de él y llegan hasta la médula, donde transfieren sus impulsos a las interneuronas o neuronas intermediarias que contactan con las neuronas motoras. Estas últimas controlan los movimientos de la musculatura esquelética.

Reflejo rotuliano

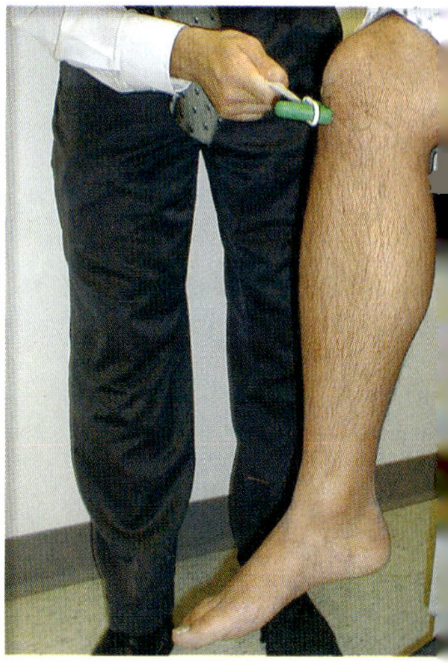

El **reflejo rotuliano** se utiliza como prueba rutinaria en los diagnósticos médicos.

La neurona aferente forma parte del órgano tendinoso de Golgi, que se encuentra dentro del músculo. Ante una tensión excesiva, por estimulación directa del tendón rotuliano o por una flexión intensa de la rodilla, se ordena al músculo antagonista que levante la pierna.

Sistema nervioso autónomo

El **sistema nervioso autónomo** (**SNA**) se compone de una porción central, centros de la vida vegetativa dispersos en órganos del SNC (lóbulo frontal, temporal, bulbo olfatorio, etc.), y una porción periférica que está constituida por los **nervios craneales**, que se llaman así porque aparentan salir del cráneo. Se suman a éstos los **nervios raquídeos** o **espinales** y los **núcleos centrales** y **ganglios periféricos**.

El SNA se diferencia del SNS por el hecho de que los axones que provienen del SNC no llegan directamente a los efectores (músculo liso, cardíaco y glándulas), como ocurre con los músculos esqueléticos, sino que se produce sinapsis con las neuronas motoras intermediarias. Además, las fibras del SNA están desmielinizadas.

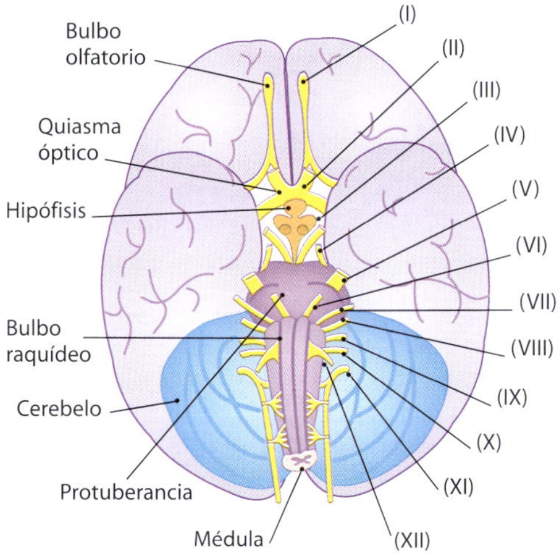

Los doce pares de nervios craneales

(I) Olfatorio: sensitivo; olfato.
(II) Óptico: sensitivo; sensibilidad visual.
(III) Motor ocular común: motor; movimientos del ojo.
(IV) Patético: motor; motricidad ocular y del párpado.
(V) Trigémino: mixto; inervación facial.
(VI) Motor ocular externo: motor; movimientos del ojo.
(VII) Facial: mixto; inerva los músculos de la cara.
(VIII) Estato-acústico: sensitivo; equilibrio y audición.
(IX) Glosofaríngeo: mixto; inerva lengua y faringe.
(X) Neumogástrico o vago: mixto; inerva las vísceras.
(XI) Espinal: motor; movilidad de la nuca y la cabeza.
(XII) Hipogloso mayor: motor; inerva la lengua.

Sistema simpático y parasimpático

El SNA puede dividirse funcionalmente en los antagónicos **sistema simpático** y **sistema parasimpático**. Se dice que son antagónicos porque los impulsos nerviosos simpáticos originan una respuesta inversa a la de los parasimpáticos.

La mayoría de los órganos del cuerpo se hallan inervados por fibras del sistema nervioso autónomo (simpático y parasimpático). Cuando ocurre esto, las dos ramas de este sistema tienen efectos opuestos en el nivel de actividad de cada órgano.

A las fibras que salen del SNC se las denomina **preganglionares** y a las que llegan a los efectores, **posganglionares**.

- En el caso del simpático, en cambio, son de origen toracolumbar, y hacen sinapsis con neuronas de los ganglios simpáticos, no tan cerca de los órganos como las parasimpáticas.
- En el sistema simpático, el neurotransmisor es la **noradrenalina**.
- En el caso del parasimpático, las preganglionares salen de la base del cerebro y de la porción sacra de la médula (origen craneosacral) y llegan hasta el órgano correspondiente luego de una sinapsis con las neuronas posganglionares.
- En el sistema parasimpático, el neurotransmisor es la **acetilcolina**.

Algunas funciones de los sistemas simpático y parasimpático

Sistema parasimpático	Sistema simpático
Constricción de la pupila de los ojos	Dilatación de las pupilas
Estimulación del flujo de saliva	Inhibición de la secreción de saliva
Constricción de los bronquios pulmonares	Dilatación bronquial
Descenso de la frecuencia cardíaca	Aceleración de la frecuencia cardíaca
Estimulación de la secreción de bilis por el hígado	Estimulación de la conversión de glucógeno en glucosa en el hígado
Estimulación peristáltica y secreción en el estómago	Inhibición peristáltica y secreción en el estómago
Estimulación peristáltica en el intestino delgado y grueso	Inhibición peristáltica en el intestino delgado y grueso
Estimulación y contracción del esfínter anal	Inhibición del esfínter anal
Contracción de la vejiga urinaria	Inhibición de la contracción de la vejiga urinaria
	Estimulación de la secreción de adrenalina por las glándulas suprarrenales

El sistema nervioso simpático se une a una cadena de ganglios y sus efectos tienen lugar conjuntamente, actuando como una unidad. Los ganglios del sistema nervioso parasimpático, en cambio, tienen efectos localizados ya que se hallan ubicados en la proximidad del órgano al que sirven.

La **estimulación simpática** aumenta la frecuencia cardíaca y la respiratoria, dilata la pupila, provoca vasoconstricción periférica e intestinal; la relajación de los esfínteres puede incluso provocar la evacuación de la vejiga o el intestino: una reacción típica del miedo. Aumenta la presión y se contraen los pequeños músculos horripiladores de los folículos pilosos, responsables de que se nos paren los pelos de miedo, una respuesta típica de los mamíferos, que así aparentan un tamaño mayor. Por otra parte, se bloquean las funciones digestiva, reproductora y todas aquellas que intervienen en la lucha o la huida.

La **estimulación parasimpática** es simétricamente contraria y, además, incrementa la acción de las glándulas salivales y las digestivas. El antagonismo mencionado sirve para explicar por qué es necesario ingerir los alimentos en un ambiente tranquilo y por qué es conveniente evitar las discusiones de temas espinosos o polémicos en la mesa. Y también para explicar por qué un susto o una mala noticia pueden quitar el hambre o interrumpir la digestión.

prevención y salud

El sueño REM

REM viene del inglés *rapid eye movement* (sueño de movimiento ocular rápido) y tiene lugar a intervalos de 80 a 90 minutos durante la noche. El centro cerebral del sueño se halla ubicado en la formación reticular que se encuentra debajo del diencéfalo y el tallo encefálico. También en esta formación se ubica el centro cerebral de la vigilia. En la actualidad, se reconocen otras dos fases del sueño que se repiten cíclicamente y la importancia del sueño continuado para el aprendizaje, la memoria y la salud mental.

Estructura y función comparadas

Evolución del sistema nervioso en la escala zoológica

Entre los invertebrados, los poríferos (esponjas) no tienen células nerviosas especiales y la respuesta a los estímulos se realiza individualmente para cada célula. Entre los cnidarios (medusas y pólipos) ya existe una **red nerviosa** rudimentaria y se presenta una sinapsis especial de tipo asimétrico y bidireccional, a diferencia de los restantes organismos (bilaterales). En el resto de los invertebrados, la sinapsis es **unidireccional**, aunque en muchos grupos predomina la de tipo eléctrico sobre la química. Los ctenóforos o peines de mar, además de la red nerviosa, presentan un **plexo** (acumulación neuronal) **subepidérmico** (aunque sin la formación de ganglios). Los **ganglios** se desarrollan, por primera vez, en los platelmintos, o gusanos planos acelomados (tenias, duelas y planarias), que presentan un plan ganglionar ventral (hiponeuría) similar al de los protostomados, por lo que algunos científicos suponen un parentesco estrecho con estos organismos celomados. Además se presenta la fusión de los ganglios cefálicos formando una especie de "cerebro", lo que les permite una respuesta más rápida a los estímulos ambientales.

Los artrópodos (arañas, insectos, cangrejos, etc.) presentan una mayor diferenciación cerebral, con una división en **protocerebro**, **deuterocerebro** y **tritocerebro** y una cadena ganglionar ventral bien desarrollada (**hiponeuría**). En los moluscos, que no son metaméricos (no tienen celoma ni segmentos corporales), se mantiene la hiponeuría y aparece el sistema glial intersticial junto con un gran desarrollo del cerebro, especialmente en los cefalópodos (calamares y pulpos).

Lirio de mar (equinodermo).

Entre los invertebrados deuterostomados, al menos en los estadios larvales, se evidencia un desarrollo dorsal en forma de un tubo hueco (**epineuría**).

Entre los tunicados (sacos de mar), el sistema nervioso presenta la mayor simplificación en las ascidias sésiles, con un ganglio cerebral en el lado dorsal de la faringe y también una red nerviosa en la cola o región caudal.

En los cefalocordados (anfioxos), los parientes más cercanos de los vertebrados, el sistema nervioso es un tubo neural dorsal con una pequeña vesícula cerebral anterior, que incluye células epiteliales ciliadas.

Piraña (pez óseo).

Finalmente, entre los equinodermos (estrellas, erizos, lirios y pepinos de mar), el sistema nervioso adulto es difuso, no centralizado, y consiste en tres anillos alrededor del tubo digestivo de los que irradian nervios periféricos, sin vestigio de vesícula cerebral o cerebro ni tubo neural dorsal.

En todos los vertebrados se mantiene el desarrollo de un sistema nervioso altamente centralizado, con mayor abundancia de sinapsis químicas y una división en prosencéfalo, mesencéfalo y rombencéfalo, y una médula espinal de la que salen nervios raquídeos o espinales. Únicamente en los mixinos (ciclóstomos) falta la inervación cardíaca por el nervio vago que se presenta en todos los restantes vertebrados incluidas las lampreas. Sin embargo, el desarrollo de las diferentes partes del cerebro es muy variada en cada grupo.

Caracol (molusco).

Los peces, por ejemplo, presentan un plan similar al estadio embrionario humano, con un desarrollo mayor de los lóbulos olfatorios. Estos continúan siendo visibles fácilmente en los cerebros de la mayoría de los vertebrados incluidos los mamíferos, aunque en el ser humano y otros primates, y también entre los cetáceos, junto con el desarrollo de la corteza cerebral y el progresivo plegamiento de los hemisferios hacia arriba (cefalización mayor), los lóbulos olfatorios quedan ocultos. En las aves, capacitadas para el vuelo, hay un mayor desarrollo de los lóbulos ópticos, el **cuerpo estriado**, una formación que se relaciona con el equilibrio, y por supuesto, el cerebelo.

EXPERIENCIAS

Análisis de la respuesta a los estímulos y las habilidades de la memoria

Un trabajo experimental rutinario en los laboratorios es la comparación y graficación de los resultados de un experimento. Al aumentar la muestra analizada, se pueden extraer conclusiones de mayor valor estadístico. Estos métodos pueden aplicarse al análisis de los estímulos y procesos nerviosos.

Materiales

Regla; hoja de cartulina; marcadores y lápices de colores; papel milimetrado; reloj con segundero o cronómetro.

Procedimiento

El compañero experimentador analizará la respuesta individual de cada compañero sujeto de la experiencia.

Comparación de los tiempos de reacción

1. El compañero experimentador sostiene la regla de modo que el nivel cero quede a la altura del borde del escritorio o la mesa de trabajo.
2. El sujeto ubica su mano en el borde de la mesa con la palma hacia arriba y los dedos abiertos. Debe estar listo para tomar la regla cuando se deja caer.
3. El experimentador debe soltar la regla para que el sujeto la tome lo más pronto posible. Luego, marcará la posición de la regla en que el sujeto logró tomarla (distancia en mm).
4. Se repetirá el ensayo al menos seis veces con el sujeto.
5. A continuación, se pedirá que realicen la prueba otros tres compañeros.
6. Al terminar con los ensayos, anoten en la carpeta cuál es la distancia más corta y la más larga a la que un compañero tomó la regla.
7. Obtengan el promedio de las mediciones y representen en papel milimetrado un gráfico con las distancias medidas para cada compañero.

Análisis

a) ¿A qué podría deberse la diferencia en los registros de cada compañero sujeto?
b) ¿Las reacciones se hacen más rápidas con la práctica? Si es así, ¿cómo se explica esta mejora sobre la base de lo que aprendieron sobre el sistema nervioso?
c) Dibujen un circuito sencillo para representar la correlación entre estímulos, mensajes, procesamiento y respuestas.

Variación de la memoria de corto término

1. El compañero experimentador hará diez dibujos geométricos o de objetos diferentes.
2. El sujeto se sentará en una silla a cierta distancia del experimentador.
3. El experimentador colocará la cartulina delante del sujeto y le dará 10 segundos medidos con el cronómetro para que memorice todos los objetos observados.
4. Se repetirá el ensayo al menos seis veces con el sujeto.
5. A continuación, se pedirá que realicen la prueba otros tres compañeros.
6. Al terminar con los ensayos, anoten en la carpeta en qué etapa del ensayo cada sujeto llega a memorizar todas las figuras.
7. Representen gráficamente el número de respuestas correctas versus el número de ensayo para cada sujeto. Comparen y extraigan conclusiones.

Análisis

a) ¿A qué podría deberse la diferencia en los registros de cada compañero sujeto?
b) ¿Qué efecto tiene la repetición del ensayo en la memorización de las figuras?
c) Hagan un dibujo del cerebro en la carpeta y ubiquen las áreas relacionadas con la memoria a corto y largo plazo.

ACTIVIDADES

Interpreten cada sector de la secuencia representada en el gráfico.

a) Expliquen el proceso de despolarización en la neurona presináptica.

b) Indiquen el valor numérico del potencial de reposo en la neurona presináptica. También analicen en qué período se produce la repolarización de la membrana.

c) ¿Cuánto transcurre entre la despolarización máxima de las membranas de las neuronas presináptica y postsináptica?

d) Expliquen el significado de los siguientes términos: potencial de acción, potencial de reposo, umbral, vaina de mielina.

e) ¿De qué manera cambia el balance iónico en el interior y el exterior de la membrana neuronal durante la despolarización?

f) ¿Qué ocurre con la acetilcolina luego de la sinapsis?

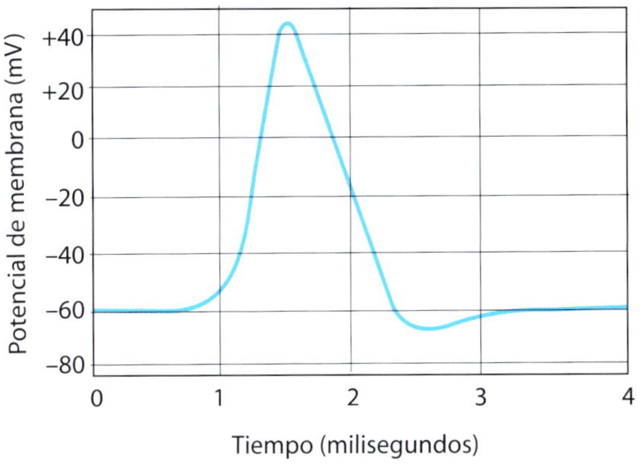

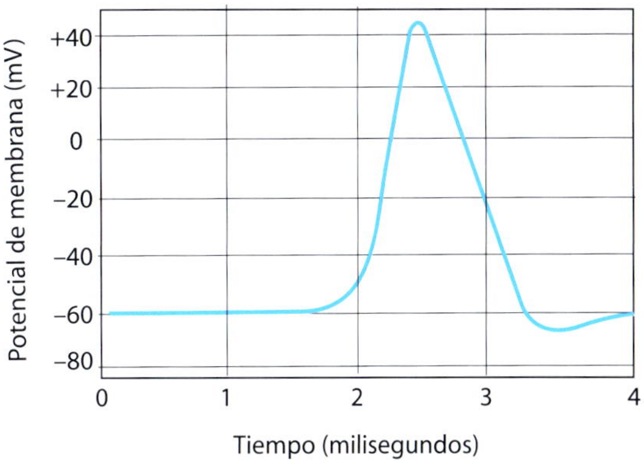

autoevaluación

Elijan la respuesta correcta

1. La sustancia blanca de la médula espinal se encuentra:
a) en la periferia; ☐
b) en el centro; ☐
c) en posición lateral. ☐

2. El neurotransmisor del sistema parasimpático es:
a) serotonina; ☐
b) noradrenalina; ☐
c) acetilcolina. ☐

3. Una sinapsis es el punto de contacto entre las siguientes partes de dos neuronas:
a) cuerpo (soma) y dendrita; ☐
b) telodendron y cuerpo celular; ☐
c) axón y dendrita. ☐

4. La región del encéfalo que muestra mayor desarrollo en el ser humano es:
a) cerebelo; ☐
b) cerebro; ☐
c) bulbo raquídeo. ☐

5. La parte del encéfalo que se relaciona con el mantenimiento del equilibrio o balance hormonal del cuerpo y que también produce neurohormonas es el:
a) tálamo; ☐
b) hipotálamo; ☐
c) bulbo raquídeo. ☐

6. La corteza visual se ubica en el lóbulo:
a) temporal; ☐
b) frontal; ☐
c) occipital. ☐

7. Uno de los siguientes órganos no pertenece al sistema límbico:
a) amígdala; ☐
b) protuberancia; ☐
c) hipocampo. ☐

8. La membrana meníngea más interna es:
a) la duramadre; ☐
b) la piamadre; ☐
c) la aracnoides. ☐

9. La mayoría de las neuronas multipolares son:
a) sensitivas; ☐
b) motoras; ☐
c) receptores sensoriales. ☐

10. En uno de los siguientes grupos de invertebrados no hay formación ganglionar:
a) equinodermos; ☐
b) platelmintos; ☐
c) moluscos. ☐

Sistema sensorial

El botánico y fisiólogo suizo Albrecht von Haller (1708-1777) es considerado el fundador de la Neurología moderna. Haller estudió en detalle la relación entre la estructura y la función de los órganos sensoriales y fue el primer científico que demostró la conexión existente entre los nervios, el cerebro y la médula espinal para lograr la función de coordinación de los estímulos y las respuestas.

Haller publicó sus observaciones y estudios acerca de la fisiología sensorial y la anatomía de los órganos sensoriales en la obra *Elementa Physiologiae Corporis Humani* (Elementos de fisiología del cuerpo humano).

Irritabilidad y sensibilidad. Haller denominó irritabilidad a la propiedad de conectar los órganos sensoriales con los efectores musculares para obtener una respuesta a los estímulos. A la propiedad de percepción sensorial la denominó sensibilidad.

Comunicación con el ambiente. Mediante los órganos sensoriales, el ser humano recibe estímulos del ambiente interno y externo debido a la función de los receptores, por ejemplo, los receptores químicos, acústicos, térmicos y ópticos.

Función de recepción sensorial

La información del medio externo e interno del organismo llega a través de diferentes formas de energía, incluyendo la luz (**energía radiante**), el calor (**energía térmica**), la presión y el tacto (**energía mecánica**), el sonido (energía acústica, un tipo de energía mecánica) y sustancias químicas (**energía química**). Estos pulsos de energía, que representan perturbaciones o cambios en el ambiente, en contacto con el organismo son los **estímulos**. Los **receptores sensoriales** son las estructuras especializadas para responder a los estímulos a través de la generación de mensajes electroquímicos que, eventualmente, se convierten en impulsos nerviosos si resultan suficientemente fuertes. A este proceso se lo denomina **recepción**.

Los impulsos nerviosos son conducidos al cerebro para elaborar una respuesta más compleja o siguen hacia la médula espinal para una respuesta relativamente más simple. El procesamiento de la información sensorial es la **percepción** o **sensación** (por ejemplo, la sensación visual).

Los receptores sensoriales son transductores de energía, transforman las diferentes formas de energía y la utilizan para producir un **potencial generador** o **potencial del receptor**; un mensaje electroquímico que varía en magnitud con la intensidad del estímulo. Por ejemplo, cuanto más fuerte es la presión que se ejerce sobre la piel, mayor es el potencial generador. Cuando el potencial generador alcanza o supera un cierto nivel, denominado **umbral**, se produce la transmisión del impulso nervioso a través de los nervios sensitivos que llevan la información hasta el sistema nervioso central.

Clasificación de los receptores

Los receptores se clasifican en: **exteroceptores**, localizados en la superficie del cuerpo para responder a los cambios del ambiente externo, e **interoceptores**, asociados a los órganos internos del cuerpo para realizar un control o monitoreo de sus funciones. Aunque no se esté consciente del rol de los interoceptores, estos permiten mantener la **homeostasis**, o tendencia del organismo a mantener el estado de equilibrio del medio interno.

Muchos exteroceptores, como los de la presión o el tacto, se adaptan con rapidez a los estímulos, de modo que ya no se percibe la misma sensación. Otros receptores se adaptan muy lentamente o no lo hacen en absoluto. Esto incluye a la mayoría de los interoceptores, como los situados en los músculos y las articulaciones.

Teniendo en cuenta la fuente del estímulo y la forma de energía incidente, se suelen distinguir otras categorías de receptores:

- **Quimiorreceptores:** son sensibles a los estímulos químicos, como el pH o las concentraciones de todas las sustancias disueltas (iones y gases). Aquí se incluyen los receptores del gusto, que perciben los sabores en los botones gustativos de la lengua, y los receptores del olfato, que perciben los aromas mediante la mucosa olfatoria sensitiva de la nariz.
- **Mecanorreceptores:** responden a las distorsiones en su superficie o de las células más cercanas. Responden al tacto, la presión, la audición y el equilibrio (estos dos últimos, situados en los oídos). Además existen mecanorreceptores internos que detectan, por ejemplo, los cambios de la presión sanguínea o las tensiones en músculos y articulaciones. A los primeros se los denomina **entorreceptores** (o directamente **interoceptores**) y a los segundos, **propioceptores**. Un tipo especial de mecanorreceptores, tanto de la piel como de las vísceras son los receptores de presión, los **barorreceptores**.
- **Receptores del dolor:** detectan estímulos relacionados con el daño físico o químico de los tejidos.
- **Termorreceptores:** responden a los cambios de temperatura (frío y calor). Pueden ser internos o externos.
- **Fotorreceptores:** detectan cambios en la intensidad de la luz, a través de los conos y bastones de la retina ocular.

El cuerpo humano contiene receptores de diferente grado de complejidad. Los más simples son las **neuronas sensoriales**, o **sensitivas**, que responden a estímulos particulares. En cambio, el grado de mayor complejidad se alcanza en los **órganos sensoriales**.

Sentidos externos y órganos sensoriales

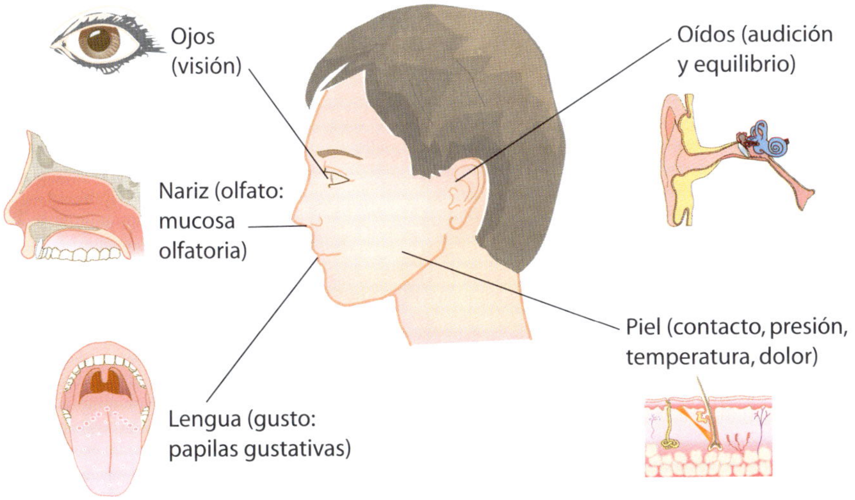

Botón gustativo de las papilas gustativas

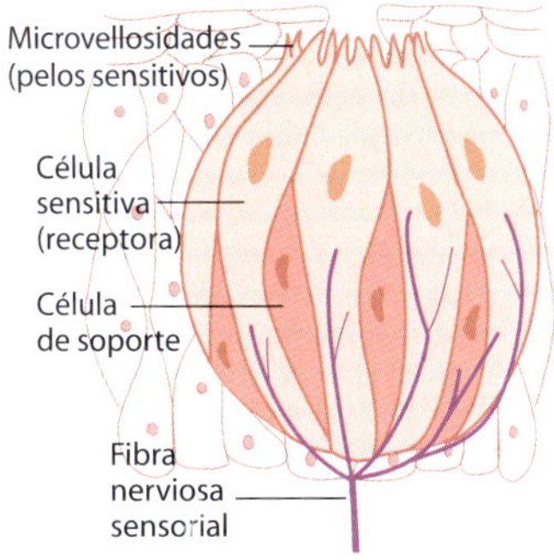

Corpúsculo de Pacini

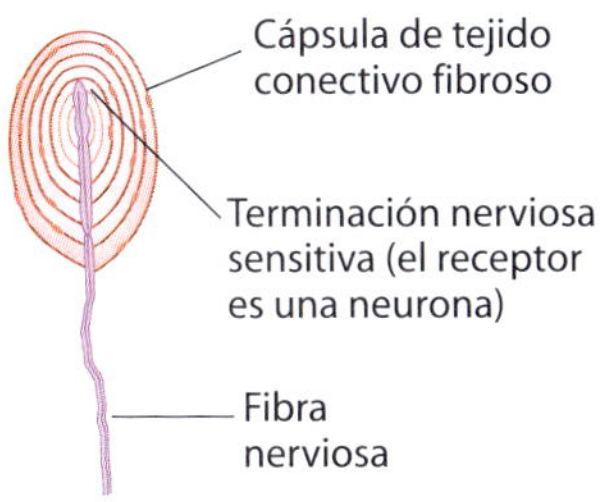

Cuando se considera la estructura de los receptores, se tiene en cuenta la existencia de tres elementos: las neuronas sensitivas, las células epiteliales que actúan como receptores y las células accesorias, como las de sostén.

temasrelacionados

En los capítulos 8 y 11 se analiza la estructura de los principales efectores para responder a los estímulos, los músculos y las glándulas, respectivamente.

El sentido del gusto

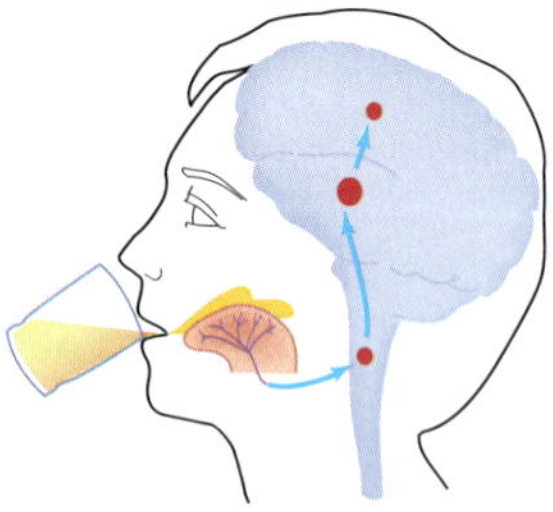

Las sensaciones gustativas viajan a lo largo de los nervios faciales (gustativos) y el nervio glosofaríngeo, pasando por el bulbo raquídeo, el tálamo y, finalmente, los centros gustativos de la corteza cerebral.

El sentido del **gusto** se asocia con la lengua.

La superficie externa de la lengua está cubierta de diminutas proyecciones de tamaño variable, las **papilas**. Los **botones**, o **hacecillos gustativos**, son estructuras redondeadas más pequeñas y con poros en su superficie que, en general, se localizan longitudinalmente a los lados de las papilas, unos 100 a 200 asociados a cada una. Hay más de 10.000 en total, aunque algunos se ubican en el techo de la boca y en la garganta. Cada botón consta de 4 a 20 células gustativas, que son células epiteliales modificadas que portan largas microvilli, o "pelos sensitivos", que detectan una gran variedad de moléculas de compuestos químicos en solución acuosa (es siempre interesante advertir que un alimento muy seco no tiene sabor).

Un botón gustativo responde a los cuatro gustos básicos (**dulce**, **salado**, **amargo** y **ácido**). Sin embargo, cada uno es más sensible a uno o dos de ellos. Entonces, a causa de la distribución diferencial en los botones, las diferentes regiones de la lengua expresan una sensibilidad diferente.

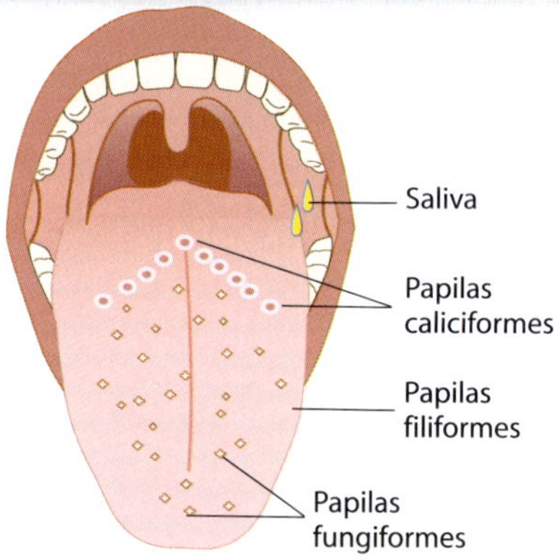

Papilas gustativas

Existen diferentes tipos de papilas en la lengua. La mayoría son las papilas caliciformes en forma de V en el fondo de la lengua. Centradas a cada lado de éstas se ubican las papilas fungiformes, planas y con forma de hongo. Las papilas filiformes tienen forma de hilos delgados y se congregan en la punta de la lengua. Los botones gustativos se ubican a los lados de las papilas.

Sección de la superficie lingual

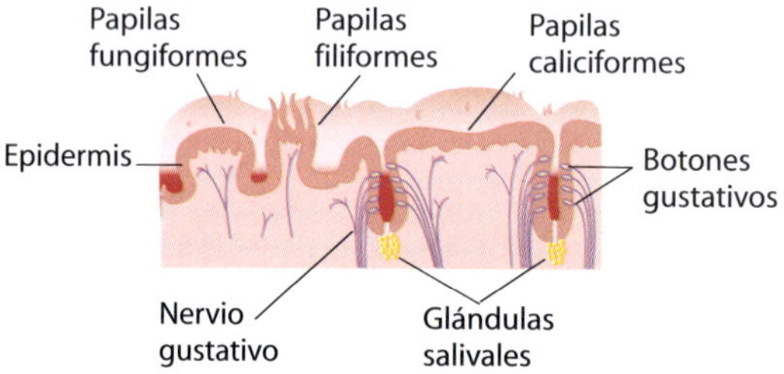

temasrelacionados

En el capítulo 9 se amplía la información sobre los lóbulos del cerebro y las partes del encéfalo, como el tálamo y el bulbo raquídeo. En el capítulo 15 se tratan las noxas, o agentes patógenos de las enfermedades.

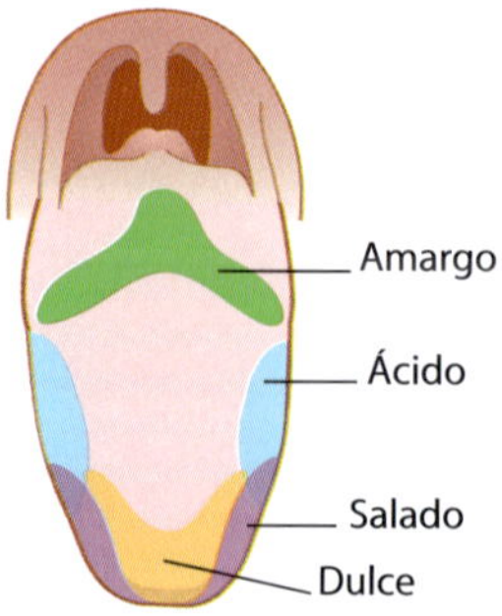

Los sabores dulces y salados se detectan en la punta de la lengua, los ácidos en la parte central de los lados y los amargos en la base.

El sabor dulce de un alimento o bebida estimula la respuesta gustativa porque el cuerpo requiere calorías de una fuente de energía de rápido procesamiento.

El sentido del olfato

El sentido del **olfato** es tal vez el menos apreciado, aunque el 80% de lo que usualmente se considera el sabor de la comida se relaciona en realidad con este sentido.

Los aromas y olores son moléculas de sustancias químicas que flotan en el aire en solución. Cuando son atraídas hacia los orificios nasales, entran en contacto con una porción de la mucosa, el **epitelio olfatorio**.

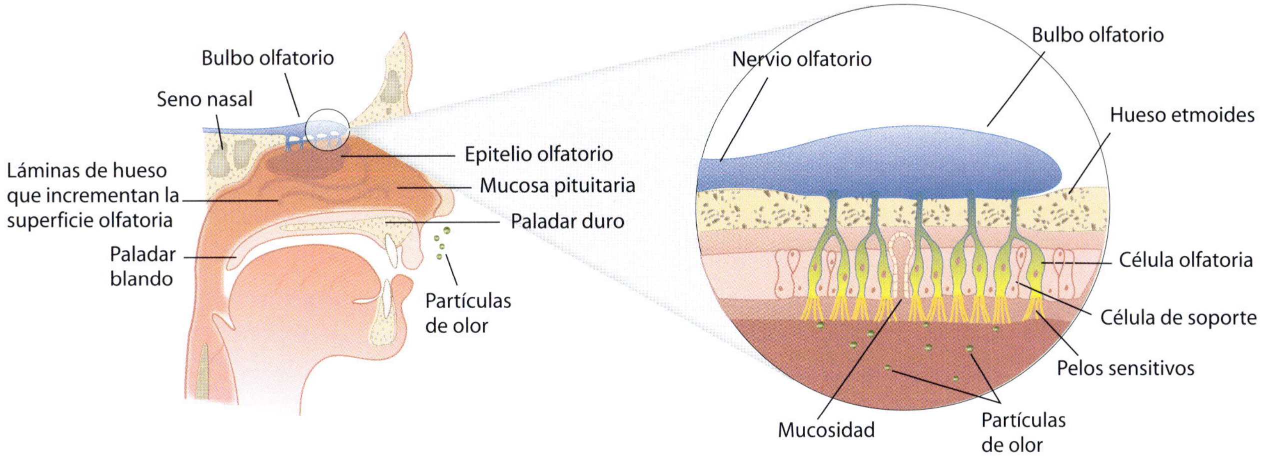

El sentido del tacto

El objetivo de proteger el cuerpo de sensaciones como el dolor, la presión y la temperatura resulta fundamental; para ello, debe ser posible el registro de estas sensaciones mediante los receptores táctiles ubicados en la piel que se relacionan con el **sentido del tacto**.

Los receptores táctiles se clasifican en diferentes tipos según el estímulo que perciben:

a) **Corpúsculos de Ruffini:** tienen forma de platillo y detectan tanto el calor como la presión.

b) **Corpúsculos de Vater-Pacini:** tienen forma de bulbo y son un tipo de barorreceptores externos que detectan la presión.

c) **Corpúsculos de Meissner:** se encuentran en elevaciones de la dermis, las **papilas dérmicas**. Son terminaciones nerviosas encapsuladas que detectan la sensibilidad superficial en las áreas sin pelos de la piel.

d) **Discos de Merkel:** en forma de disco, detectan la sensibilidad fina del tacto.

e) **Receptores del folículo piloso:** son filiformes y se enrollan alrededor de la base de un pelo. Reciben los estímulos de contacto directo relacionados con el más leve roce del pelo.

f) **Terminaciones nerviosas libres:** son finos y ramificados y se relacionan con la sensibilidad al dolor (**nociceptores**).

Dentro de la categoría de receptores táctiles se incluyen también diversos propioceptores, como los **órganos tendinosos de Golgi**,que suministran información al cerebro acerca de la posición de las articulaciones y las contracciones musculares. Se trata de fibras nerviosas muy ramificadas localizadas en el tendón que conecta los músculos con los huesos.

temasrelacionados

En los capítulos 8 y 9 se detallan otros aspectos de los propioceptores y se amplía la información sobre los tendones y los nervios, respectivamente. En el capítulo 6, se analiza la función de la piel como órgano excretor y la transpiración.

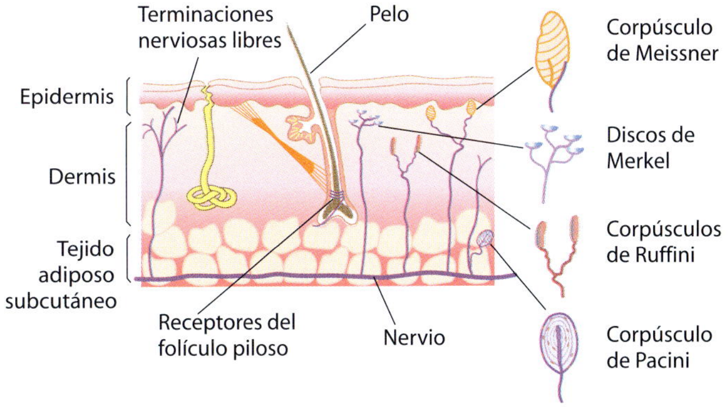

Estructura de los ojos

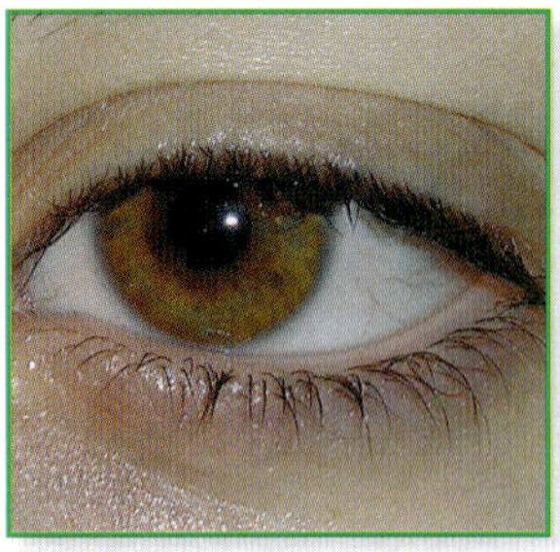

Es destacable la capacidad de los ojos para enfocar a través de un intervalo de distancias muy grande y para distinguir detalles de 0,01 mm, así como una amplia gama de tonalidades de colores.

Los **ojos** son órganos ópticos sorprendentemente bien desarrollados, resultado de millones de años de evolución.

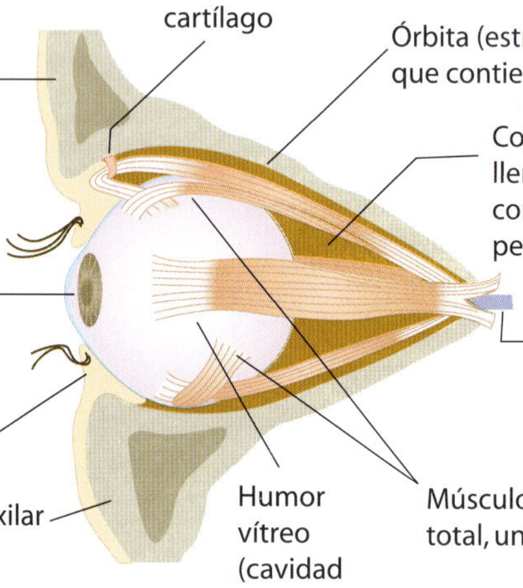

Movimientos pupilares

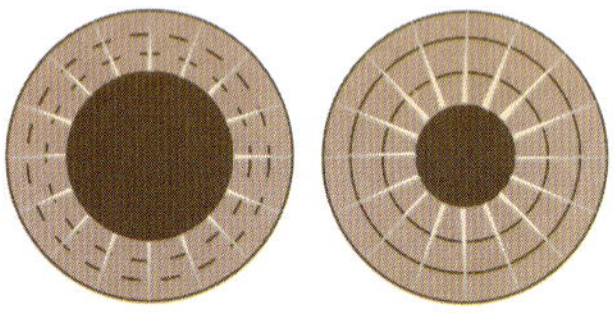

Las fibras musculares del iris son de dos tipos y al contraerse modifican el tamaño de la pupila:

- Si la luz es escasa, un grupo de estas fibras del iris dilata la pupila.
- Si la luz es muy intensa, un grupo de estas fibras contrae la pupila.

Para desarrollar su función, los ojos están formados por una pared triple: interna, media y externa.

- La capa externa contiene la **esclerótica**, membrana dura y resistente que protege el globo ocular permitiendo la inserción muscular.
- La capa media está formada por la **coroides**, delgada e irrigada por vasos sanguíneos que suministran nutrientes al ojo.
- La capa interna consiste, fundamentalmente, en la **retina**, con la porción sensitiva del ojo que contiene los fotorreceptores (**conos** y **bastones**).

Detrás de la esclerótica se ubica la **córnea**, un domo transparente e incoloro de tejido que forma la "ventana del ojo a la luz", cubierta por una membrana llamada **conjuntiva**. A diferencia de otros tejidos del cuerpo, la córnea carece de vasos sanguíneos. Por lo tanto, las células del sistema inmune que pueden causar el rechazo de tejido no la alcanzan y es posible realizar su trasplante sin dificultad.

Detrás de la córnea, se observa un orificio, la **pupila**, por donde ingresa la luz, rodeado por un anillo circular coloreado, el **iris**.

El **cristalino** es una lente transparente y elástica que se ubica detrás del iris.

El interior del ojo, a su vez, contiene sustancias transparentes, el humor vítreo, de aspecto gelatinoso, que ocupa la cámara posterior del ojo situada entre la retina y el cristalino, y el **humor acuoso**, formado por un líquido transparente que ocupa la cámara anterior del ojo, entre el cristalino y la córnea. Ambos mantienen la forma de la cavidad ocular. A diferencia del humor vítreo, que se produce durante la vida del embrión y persiste sin cambios, el acuoso es reemplazado cada 90 minutos.

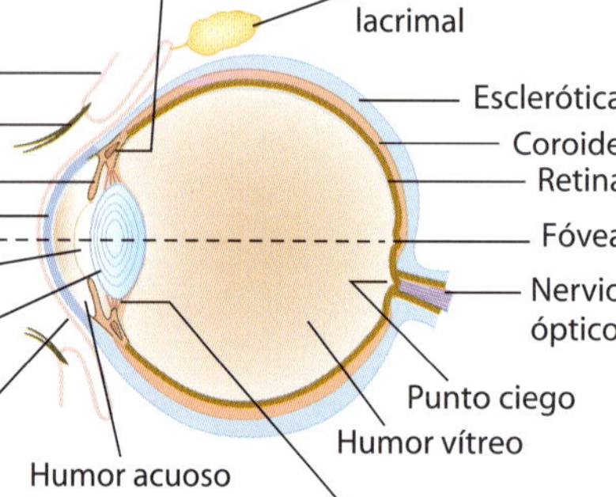

Finalmente, el **nervio óptico** unido a la retina conduce los impulsos nerviosos hasta el cerebro.

El mecanismo de la visión

Los dos ojos trabajan en conjunto al enfocar un objeto. Como están situados a la misma altura, aunque en posiciones separadas, pueden observar el objeto desde diferentes ángulos. Cuando estas imágenes se transmiten al cerebro, se forma una sola imagen tridimensional del objeto (**visión estereoscópica** o **binocular**). Nuestro campo visual es de aproximadamente 180 grados y este tipo de visión resulta esencial (como en los animales cazadores y en los primates ancestrales al ser humano, que también la poseen) para determinar la forma de un objeto y situarlo a distancia.

Los rayos de luz ingresan al ojo y son refractados para enfocarlos sobre la retina. La mayor parte de la refracción tiene lugar en la córnea, mientras que el ajuste fino del enfoque ocurre gracias al cristalino.

El cristalino altera su grosor mientras el ojo observa objetos más próximos o lejanos. Este proceso se denomina **acomodación**.

Cuando una persona dirige su visión hacia un objeto, la retina de cada ojo reproduce una imagen invertida del objeto.

Conexión óptica

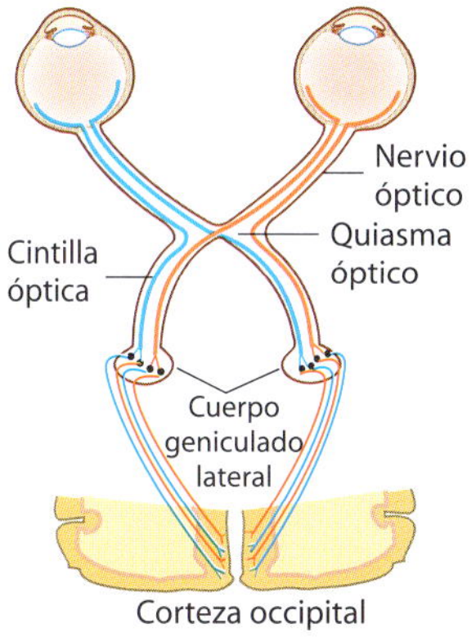

Visión a distancia

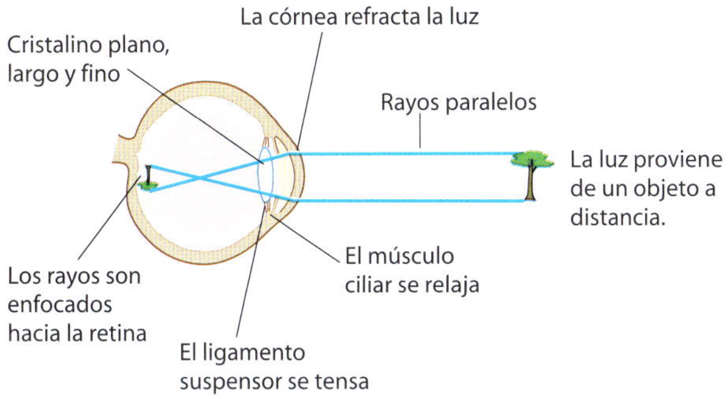

Visión cercana

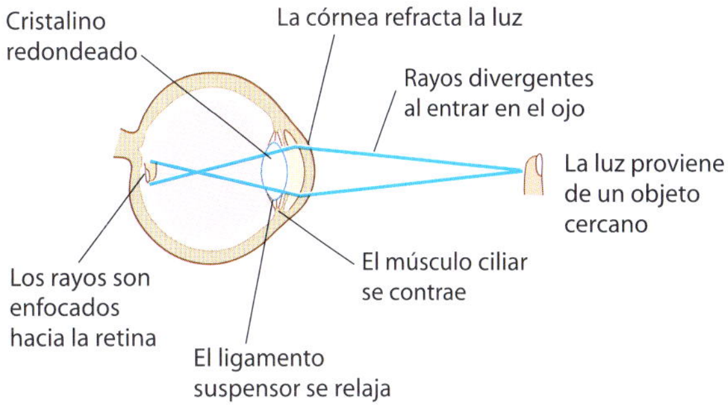

Los fotorreceptores de la retina

La retina contiene células sensibles a la luz, los **conos** y los **bastones**, aproximadamente unos 100 millones, así como neuronas con las que hacen **sinapsis** (transmisión del estímulo mediante neurotransmisores). Ambos tipos de fotorreceptores se conectan con las fibras nerviosas.

- Los conos son sensibles al color y únicamente pueden actuar en luz intensa. Hay aproximadamente 6 millones de conos muy empaquetados en la fóvea, lo que significa una mayor precisión o **agudeza visual**.
- Los bastones no son sensibles al color y trabajan mejor con luz débil. Numerosos bastones hacen sinapsis con la misma neurona sensitiva de modo que los impulsos de ellos convergen. Los potenciales de acción generados son bastante grandes para permitir este tipo de visión al actuar colectivamente.

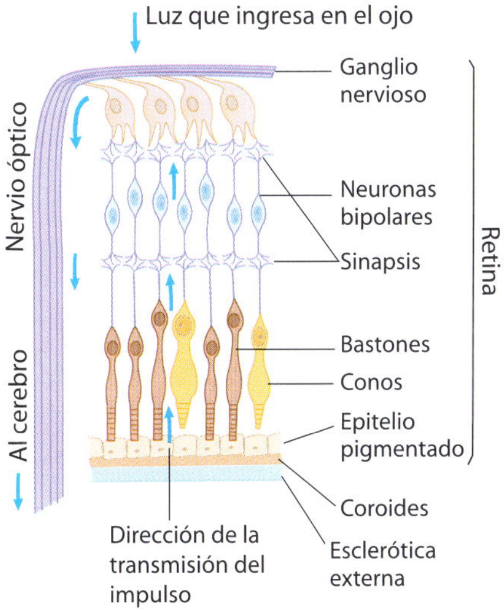

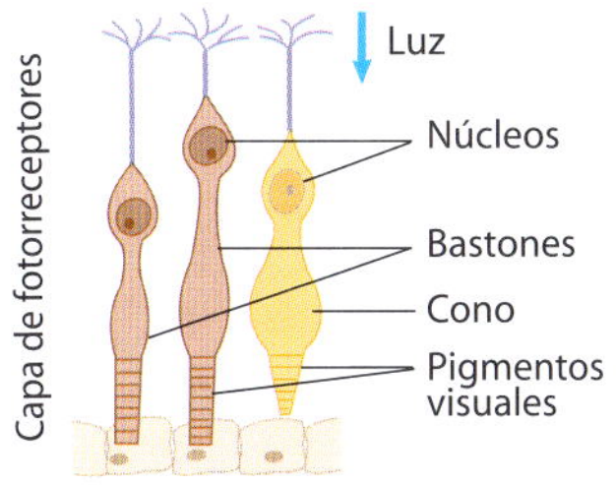

prevención y salud

Anomalías de la visión

Los defectos más comunes de la visión en el ser humano son la miopía y la hipermetropía.

- Cuando hay **miopía**, el eje anteroposterior del globo ocular es demasiado largo, más que lo normal, y esto hace que los rayos converjan antes de llegar a la retina (sólo se proyectan las imágenes de objetos cercanos).
- En la **hipermetropía**, el eje anteroposterior del globo ocular es muy corto respecto del normal y los rayos convergen en un punto posterior a la retina (sólo puede proyectar sobre la retina los objetos alejados).

La estructura de los oídos

Los **oídos** son los órganos encargados de la **audición**, que permiten captar, conducir y traducir las ondas sonoras hacia el cerebro, donde son interpretadas como sonidos. Igualmente, son los órganos que detectan los movimientos de la cabeza y actúan en el **equilibrio estático** y **dinámico** del cuerpo.

El oído humano tiene tres partes: un receptor (el **oído externo** o pabellón de la oreja), un amplificador (el **oído medio**) y un transmisor (el **oído interno**).

El oído externo está formado por el **pabellón de la oreja**, o **pinna**, que capta las ondas sonoras y el **conducto auditivo externo**, que direcciona estas ondas hacia el tímpano.

El oído medio está formado por el **tímpano**, una lámina delgada de tejido de 1 cm de diámetro situada en el límite con el oído externo que vibra con los cambios de presión producidos por las ondas sonoras, y por los **huesecillos del oído medio** u **osículos**, el **martillo**, el **yunque** y el **estribo**, pequeños huesos que transmiten y amplifican (incrementan la intensidad) las vibraciones del tímpano y la dirigen hacia la ventana oval.

El oído interno comienza con la **ventana oval**, un orificio cubierto por una membrana que vibra y transmite las vibraciones hacia el interior. La **cóclea**, o **caracol**, es un tubo espiralado como el caparazón de un caracol que aloja al verdadero **órgano de la audición**, el **órgano de Corti**, con las células sensitivas que convierten las vibraciones en impulsos nerviosos, y contiene un líquido que, al moverse por las vibraciones transmitidas, origina impulsos nerviosos.

La **ventana redondeada** es otro orificio cubierto por una membrana sobre un lado de la cóclea que alivia la presión en el oído causada por las vibraciones.

La **trompa de Eustaquio** es un tubo colapsable cubierto de una membrana mucosa que se comunica con la faringe y equilibra la presión del aire a ambos lados del tímpano.

El **sistema vestibular**, formado por la **ampula** y los tres **canales semicirculares** situados en ángulos rectos entre sí, constituye el **órgano del equilibrio dinámico** y **movimiento del cuerpo**.

El **vestíbulo**, formado por dos cámaras, el **sáculo** y el **utrículo** (ubicados por debajo de los canales semicirculares), constituye el **órgano del equilibrio estático**.

Casco con protector auditivo.

prevención y salud

Ruido y pérdida de la audición

El ruido ambiental excesivo afecta negativamente el desempeño y la salud humana.

Tanto los altos niveles de sonido como la exposición prolongada al ruido pueden ocasionar una pérdida gradual y permanente de la audición. Por encima de 90 decibeles los sonidos se consideran potencialmente peligrosos para el oído. Existen normas legales para el control del ruido en ambientes laborales y centros de entretenimiento y recreación.

El cuidado personal incluye evitar permanecer junto a altavoces o parlantes en auditorios y discotecas, escuchar a un volumen confortable la música amplificada con auriculares y usar protectores auditivos en altas exposiciones al ruido.

Sección general del oído

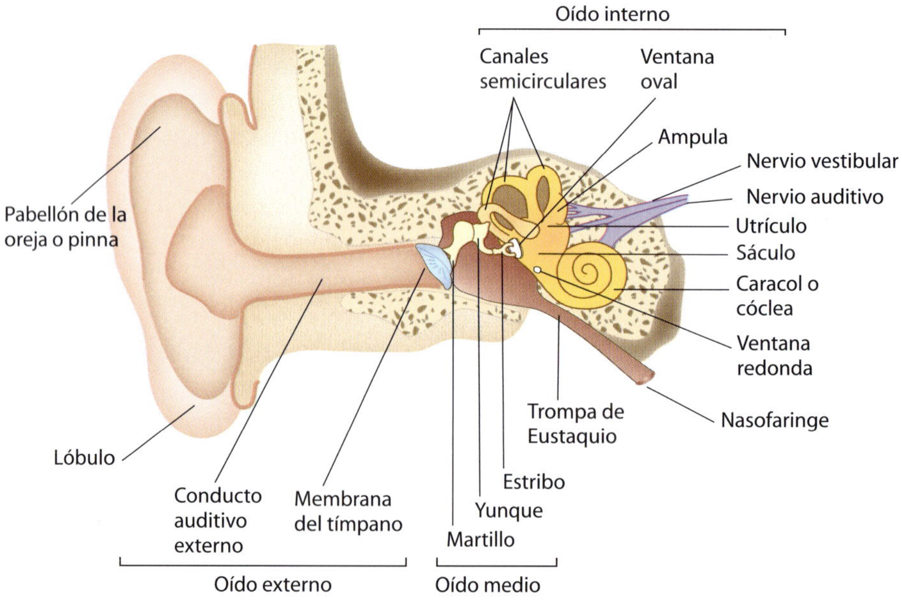

Mecanismo de la audición

Las ondas sonoras viajan a través del **oído externo** y hacen vibrar el **tímpano**. La vibración se transmite a través de los **tres pequeños huesos** del oído medio y llega a la **ventana oval** que comunica con el oído interno. La vibración continúa transmitiéndose al interior del **caracol** del oído interno, que se encuentra localizado en los huesos del cráneo. En el interior del caracol se encuentran los **receptores** para el sonido y un líquido que, al moverse, origina impulsos nerviosos que son conducidos por el nervio auditivo al área de la audición de la corteza cerebral.

El **nervio auditivo** une el oído interno con el cerebro y transmite los impulsos nerviosos.

Circuito auditivo

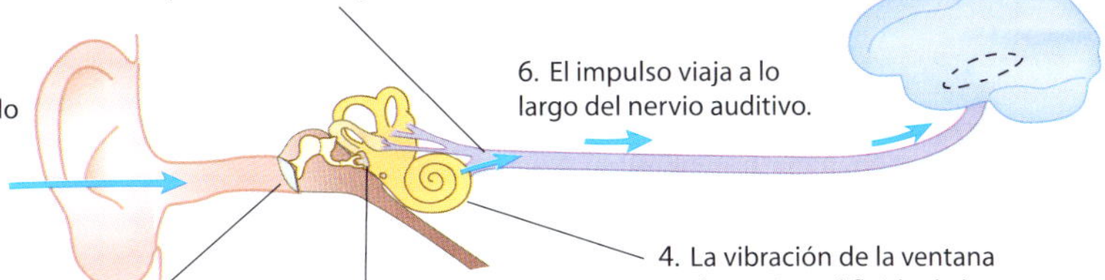

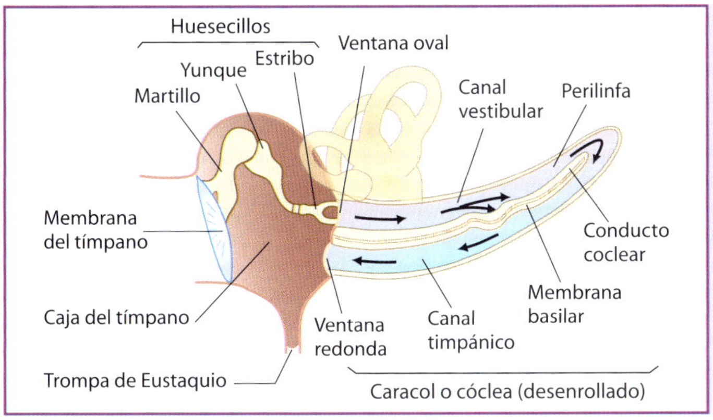

Los movimientos de la ventana oval originan una presión que cambia el estado del fluido en la cámara superior de la cóclea, que a su vez se transmite a la cámara inferior moviendo la membrana basilar. Cuando esta membrana vibra, los pelos de los receptores empujan contra la membrana tectoria.

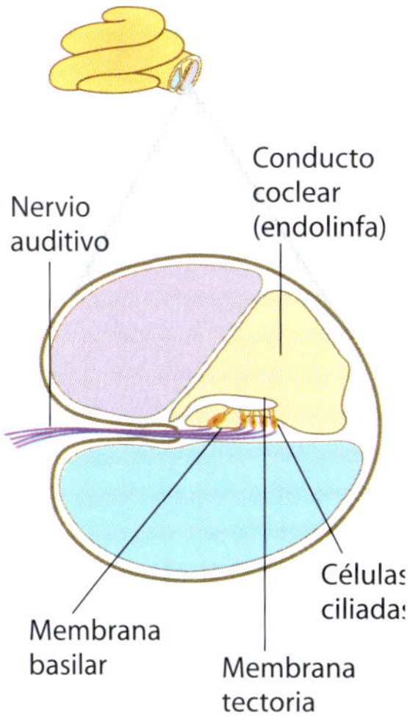

El **órgano de Corti** está ubicado entre la membrana tectoria y la membrana basilar. Las células de este órgano (células auditivas) poseen pelos, o cilias, que se excitan y transmiten la información a las neuronas.

Mecanismo del equilibrio

El movimiento del líquido contenido dentro de los canales semicirculares del oído excita las cilias de las células receptoras, que envían impulsos nerviosos y, por una rama del nervio auditivo, llegan al cerebelo. Esto origina el **sentido de equilibrio estático** y **dinámico**.

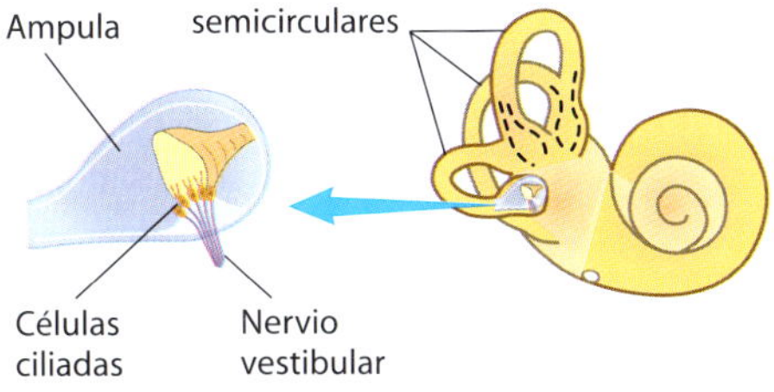

La ampula y los canales semicirculares constituyen el sentido del equilibrio dinámico. Los tres canales semicirculares se orientan perpendicularmente entre sí. En conjunto informan de los cambios en la cabeza, incluidos los de la aceleración y desaceleración. El movimiento del fluido empuja la cúpula y estimula los pelos sensitivos que envían mensajes al cerebro. El cerebro los interpreta como señales y mantiene el equilibrio dinámico.

Estructura y función comparadas

Órganos sensoriales en los seres vivos

En muchos animales existe un amplio y variado desarrollo de los órganos sensoriales para responder a los estímulos del ambiente.

Aquí se mencionan ejemplos destacables de sentidos especiales y algunas variantes de los sentidos estudiados en el capítulo.

Entre los moluscos (y en general entre todos los invertebrados marinos), los ojos de los cefalópodos son los más complejos y desarrollados, mientras que los insectos y los arácnidos tienen ojos compuestos divididos en múltiples ocelos con un mecanismo de visión muy diferente al de los vertebrados.

Muchos peces, como la anguila eléctrica, pueden producir descargas letales de más de 500 V, aunque también producen campos eléctricos de menor intensidad que les permiten evadir obstáculos y predadores. Otros peces tienen **electrorreceptores**, que son órganos especiales para detectar los campos eléctricos del ambiente, como muchas especies de tiburones, especialmente el pez martillo.

Los murciélagos verdaderos (microquirópteros) tienen muy mala visión pero se orientan gracias a la **ecolocalización**, o **biosonar**. Emiten sonidos que producen ecos al chocar con los objetos, presas o predadores, y sus orejas grandes, flexibles y direccionales les permiten identificar la ubicación exacta del estímulo.

TALLER

Test sensorial

La percepción que suministran los diferentes sentidos cambia según las situaciones y no es idéntica en todas las personas.

Materiales

Vasos de plástico con agua azucarada y agua salada; objetos de la misma forma pero de diferente material, por ejemplo, de madera y de metal; vasos de vidrio con agua hasta la mitad y otro vaso con agua casi hasta el tope; cartulina con letras dibujadas para detectar la agudeza visual.

Procedimiento

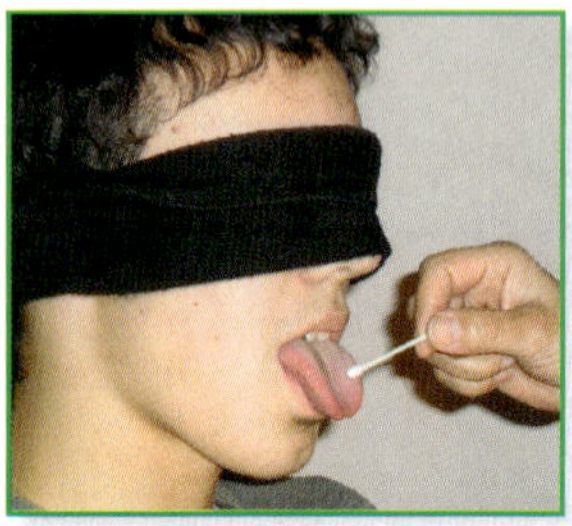

1. Un compañero, el experimentador, vendará los ojos de otro y con un algodón húmedo le rozará distintos sectores de la lengua para observar si percibe el gusto.
2. Todavía con los ojos tapados, el experimentador le presentará diferentes sonidos, uno más intenso que otro, en distintas posiciones, y le pedirá al compañero que indique el lugar desde donde provienen los sonidos y su intensidad.
3. El experimentador mostrará la cartulina con las letras y le pedirá al sujeto del experimento que cierre completamente el ojo izquierdo o se lo tape con una mano para que concentre la visión en el ojo derecho. Luego, irá alejando la cartulina y repetirá la experiencia con el ojo derecho tapado anotando los cambios observados.

Análisis

Describan en la carpeta los resultados de la experiencia. ¿Cuál es el mecanismo de transferencia de la información del receptor al cerebro y cómo se produce?

ACTIVIDADES

1. Copien en la carpeta y rotulen el esquema de las regiones del ojo.

a) Indiquen cuál es la función de cada parte rotulada.

b) Expliquen basándose en los rótulos el mecanismo completo de la visión.

c) ¿Cómo es el proceso de acomodación y qué diferencias existen entre la visión cercana y la distante? Hagan una tabla comparativa con los resultados de todos los compañeros de la clase.

d) ¿En qué consisten los principales defectos de la visión? ¿Qué tipos de lentes se usan para corregirlos?

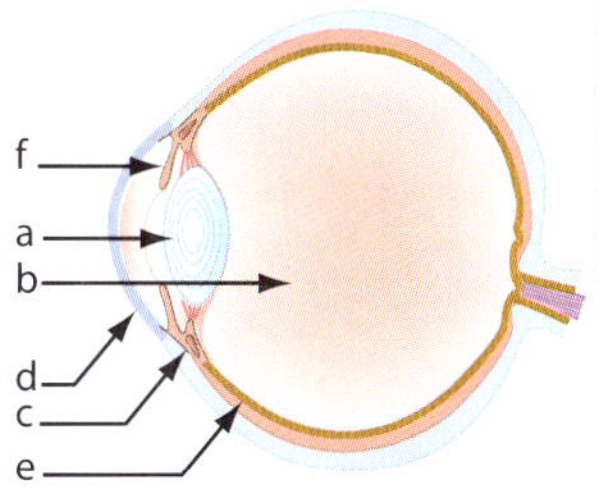

2. Analicen la ilustración de un bastón de la retina.

a) Nombren las partes rotuladas A y B.

b) Dibujen una flecha para indicar la dirección en que la luz atraviesa estas células.

c) Indiquen dos aspectos en que la visión con conos es diferente de la visión con bastones.

d) ¿Qué pigmentos actúan en cada fotorreceptor?

e) Investiguen qué animales tienen visión en colores.

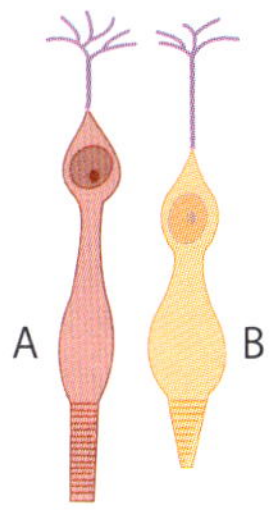

3. Analicen y comparen en sus carpetas.

a) Los mecanismos de la olfacción y la gustación.

b) La visión con una luz intensa y tenue.

c) Los receptores primarios y secundarios.

d) Los órganos del equilibrio estático y dinámico.

4. Investiguen acerca de los termorreceptores que caracterizan a ciertos predadores.

autoevaluación

Elijan la respuesta correcta

1. La cantidad e intensidad de la luz que llega a la retina del ojo es controlada por:
a) la conjuntiva; ☐
b) el iris; ☐
c) el cristalino. ☐

2. Los corpúsculos de Pacini son:
a) barorreceptores; ☐
b) termorreceptores; ☐
c) nociceptores. ☐

3. El órgano del equilibrio estático es:
a) el sáculo y el utrículo; ☐
b) el órgano de Corti; ☐
c) la ampula y los canales semicirculares. ☐

4. La trompa de Eustaquio conecta la faringe con:
a) el nervio auditivo; ☐
b) el oído medio; ☐
c) el oído interno. ☐

5. Al ingresar las ondas de sonido hacen vibrar en primer lugar:
a) la ventana redondeada; ☐
b) la membrana timpánica; ☐
c) la ventana oval. ☐

6. Los corpúsculos de Ruffini detectan:
a) la presión; ☐
b) el dolor; ☐
c) el calor y la presión. ☐

7. Los barorreceptores responden a los cambios de:
a) luz; ☐
b) temperatura; ☐
c) presión. ☐

8. Los receptores relacionados con las articulaciones y los músculos son:
a) exteroceptores; ☐
b) propioceptores; ☐
c) interoceptores. ☐

9. Los sabores dulces se detectan en:
a) los costados de la lengua; ☐
b) la punta de la lengua; ☐
c) la base de la lengua. ☐

10. La visión del color se debe a los:
a) conos; ☐
b) conos y bastones; ☐
c) bastones. ☐

11 Sistema endocrino

El fisiólogo y médico canadiense Frederick Grant Banting (1891-1941), fue uno de los pioneros de las investigaciones sobre la función del sistema endocrino y las enfermedades asociadas, como la diabetes. Observó, por primera vez, un mecanismo de homeostasis, describió la hormona insulina y los mecanismos de retroalimentación en la acción de las glándulas endocrinas como la hipófisis y la tiroides.

En 1923, Banting obtuvo el Premio Nobel de Fisiología y Medicina por su aporte fundamental a la dilucidación de la acción de diferentes hormonas sobre los órganos blanco y los mecanismos de regulación de la homeostasis en relación con las hormonas pancreáticas y las glándulas adrenales.

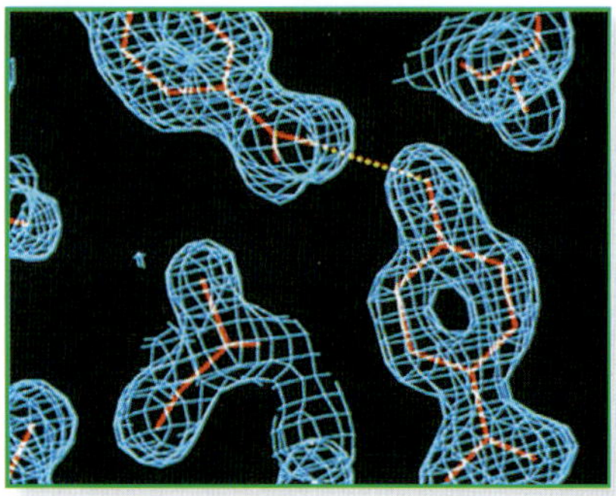

Insulina. La estructura química de la insulina fue descubierta en 1950 por el bioquímico estadounidense Frederick Sanger. Es un polipéptido de 51 aminoácidos.

Hormonas para todas la funciones. El crecimiento, la reproducción, el desarrollo embrionario y la función de los diferentes sistemas orgánicos están regulados por las hormonas secretadas por las glándulas endocrinas.

Función de coordinación química

Además del control electroquímico que ejerce el sistema nervioso, el organismo requiere un control químico adicional, el **control hormonal**, que permita mantener el equilibrio interno y las funciones orgánicas (**homeostasis**). Este sistema de control se realiza mediante mensajeros químicos, las **hormonas**, sustancias químicas que viajan por el torrente sanguíneo hasta los órganos blanco. El término deriva del griego *hormein*, que significa "excitar". En la actualidad, se sabe que muchas hormonas actúan como inhibidoras y no solamente como excitadoras.

El fisiólogo francés Claude Bernard (1813-1878), fue el que introdujo el término homeostasis para describir la recuperación de la estabilidad, o equilibrio, ante los cambios del medio interno (del organismo). Sin embargo, Bernard desconocía la acción hormonal específica, que fue estudiada más tarde por Banting.

- Las hormonas **hidrosolubles** pueden ser aminoácidos, como la adrenalina y la tiroxina u hormona tiroidea, o proteínas, como la insulina. Ejercen su efecto sin entrar en las células: son siempre extracelulares. Se unen a los receptores de las membranas plasmáticas de las células de los **órganos blanco** (donde ejercen su acción).
- Las hormonas **liposolubles** son de naturaleza lipídica: esteroides, como la testosterona y los estrógenos, o ácidos grasos, como las prostaglandinas. Ingresan en el interior de las células blanco (el citoplasma) y llegan a los receptores específicos ubicados allí o dentro del núcleo. Forman complejos con la molécula receptora que, a su vez, acelera la síntesis de proteínas.

Tipos de glándulas

Las **glándulas** son órganos efectores que se encargan de la producción de sustancias químicas específicas ante un estímulo determinado.

- Las **glándulas exocrinas** o **de secreción externa**, como las glándulas lacrimales, elaboran secreciones que viajan por conductos hasta llegar a la superficie corporal o a las cavidades (por lo tanto, al exterior del cuerpo).
- Las **glándulas endocrinas** o **de secreción interna**, como la glándula tiroides, no realizan el transporte mediante conductos sino que vuelcan la secreción al torrente sanguíneo (interior del cuerpo) que la transporta hasta las células de los órganos blanco.
- Las **glándulas mixtas** o **anficrinas** actúan, a la vez, como glándulas endocrinas y exocrinas, por ejemplo, el páncreas, que produce las hormonas insulina y glucagón, que se liberan al torrente sanguíneo, y las enzimas del jugo pancreático, que se liberan en el intestino.

Retroalimentación negativa

La homeostasis se relaciona directamente con la acción de las glándulas endocrinas. Una glándula ejerce su acción sobre otra mediante los productos u hormonas respectivos: por ejemplo, la hipófisis y las gónadas actúan conjuntamente durante el ciclo menstrual. Este mecanismo de acción mediante control homeostático se conoce como **retroalimentación negativa** (por interrupción del proceso de producción). Un ejemplo sencillo se establece en la relación entre la glándula hipófisis y la glándula tiroides.

prevención y salud

Hormonas y tecnología recombinante

Los avances en ingeniería genética han permitido insertar genes humanos en otros organismos, desde bacterias a animales domésticos como el cerdo.

Por medio de la manipulación genética y a través de las técnicas mencionadas, los microbiólogos lograron alterar mecanismos normales para obtener beneficios industriales y producir en grandes cantidades una sustancia útil, por ejemplo, la hormona insulina, que se administra a los pacientes diabéticos.

Mecanismo de control homeostático (retroalimentación negativa)

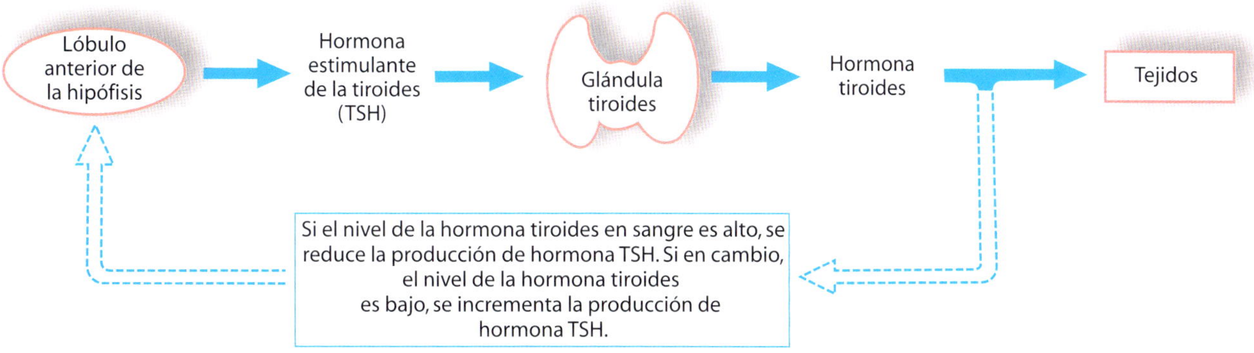

Efecto cascada

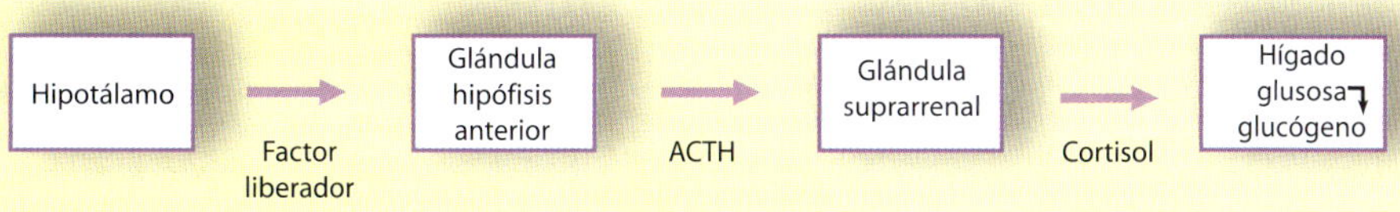

La activación de las enzimas para la acción hormonal puede realizarse mediante un **efecto de cascada**. Por ejemplo, una molécula de la hormona cortisol actúa provocando la formación de glucógeno a partir de glucosa en el hígado. El efecto cascada se inicia en el hipotálamo y significa que una pequeña cantidad de la hormona inicial (el factor liberador) puede causar un efecto terminal mayor (el cortisol, en el ejemplo).

temasrelacionados

En el capítulo 7 se analiza el mecanismo homeostático del balance hídrico.

Glándulas endocrinas, órganos con funciones endocrinas y producción de hormonas

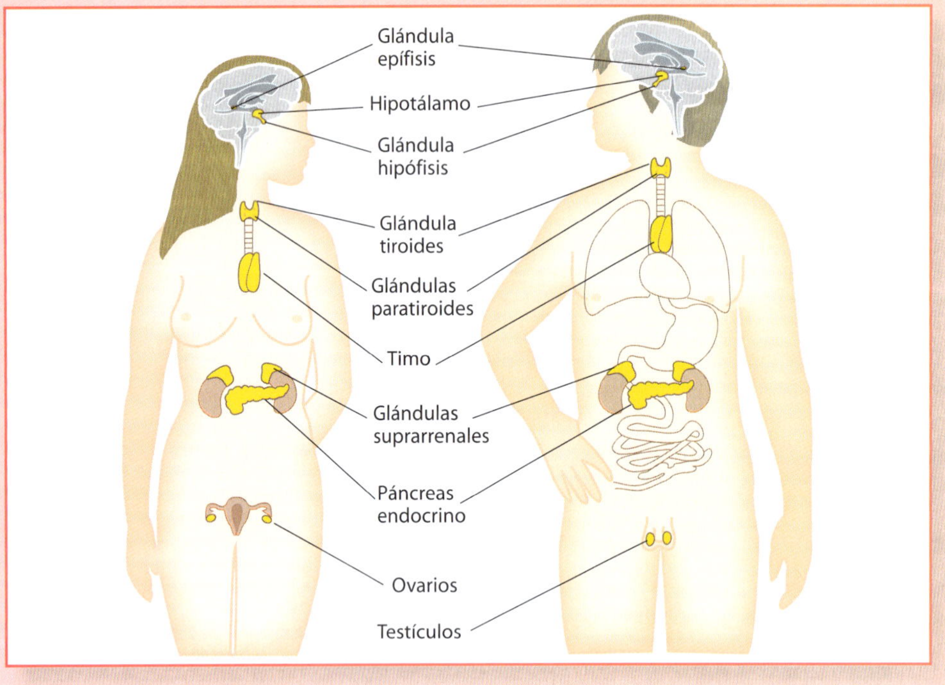

HIPOTÁLAMO
Órgano del sistema nervioso central que actúa a la vez como glándula endocrina.
Factores inhibidores y liberadores del hipotálamo (neurohormonas). Se acumulan en la neurohipófisis, o lóbulo posterior de la hipófisis, y ejercen su acción sobre las restantes glándulas endocrinas.
Oxitocina. Estimula la contracción del músculo uterino durante el parto e inicia la lactancia.
Vasopresina, u hormona antidiurética (ADH). Disminuye la cantidad de orina producida en los riñones y la contracción de los vasos sanguíneos tras una herida.

HIPÓFISIS
Glándula "maestra" que regula la actividad de otras glándulas.
Hormona del crecimiento, o somatotrofina (HC). Estimula el crecimiento de los huesos y los músculos.
Hormona estimulante de la glándula tiroides, o **tirotrofina (TSH)**. Regula la producción y secreción de las hormonas tiroideas.
Prolactina (LTH). Estimula la lactancia (formación de leche) luego del parto.
Hormona luteinizante (LH). Favorece la síntesis de andrógenos y estrógenos.
Hormona foliculoestimulante (FSH). Estimula la formación de los folículos ováricos y de los espermatozoides en los testículos de los varones.
Hormona adrenocorticotrópica (ACTH). Regula la secreción de las hormonas de la glándula adrenal.
Hormona estimulante de los melanocitos (MSH). Regula la coloración de la piel.

EPÍFISIS
Melatonina. Regula los ciclos de sueño y vigilia.

SUPRARRENALES
Glándulas endocrinas.
Adrenalina y **noradrenalina**. La primera incrementa la velocidad y fuerza del latido cardíaco, dilata las arteriolas en los tejidos corporales y los músculos, contrae las arteriolas de la piel e incrementa los niveles de glucosa sanguínea, mientras que la segunda provoca la constricción de las arteriolas en los tejidos corporales e incrementa la presión sanguínea.
Aldosterona y otros mineralocorticoides. Intervienen en el equilibrio del sodio y del potasio en los fluidos extracelulares y en el volumen sanguíneo.
Corticosterona y otros glucocorticoides. Tienen efectos antiinflamatorios y antialérgicos, además de regular el metabolismo de los hidratos de carbono.

PÁNCREAS
Glándula mixta.
Insulina. Reduce el nivel de glucosa en la sangre.
Glucagón. Aumenta el nivel de glucosa en la sangre.
Somatostatina. Inhibe la secreción de las hormonas anteriores.

TIROIDES
Glándula endocrina.
Hormonas tiroideas (T4, tiroxina, y T3, triyodotironina). Regulan el metabolismo del yodo.
Calcitonina. Inhibe la secreción de iones calcio en los huesos.

PARATIROIDES
Glándula endocrina pequeña ubicada por detrás de la tiroides.
Parathormona. Estimula la secreción de iones calcio en los huesos.

TIMO
Órgano que además de cumplir su función linfoide cumple funciones endocrinas.
Timosina. Se relaciona con la inmunidad mediante la activación de los linfocitos T.

ESTÓMAGO
Órgano que además de cumplir su función principal en la nutrición, segrega sus propias hormonas.
Gastrina. Estimula la secreción de ácido clorhídrico en el estómago.

INTESTINO DELGADO
Además de cumplir su función principal en la nutrición, segrega sus propias hormonas.
Secretina. Estimula la secreción de bicarbonato, para neutralizar la acidez estomacal.
Colecistoquinina. Estimula la contracción de la vesícula biliar.
Enterogastrona. Disminuye la secreción y motricidad gástricas.

RIÑÓN
Además de su función principal en la excreción, cumple funciones endocrinas
Eritropoyetina. Estimula la formación de glóbulos rojos en la sangre.

TESTÍCULOS Y OVARIOS
Glándulas mixtas que además de liberar gametos (espermatozoides u ovocitos), liberan sus secreciones hormonales (andrógenos y estrógenos).
Testosterona y otros **andrógenos**. Actúan en la maduración de los órganos sexuales masculinos y la manifestación de los caracteres sexuales secundarios así como en la producción de espermatozoides.
Estrógenos (estradiol, estrona, estriol). Actúan en la maduración de los ovocitos y el desarrollo de los órganos sexuales femeninos.
Progesterona. Regula el embarazo.

Acción de las hormonas del páncreas

El **páncreas** es una glándula anficrina de 20 cm de largo ubicada en la cavidad abdominal, detrás de la parte inferior del estómago. Como glándula exocrina elabora el jugo pancreático, que se vuelca al intestino. Como glándula endocrina elabora, principalmente, insulina y glucagón. Estas últimas son producidas por grupos de células pancreáticas denominadas **islotes de Langerhans**. Las células alfa de los islotes segregan el **glucagón** y las células beta, la **insulina**, que conjuntamente actúan en la regulación de la **glucemia**, o nivel de glucosa en la sangre (con valores normales que oscilan entre 80 y 100 por cada 100 ml de sangre).

A su vez, el **hígado** es el principal órgano regulador de este nivel de glucosa en sangre y del metabolismo general de los hidratos de carbono (por la interconversión entre el glucógeno y la glucosa).

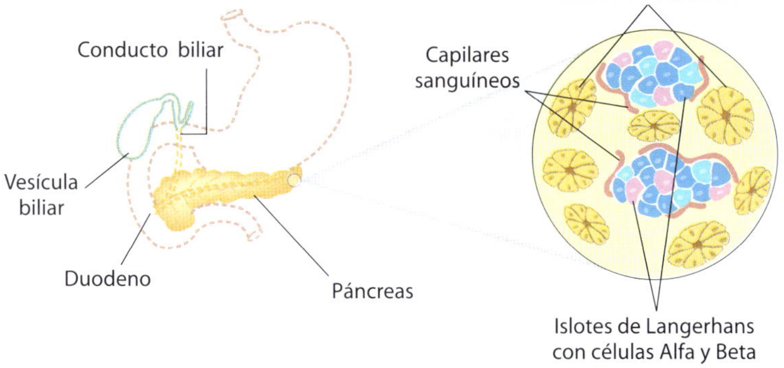

El glucagón se produce cuando la glucemia desciende por debajo de los niveles normales (**hipoglucemia**), transformando el glucógeno hepático en glucosa. Por lo tanto, aumenta el nivel de glucosa en sangre (efecto hiperglucemiante).
La insulina se segrega cuando la glucemia asciende (**hiperglucemia**). En consecuencia, se induce la entrada de glucosa a las células musculares y la acumulación de glucógeno en el hígado.
La acción de la insulina consiste en facilitar y aumentar el transporte activo hacia las células; como consecuencia, disminuye el nivel de glucosa sanguínea; por eso, es una hormona hipoglucemiante.

Importancia de las glándulas suprarrenales

Las **glándulas suprarrenales**, o **adrenales**, están ubicadas en el extremo superior de los riñones. La parte central, o **médula adrenal**, está rodeada por la **corteza suprarrenal**.

La médula adrenal elabora **adrenalina** y **noradrenalina**. Estas hormonas pasan a la sangre por acción del sistema nervioso simpático, reforzando y amplificando su acción.

La corteza adrenal segrega numerosas hormonas denominadas **corticosteroides**, que se dividen en glucocorticoides, mineralocorticoides y gonadocorticoides.

- **Glucocorticoides**, como el **cortisol** y la **corticosterona**: ayudan en el control del nivel de la glucosa (elevan el nivel de glucosa en la sangre a partir del glucógeno almacenado en el hígado).
- **Mineralocorticoides**, como la **aldosterona**, la más conocida: cambian la permeabilidad de los túbulos y conductos renales, regulando la absorción y eliminación de agua en la orina, la reabsorción de sodio y la excreción de potasio.
- **Gonadocorticoides** (**andrógenos** y **estrógenos adrenales**): complementan la acción de las hormonas segregadas por las glándulas sexuales.

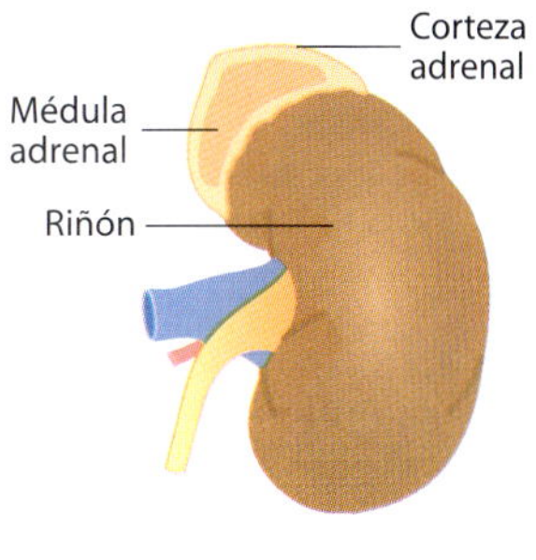

prevención y salud

Diabetes

Un **diabético** es un paciente cuyo organismo no puede controlar el nivel de azúcar en sangre. En una persona diabética, la carencia total o parcial de insulina hace que la glucosa no pueda penetrar normalmente en las células, con el consiguiente aumento de la glucosa en la sangre (hiperglucemia). Cuando esos niveles superan ciertos límites, el riñón no puede reabsorber más glucosa y se elimina a través de la orina (la glucosuria es el nivel de glucosa en la orina).

La **diabetes juvenil** se caracteriza por la falta de insulina en sangre. Se presenta generalmente en los jóvenes por un defecto genético que impide la producción de la hormona.

Existe otro tipo de diabetes que se caracteriza por la deficiencia del nivel de insulina, se observa en los adultos en relación con el exceso de peso u otras enfermedades glandulares.

temasrelacionados

En el capítulo 4 se analizan las características del sistema digestivo; en el 8, se estudia la función muscular, y en el 9, las funciones del sistema nervioso autónomo.

Relación entre las hormonas tiroideas y paratiroideas

temasrelacionados
En el capítulo 13 se amplía la información sobre la regulación hormonal del ciclo menstrual.

La **tiroides** es una glándula endocrina situada en la base del cuello, por delante de la laringe y la tráquea. Consta de dos lóbulos laterales unidos por un istmo o puente.

La **paratiroides**, a su vez, es la glándula endocrina más pequeña del cuerpo, ubicada por detrás de la glándula tiroides.

La tiroides elabora dos hormonas principales, la **hormona tiroidea**, o **TH**, y la **calcitonina**. Ambas hormonas se almacenan en el interior de los folículos y posteriormente se vuelcan a la sangre.

La hormona tiroidea estimula el consumo de oxígeno de la mayoría de las células del cuerpo, es esencial para el normal crecimiento y desarrollo, interviene en la regulación del metabolismo de los lípidos y de los hidratos de carbono, estimula la frecuencia cardíaca, el crecimiento óseo y actúa en la regulación térmica. El yodo es la materia prima esencial para la producción de hormona tiroidea.

prevención y salud

Bocio

El bocio es una enfermedad producida por el aumento del volumen de la glándula tiroides. Si, además, la elaboración de tiroxina es deficiente, se produce el bocio hipotiroideo. Si en cambio, la producción hormonal excede los valores normales, se produce el bocio exoftálmico. Por otra parte, el bocio endémico se produce por un déficit de yodo en la dieta. Es una afección característica de las regiones donde hay escasez de yodo en el agua y los alimentos, como el norte andino de nuestro país.

La ley nacional 17.259 establece el agregado de yodo a la sal producida en nuestro país, destinada al consumo humano.

La paratiroides segrega la **hormona paratiroidea**, o **parathormona**.

La calcitonina y la parathormona actúan de manera conjunta al regular el nivel de calcio en sangre.

- La calcitonina disminuye la liberación de calcio en el hueso y el nivel en la sangre (**hipocalcemiante**).
- La parathormona estimula la liberación de calcio en el hueso y aumenta su nivel en la sangre (**hipercalcemiante**). Además, favorece la eliminación de fósforo con la orina.

Ubicación de las glándulas tiroides y paratiroides

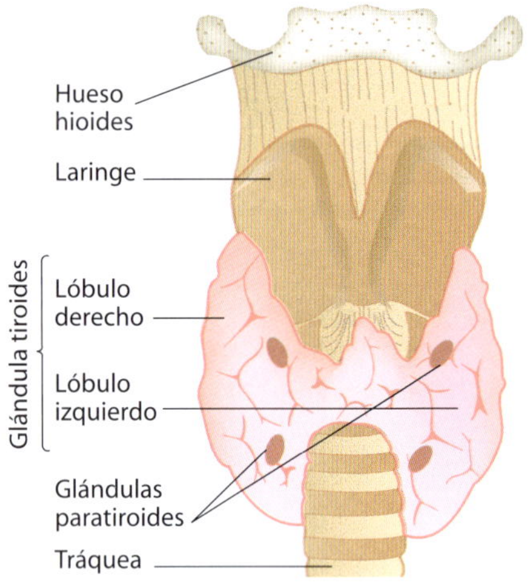

Regulación hormonal masculina y femenina

Los **andrógenos** se producen tempranamente en el feto y permiten el desarrollo de los órganos sexuales. Además de las glándulas adrenales, la producción mayor de andrógenos tiene lugar en las gónadas masculinas, o **testículos**.

El andrógeno más importante es la **testosterona**, responsable de los caracteres sexuales secundarios del varón, como el aumento de la altura, del peso y de la masa muscular, la aparición del vello y el aumento del tamaño de los órganos sexuales.

Un grupo de hormonas del lóbulo anterior de la hipófisis, las **gonadotrofinas**, estimulan la maduración de los órganos genitales y la secreción de testosterona: la **FSH**, u **hormona foliculoestimulante**, favorece la espermatogénesis, o formación de los espermatozoides, mientras que la **LH**, u **hormona luteinizante**, estimula los testículos para la producción de testosterona.

Los **estrógenos**, u **hormonas sexuales femeninas** (estrona, estradiol, estriol), son producidos principalmente por los ovarios. A diferencia de la testosterona, disminuyen su concentración después del nacimiento.

Además de los estrógenos, actúa la **progesterona**. Ambas hormonas son producidas por los ovarios, y son responsables, entre otras cosas, de los caracteres sexuales secundarios femeninos, como la aparición del vello púbico, el ensanchamiento de las caderas, el desarrollo de las mamas y la iniciación de la primera menstruación, o menarca.

Relación entre la glándula hipófisis y el hipotálamo

La diferencia fundamental entre el control nervioso y el endocrino reside en la velocidad con que se elaboran las respuestas en ambos sistemas. La regulación hormonal es mucho más lenta que la nerviosa aunque dura por períodos más prolongados.

Ambos sistemas pueden actuar en forma independiente o, en muchos otros casos, lograr una interdependencia tan estrecha que asegura la unidad funcional del organismo.

El **hipotálamo** es la porción del sistema nervioso que se especializa en el monitoreo de las condiciones celulares, por ejemplo, el nivel de diversos metabolitos y hormonas en la sangre así como el balance hídrico y la temperatura corporal. Por lo tanto, el hipotálamo es el órgano de la homeostasis.

El hipotálamo y la glándula hipófisis se conectan íntimamente tanto por origen embriológico como por localización. El piso del hipotálamo se comunica con la hipófisis y así establece una estrecha conexión a través del infundíbulo. La **glándula hipófisis**, o **pituitaria**, está formada por tres lóbulos: el **lóbulo anterior**, o **adenohipófisis**, y el **lóbulo posterior**, o **neurohipófisis**, y una **zona intermedia**, o **lóbulo medio**.

Todas las fibras nerviosas segregan una sustancia química (el neurotransmisor) en las terminaciones sinápticas. Sin embargo, las células neurosecretoras del hipotálamo están especializadas en la producción de hormonas en mucho mayor concentración que otras células nerviosas. Estas secreciones son las **neurohormonas**: la oxitocina y la vasopresina. Estas hormonas se almacenan en la neurohipófisis y, desde allí, ejercen su acción sobre otras glándulas (como las suprarenales). Por otra parte, el hipotálamo también secreta **factores del hipotálamo** (liberadores e inhibidores) que actúan directamente sobre la adenohipófisis, donde llegan mediante el torrente sanguíneo (**sistema porta-hipofisiario**).

A su vez, la adenohipófisis, llamada **glándula maestra**, produce hormonas cuya función es la regulación de la secreción de las demás glándulas endocrinas (llamadas **gonadotrofinas**, por ejemplo, la LH, u hormona luteinizante).

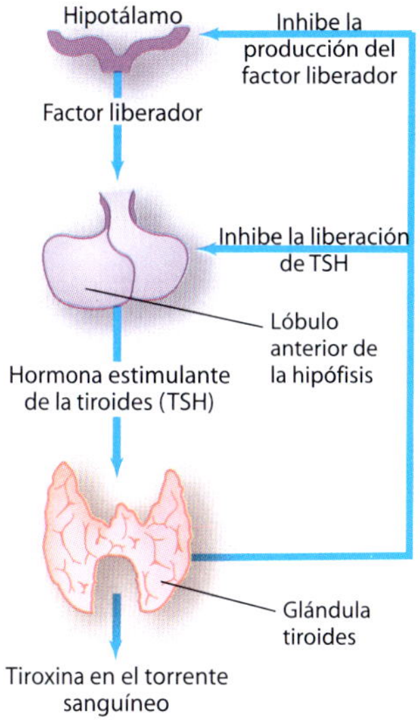

El hipotálamo es sensible al nivel de tiroxina en la sangre. Si éste cae, el hipotálamo produce más factor liberador. Esto estimula al lóbulo anterior de la hipófisis para la liberación de la hormona estimulante de la tiroides que, a su vez, estimula la secreción de tiroxina por la glándula tiroides. La tiroxina ejerce su efecto tanto sobre el lóbulo anterior de la hipófisis como en el hipotálamo, lo que conduce a una reducción en la producción de la hormona tiroxina.

Circuito endocrino

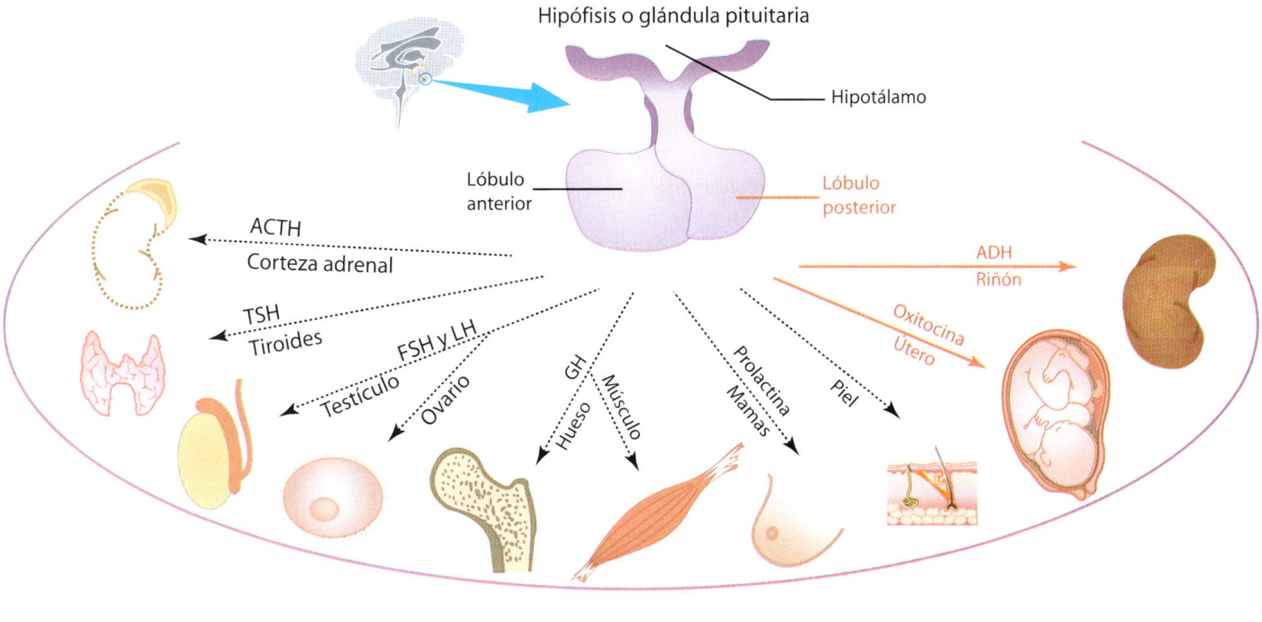

← Secretadas por el hipotálamo y almacenadas en la neurohipófisis (lóbulo posterior).

← Secretadas por la adenohipófisis (lóbulo anterior).

Estructura y función comparadas

Función endocrina en los seres vivos

Pavo real.

Caballo.

Larva de mariposa.

Rosa.

Entre las hormonas producidas por las plantas, o **fitohormonas**, varias se destacan en la regulación de los estímulos que ejercen los nutrientes, la temperatura y la luz en relación con el crecimiento y desarrollo de los órganos vegetales. Las más importantes son las **auxinas**, las **citoquininas**, las **giberelinas**, el **ácido abcísico**, el **etileno** y los **brasinólidos**. La auxina natural más conocida es el **ácido indolacético** (**AIC**), que estimula el crecimiento vegetal fotoperiódico (a favor de la luz). Análogos de las auxinas se emplean para estimular el desarrollo de los cultivos y desarrollar cultivos artificiales.

Las citoquininas son purinas que incrementan el crecimiento meristemático así como el metabolismo y el transporte. Las giberelinas son diterpenos (lípidos) tetracíclicos (cuatro ciclos) que actúan en el desarrollo floral, la secreción de sustancias olorosas y la pigmentación que atrae a los polinizadores. El ácido abcísico se relaciona con el desarrollo de las semillas y los frutos, entre otras funciones. El etileno actúa en el geotropismo de la raíz durante el desarrollo de la plántula y la caída de las hojas. Los brasinólidos, un tipo de triterpenos, actúan tanto en la floración como en la fructificación (su agregado induce estos procesos en la plántula).

Diversas hormonas son producidas en los animales, asociadas con la secreción de diferentes glándulas.

Una de las más conocidas es la hormona de la muda, o ecdisona, responsable de la ecdisis o muda, cambio de cubierta corporal que tiene lugar con el desarrollo de los nematodos, o gusanos cilíndricos, los artrópodos y otros organismos relacionados. A este conjunto con cubiertas que experimentan mudas periódicas se lo denomina **ecdizoos**.

En los insectos, el proceso de transformación se debe a la acción conjunta de tres hormonas: la hormona cerebral, la hormona protorácica y la hormona juvenil.

La **metamorfosis** de diversos invertebrados que experimentan fases larvarias, como los equinodermos o los moluscos, es controlada hormonalmente aunque no se produce muda.

La testosterona y otras hormonas androgénicas se han probado en forma exhaustiva en el análisis del canto y el plumaje de las aves, machos y hembras, así como en el desarrollo de caracteres secundarios, como el tamaño corporal, la crin del caballo o la melena del león.

Entre las sustancias producidas por los vertebrados (incluido el ser humano) y los invertebrados se encuentran también las **ectohormonas**, o **feromonas**, que no pasan al cuerpo sanguíneo sino que se difunden por el cuerpo del animal. Funcionan como señales y permiten establecer una comunicación entre organismos de la misma especie.

Estas hormonas cumplen un importante papel en los insectos que viven en sociedad, como es el caso de las abejas y las hormigas. Las hormonas producidas por la abeja reina estimulan a las obreras para la construcción del panal.

Por otra parte, ciertas orquídeas imitan la forma, el color y otras características del abdomen de ciertas abejas hembras, lo que induce a los machos a ejercer la cópula. Además, durante este proceso se producen ciertas sustancias miméticas de las feromonas de la abeja.

ACTIVIDADES

1. **Copien en la carpeta y completen fichas para cada uno de los tipos de glándulas endocrinas en el ser humano y los seres vivos.**
Nombre de la hormona
Glándula que la produce
Principal función en el organismo
a) ¿Qué es una hormona?
b) ¿Cuál es la diferencia entre una glándula endocrina y exocrina?
c) ¿Qué tipos de hormonas son las prostaglandinas y las feromonas?
d) ¿Cuáles son los tipos de receptores hormonales y qué molécula clave actúa en la activación enzimática?

2. La diabetes insípida es una enfermedad en la que se producen grandes volúmenes de orina diluida.
Analicen la siguiente tabla que muestra el volumen de orina diario de un paciente antes y después de ser inyectado con extracto de glándula hipófisis.

Antes de ser inyectado		Después de ser inyectado	
Día	Volumen de orina en litros	Día	Volumen de orina en litros
1°	5,3	6°	2,1
2°	5,9	7°	1,8
3°	6,3	6°	2,3
4°	5,7	9°	1,9
5°	6,6	10°	1,7

a) Describan el efecto de la inyección de extracto de hipófisis sobre el volumen de orina.
b) Nombren las sustancias responsables de este efecto.

autoevaluación

Elijan la respuesta correcta

1. **Las hormonas hidrosolubles pueden ser:**
a) ácidos grasos o terpenos; ☐
b) aminoácidos o péptidos; ☐
c) azúcares. ☐

2. **Las hormonas liposolubles actúan:**
a) a través del AMPc; ☐
b) sobre receptores de membrana; ☐
c) sobre receptores citoplasmáticos o nucleares. ☐

3. **Las glándulas exocrinas vierten sus secreciones:**
a) por conductos hacia el exterior o cavidades; ☐
b) por dispersión directa sobre la superficie corporal; ☐
c) hacia el torrente sanguíneo. ☐

4. **La insulina es una hormona:**
a) hiperglucemiante; ☐
b) hipoglucemiante; ☐
c) de efecto variable. ☐

5. **La principal hormona del corazón se llama:**
a) colecistoquinina; ☐
b) factor natriurético; ☐
c) renina. ☐

6. **La melatonina actúa sobre:**
a) los ciclos de sueño y vigilia; ☐
b) la retroalimentación del hipotálamo; ☐
c) el metabolismo de hidratos de carbono. ☐

7. **La siguiente hormona es secretada por las células beta de los islotes de Langerhans y tiene efecto hipoglucemiante:**
a) adrenalina; ☐
b) glucagón; ☐
c) insulina. ☐

8. **La calcitonina tiene el siguiente efecto:**
a) aumenta el nivel de calcio en sangre; ☐
b) disminuye el nivel de calcio en sangre; ☐
c) actúa en ambas funciones, según el metabolismo basal. ☐

9. **La ACTH es una hormona que:**
a) se segrega en el hipotálamo; ☐
b) se acumula en el lóbulo posterior de la hipófisis; ☐
c) se segrega en el lóbulo anterior de la hipófisis. ☐

10. **Las principales hormonas vegetales son:**
a) la ecdisona; ☐
b) los brasinólidos; ☐
c) las auxinas. ☐

12 Herencia y genética

En 1856, el monje austríaco Gregor Mendel (1822-1884) inició una larga serie de experimentos que consistieron en cientos de cruzas entre plantas de alverjilla común. Los resultados que obtuvo fueron tan importantes que permitieron definir las leyes de la herencia y se considera apropiadamente a este naturalista por vocación el "padre de la Genética".

Mendel ensayó cruzas entre alverjillas que producían semillas lisas con otras de semillas rugosas. Paulatinamente, fue incorporando a la investigación otros pares de caracteres: color de las semillas, color de las flores, posición de la flor, forma de la vaina, color de la vaina y longitud del tallo.

Linajes puros. Mendel eligió las plantas de alverjillas debido a su fácil cultivo, a la disponibilidad de variedades con distintos rasgos definidos y a que se autopolinizan antes de que la flor se abra. Esto último resulta muy importante para lograr un linaje puro (con los mismos rasgos que se mantienen de generación en generación).

Grupos de ligamiento. Mucho después de Mendel, el biólogo estadounidense Thomas H. Morgan (1866-1945) aplicó las leyes de la herencia a la mosca de la fruta y a otros animales, incluido el ser humano. En este caso descubrió los grupos de ligamiento, caracteres que se transmiten juntos.

Los comienzos de la ciencia de la herencia

Ya desde tiempos inmemoriales, los hombres dedicados al cultivo de plantas y a la cría de animales seleccionaban ejemplares con características provechosas para cruzarlos entre sí, esperando que estas características se repitieran en la descendencia. Se tienen registros que datan de 5000 años de antigüedad que dan cuenta de estas prácticas. Debido a ello, ahora se dispone de variedades de frutas, hortalizas, cereales, ganado, aves de corral, perros, gatos, peces dorados y otros seres con características apreciadas por el hombre. Sin embargo, no siempre lograban que la progenie tuviera los rasgos deseados. Esto desconcertaba a los hombres de ciencia de aquellas épocas, debido al desconocimiento que tenían acerca de las leyes que regulan la herencia.

Esta incertidumbre finalizó cuando los experimentos llevados a cabo por Mendel se hicieron conocidos por otros botánicos.

Para realizar sus experimentos, Mendel tomó polen de una planta de semillas rugosas con un pincel y lo colocó sobre los estigmas de las flores (órgano sexual femenino) de una planta de semillas lisas. Esperó a que se formaran las vainas y las recolectó. A estas plantas que daban o recibían el polen (en este caso realizó una alopolinización, o polinización cruzada) las llamó **generación parental**, o **P**.

Cuando Mendel abrió las vainas se sorprendió al descubrir que todas las semillas eran lisas y el rasgo rugoso había desaparecido. A estas semillas, Mendel las llamó **híbridos**, que significa "mezcla de elementos diferentes". Estos híbridos formaron la primera generación, a la que más tarde el biólogo inglés William Bateson (1861-1928) denominó **primera generación filial**, o **F_1**.

Cruzamiento monohíbrido

En el interior de las vainas de las alverjillas, Mendel observó que el carácter rugoso, que había desaparecido de las semillas en la F_1, reaparecía en las plantas de la **segunda generación filial**, o **F_2**.

Para explicar este hallazgo, Mendel afirmó que las semillas de la F_1 , aunque todas lisas, contenían algún factor que "pasaba" a la segunda generación y hacía que el rasgo rugoso reapareciera.

Mendel utilizó 253 plantas en la F_1 y, tras esperar que se autopolinizaran, obtuvo 7.324 semillas en F_2, de las cuales 5.474 eran lisas y 1.850, rugosas, lo que representa una relación de 3 a 1. De esta manera, advirtió que el rasgo liso de las semillas prevalecía sobre el rasgo rugoso, por lo que llamó **dominante** al primero y **recesivo** al segundo. Repitió el experimento tomando en cuenta otros rasgos; comprobó entonces que siempre existía uno dominante sobre el otro y que se manifestaba en su totalidad en la F_1, en una proporción de 3 a 1 con respecto al rasgo recesivo en la F_2.

No obstante, Mendel no se conformó con estos resultados y buscó más datos para corroborar sus ideas. Para ello cultivó las semillas rugosas de la F_2, dejó que se autopolinizaran y recogió las semillas de esta tercera generación. Tal como lo esperaba, todas las semillas fueron rugosas y así se conservaron durante las generaciones siguientes, manteniendo la pureza de su linaje. Cuando repitió la operación con las semillas lisas, observó que en la tercera generación reaparecían las semillas rugosas junto con las lisas.

Primera Ley de la Herencia

En la época de Mendel, la idea ampliamente aceptada para explicar la herencia era la de un fenómeno de **mezcla de caracteres**. De ser cierta esta teoría, él hubiese obtenido semillas levemente rugosas como mezcla de los dos rasgos (liso y rugoso). Sin embargo, en la F_2 reaparecían las semillas rugosas desaparecidas en la F_1.

Mendel llamó a ese "factor" que pasaba de una generación a otra **unidad de herencia**. Concluyó que debían encontrarse de a pares en la planta y que se separaban o "segregaban" durante la formación de los gametos. En consecuencia, cada gameto portaba sólo una unidad de herencia, y al unirse el femenino y el masculino se formaba un individuo con dos unidades de herencia, una proveniente de cada progenitor. Lo que Mendel llamó unidad de herencia, hoy en día se conoce como **gen** (en este caso el gen que lleva información para la textura de la semilla). Las formas alternativas de un gen que llevan información para un mismo carácter genético se denominan **alelos**. En este caso hay un alelo para la textura lisa y otro para la rugosa.

Tras la fecundación, la combinación de dos alelos en el diploide (por ejemplo, LL) se denomina **genotipo**, y su manifestación externa modulada por el ambiente (por ejemplo, semillas rugosas) es el **fenotipo**.

Los individuos que dan semillas rugosas (carácter recesivo) deben tener dos alelos idénticos para que esta característica se exprese, en ese caso se dice que el individuo es **homocigota** para ese gen. Las plantas que producen semillas lisas pueden tener dos alelos L, y en ese caso ser homocigotas, o un alelo L y otro l, y ser **heterocigotas** (tienen dos alelos diferentes del gen para la textura de la semilla).

Con los resultados de sus experimentos, Mendel enunció la **primera ley de la herencia**. En resumen, esta **primera ley de Mendel**, o ley de la segregación independiente, indica que *existen unidades de herencia, o alelos, que se segregan al formarse los gametos, de modo que cada gameto recibe sólo un alelo de cada par*.

Cada progenitor aporta un alelo para dar un individuo con un doble juego de alelos. Sólo uno (el dominante) expresa el rasgo específico del individuo.

Primer experimento de Mendel

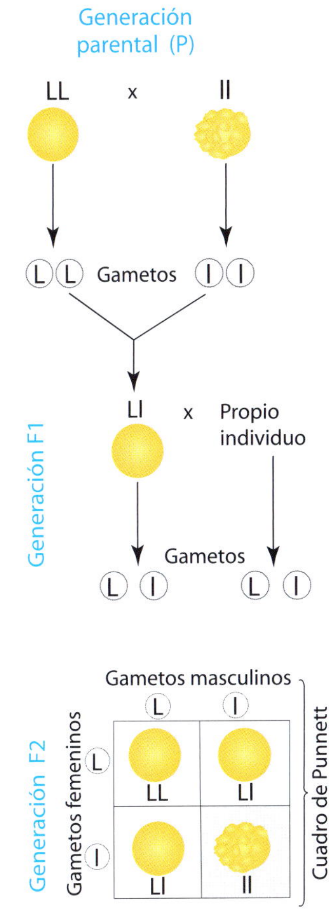

L = semilla lisa
l = semilla rugosa

Generación parental
Linajes puros. Cruza de linaje de semilla rugosa con lisa. En la semilla rugosa, el par de alelos es rugoso-rugoso (gametos l l), y en la lisa, liso-liso (gametos L L) porque se trata de linajes puros.

F_1. Cada semilla es lisa pero contiene ambos alelos para liso y rugoso, sólo que el factor rugoso al ser recesivo no se expresa.

F_2. Se obtiene una proporción 3:1 de semillas rugosas (LL o Ll) y lisas (ll).

Cruzamiento dihíbrido y segunda Ley de la Herencia

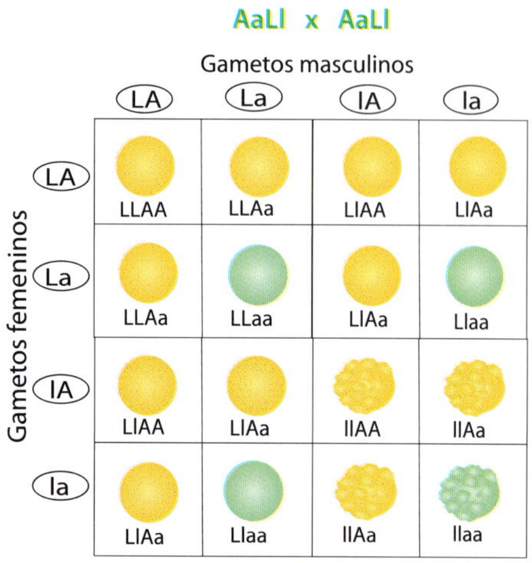

Cuadro de Punnett que muestra todas las combinaciones de alelos posibles.

Mendel realizó otro experimento en el que tuvo en cuenta dos caracteres. Cruzó una planta de línea pura que tenía semillas amarillas-lisas (AALL) con otra de semillas verdes-rugosas (aall), también de línea pura.

Todas las semillas de la primera generación (F_1) fueron amarillas-lisas debido a que los alelos A y L son dominantes. Estas semillas se pueden llamar AaLl y presentan una combinación de los alelos (dihíbridos).

Mendel supuso que en la F_2 la proporción de semillas amarillas-lisas sería de 3 a 1 respecto de las verdes-rugosas, si estos dos caracteres se segregaran juntos (por un lado AL y por otro, al). Sin embargo, sus resultados refutaron esta suposición; observó que en la F_2, la proporción fue de 9 amarillas lisas, 3 verdes-lisas, 3 amarillas-rugosas, 1 verde-rugosa.

Con estos resultados Mendel formuló la **segunda Ley de la Herencia**, o ley de la segregación independiente: *los alelos de genes diferentes se segregan en forma independiente durante la formación de los gametos.*

Ligamiento y excepciones a la segregación independiente

La segunda ley se cumple siempre y cuando los genes en cuestión estén ubicados en cromosomas diferentes, ya que al encontrarse en un mismo cromosoma, se segregan juntos. En este caso, los alelos no se segregan en forma independiente durante la formación de los gametos y existe lo que se llama un **ligamiento**. Los **grupos de ligamiento**, que participan de todos los desplazamientos en bloque y se transmiten en conjunto como un paquete único de genes, fueron definidos por Thomas H. Morgan al estudiar las características hereditarias de la mosca de la fruta.

Un ejemplo de ligamiento ocurre con las ovejas y los cerdos blancos a los que cierto tipo de plantas les resultan tóxicas. Los animales de color oscuro pueden ingerirlas sin sufrir consecuencias. Esto se explica porque el gen que tiene información para el color del pelo oscuro se segrega junto con el gen que lleva información para la síntesis de cierta enzima que los protege de la acción nociva de dichas plantas.

prevención y salud

Fenilcetonuria

Se estima la existencia de más de 4.000 enfermedades que cumplen con la herencia mendeliana y se deben a un único carácter. Un ejemplo es la **fenilcetonuria**, enfermedad metabólica causada por una deficiencia en la enzima fenilalanina-hidroxilasa.

Ligamiento en la mosca de la fruta

Mosca de la fruta.

Al cruzar una mosca de la fruta (*Drosophila*) de cuerpo gris GG y alas largas LL, con otro individuo negro gg y de alas cortas ll, la primera generación filial da moscas heterocigotas de cuerpo gris y alas largas GgLl. Por lo tanto, el cuerpo gris y las alas largas son dominantes. Si se cruzan dos miembros de la F_1, se obtienen moscas grises de alas largas y moscas negras de alas cortas en una proporción 3:1 que corresponde a una segregación con ligamiento de caracteres. De haberse cumplido la ley de Mendel, los gametos formados hubiesen sido GL Gl gL y gl, lo que hubiese dado una proporción 9:3:3:1. Esta proporción numérica es característica de los cruzamientos entre individuos que difieren por un solo carácter. Por lo tanto, la segregación de caracteres se produjo como si se tratara de un solo par de alelos. Esto es posible si el par de caracteres, cuerpo gris y alas largas, están situados en el mismo cromosoma de un progenitor, y los caracteres cuerpo negro y alas cortas en el mismo cromosoma del otro progenitor.

Cromosomas sexuales y herencia ligada al sexo

En los experimentos de las páginas anteriores se observó que resulta indistinto cuál de los dos progenitores porta determinado gen durante un cruzamiento. En el caso de las alverjillas, los resultados son idénticos, tanto si es la parte masculina o la femenina de la flor la que posee el gen para semilla lisa. Sin embargo, esto no siempre resulta de esta manera. En los mamíferos, las hembras poseen dos cromosomas especiales, denominados X, mientras que en los machos existe un único cromosoma X y otro Y.

La hembra aporta indefectiblemente un cromosoma X a su descendencia. El macho, en cambio, puede aportar un cromosoma X o uno Y, y esto determina el **sexo del descendiente**. Estos cromosomas se denominan **cromosomas sexuales**, a diferencia de los demás cromosomas que representan los **autosomas**.

Sin embargo, cabe el interrogante de por qué casi todos los calvos son varones. La calvicie y otras características fenotípicas son ejemplos de **herencia ligada al sexo**.

Herencia sexual en los mamíferos

Cuando se cruza un gato negro con una gata de color rubio-naranja, siempre se engendran gatos del color de la madre y gatas bicolores (los dos colores aparecen tipo mosaico porque no hay dominancia). El gato negro lleva el gen n, del negro, en su cromosoma X y la gata lleva el gen r del rubio-naranja, en sus dos cromosomas X. El cruzamiento se produce del siguiente modo:

	Gato negro		Gata rubio-naranja	
Parentales	XnY	x	Xr Xr	
Gametos	(Xn) (Y)		(Xr) (Xr)	
F_1		Xn Xr Xn Xr Y Xr Y Xr		*Gata bicolor* *Gata bicolor* *Gato rubio-naranja* *Gato rubio-naranja*

La hemofilia

La **hemofilia** es un ejemplo de enfermedad ligada al sexo. Es una condición en que la sangre no puede coagular normalmente. Si no se trata, el paciente puede sufrir hemorragias masivas que le producen la muerte.

La enfermedad es causada por un gen recesivo transportado en el cromosoma X. El varón que porta el gen recesivo que no tiene alelo en los cromosomas Y será hemofílico. La probabilidad de que esto ocurra es de 1 en 25.000.

El genotipo de un varón hemofílico puede ser Xh Y y el de un varón normal XH Y.

X e Y son los cromosomas y H y h, los alelos para el factor de coagulación sanguínea.

Las mujeres tienen menos probabilidad de ser hemofílicas, ya que presentan un alelo para la coagulación en cada cromosoma X. Si al menos tienen un alelo dominante H, no habrán de padecer hemofilia. Los posibles genotipos y fenotipos normales son XH XH (normal), XH Xh (fenotipo normal con alelo recesivo) y Xh Xh (hemofílica).

Fenotipo parental	Mujeres	Varones
Genotipo parental	XH Xh	XH Y
Gametos	XH Xh	XH Y

Posibles genotipos y fenotipos

	XH	Xh
XH	XHXH Mujer normal	XHXh Mujer portadora
Y	XHY Varón normal	XhY Varón hemofílico

prevención y salud

Daltonismo

Otro alelo transportado en el cromosoma X es responsable de la visión de los conos en la retina ocular. Un 8 % de los varones porta el alelo recesivo que causa la ceguera para el rojo y el verde. En cambio, sólo 0,4 % de las mujeres están afectadas por este trastorno. Nuevamente, el patrón es de madres portadoras con el gen recesivo.

Alelos múltiples

Durante mucho tiempo los científicos pensaron que los genes podían presentarse bajo dos aspectos, el dominante y el recesivo. En 1904, se demostró que el color de pelo del ratón dependía de muchos estados del mismo gen. Estos diversos alelos del mismo gen constituyen los denominados **alelos múltiples**. En consecuencia, en un grupo de individuos puede haber más de dos alelos de un gen. Obviamente, cada individuo sólo lleva dos, uno de cada progenitor. En estos casos, existe un alelo que es el que se encuentra más comúnmente en la naturaleza al que se denomina de tipo **salvaje**.

Codominancia

Existen algunos casos en que ambos alelos contribuyen a la expresión del fenotipo y, por lo tanto, ninguno es dominante sobre el otro. En el ser humano, el ejemplo más ilustrativo es el sistema de grupo sanguíneo AB0.

Existen tres alelos que regulan la síntesis de una proteína (antígeno) que se expresa en la superficie de los glóbulos rojos. Estos alelos son IA, IB e I0 y las combinaciones de ellos darán los diferentes grupos sanguíneos humanos: A, B, AB y 0. Los alelos A y B son codominantes, es decir que ninguno ejerce dominancia sobre el otro, y estos dos a su vez son dominantes sobre 0. De modo que los genotipos IA IA o IA I0 darán el fenotipo grupo sanguíneo A, los genotipos IB IB o IB I0 darán origen el fenotipo grupo B, IA IB dará el fenotipo grupo AB y el genotipo I0 I0 dará el fenotipo grupo sanguíneo 0.

Dominancia incompleta

En ciertas ocasiones, los fenotipos que se observan en una filial parecen responder a la antigua creencia de la mezcla de caracteres. Sin embargo, al estudiar el caso con detenimiento, es posible observar que las leyes de Mendel todavía se cumplen en este caso.

Un ejemplo lo constituye el cruzamiento entre una gallina de plumaje normal **nn** con un gallo de plumaje rizado **RR**. Esto da lugar a una F_1 compuesta únicamente de aves con plumas medianamente rizadas. El carácter pluma rizada no es totalmente dominante (**dominancia incompleta**), por lo que el carácter pluma normal también se expresa en el fenotipo, y todo parece indicar que hubo una mezcla de caracteres. Sin embargo, al cruzarse los híbridos de la F_1 entre sí, se genera un 25% de aves de pluma muy rizada, un 50% de aves de pluma poco rizada y un 25% de aves de pluma normal, es decir que guardan entre sí una proporción 1:2:1.

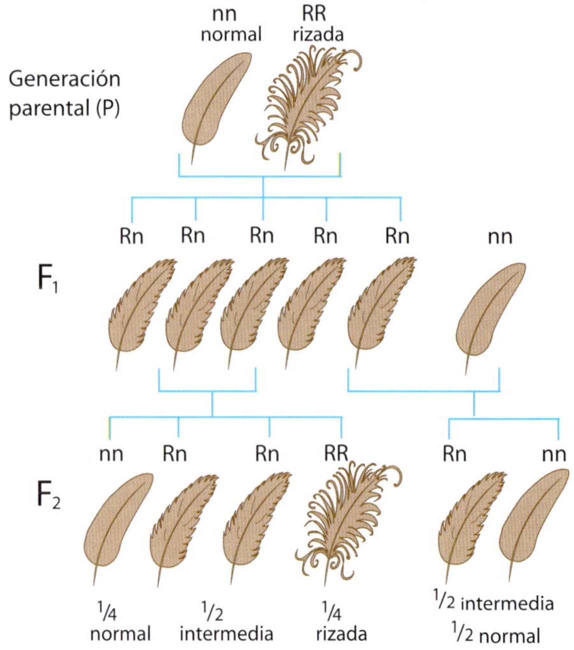

temasrelacionados
En el capítulo 7 se amplía la información sobre los grupos sanguíneos.

El significado de la variación genética y las mutaciones

La existencia de variación genética entre individuos de la misma especie significa que cada individuo posee un conjunto único de características. Estas diferencias resultan muy importantes ya que pueden traducirse en una mayor adaptación a las condiciones ambientales, aunque en otras circunstancias suelen ocasionar alteraciones y enfermedades.

Existen diferentes causas que provocan **variabilidad genética**. En primer lugar, la **meiosis** contribuye con combinaciones diferenciales de genes: la formación de **quiasmas** y el **entrecruzamiento** (*crossing over*) durante la profase I generan nuevas combinaciones de alelos en los cromosomas que pasan a los gametos. Al producirse la fecundación y formarse el cigoto, o célula huevo, la consecuencia es una mayor contribución (aleatoria) a la variabilidad.

Sin embargo, las transformaciones más significativas en el material genético se deben a las **mutaciones**, cambios permanentes en la estructura o la cantidad de ADN. Una mutación puede involucrar desde un cambio muy sutil en la estructura de la macromolécula (por ejemplo, un único nucleótido del triplete), hasta cambios fundamentales en el número o la cantidad de los cromosomas. El individuo que porta la mutación se denomina **mutante**.

En muchas ocasiones, las mutaciones se producen espontáneamente, sin causas aparentes y en un número muy reducido de individuos, aunque la tasa de aparición puede ser aumentada mediante la exposición a diferentes agentes físicos o químicos, como la radiación ultravioleta y las sustancias denominadas **mutágenos**.

Es importante destacar que las mutaciones constituyen la materia prima de la evolución, y gracias a ellas aparecen nuevos genes que en definitiva originarán las nuevas especies.

prevención y salud

Corea de Huntington

Existen alelos que expresan varios caracteres fenotípicos simultáneamente y se los denomina pleiotrópicos. Una mutación en este tipo de alelos genera enfermedades que presentan un cuadro de problemas múltiples en el organismo. Una de ellas es la **corea de Huntington** que inicialmente se manifiesta con problemas de balance y coordinación.

Mutaciones puntuales o génicas

En los cromosomas, los genes ocupan determinados ***loci*** (singular, *locus*) y consisten en secuencias completas de nucleótidos. Como el código genético se lee a partir de tripletes de nucleótidos, un cambio en uno o más nucleótidos puede producir una alteración del mensaje. Este tipo de mutaciones que involucran un cambio de nucleótidos se denominan **puntuales** o **génicas**.

Al afectar la secuencia de nucleótidos, este tipo de mutaciones afectan también la síntesis de proteínas.

Eventualmente, un cambio en el primer nucleótido del triplete puede provocar una alteración en la conformación de la proteína (por ejemplo, incorporar un aminoácido aromático como la fenilalanina en vez de la glicina) o, directamente, no formar la proteína.

Entre las enfermedades humanas que son de tipo génico o puntual se destacan la fenilcetonuria y la anemia falciforme.

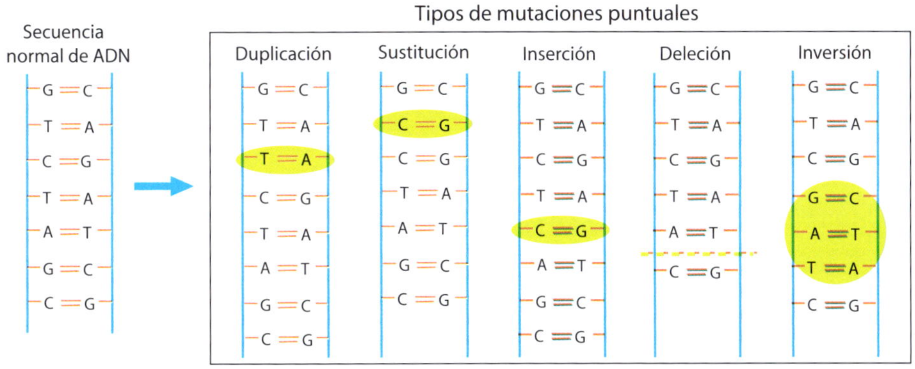

Las mutaciones puntuales pueden resultar en cambios del código genético, no sólo mediante sustituciones (un nucleótido por otro diferente) sino también a través de las deleciones (eliminaciones de un nucleótido), duplicaciones, inserciones (nucleótidos extra que cambian el mensaje) e inversiones (cambios de posición de los nucleótidos).

Mutaciones cromosómicas

Existen dos tipos de mutaciones que pueden producirse en los cromosomas, la aneuploidía y la euploidía.

- La **aneuploidía** involucra el cambio de parte de un cromosoma, el traslado a otro cromosoma o la pérdida o duplicación de un cromosoma completo.
- La **euploidía** (o **poliploidía**) se relaciona con la alteración del número de cromosomas (afecta el genoma o conjunto completo de cromosomas).

La poliploidía es común en los hídridos entre especies (e incluso géneros diferentes), como se da entre las orquídeas y otras plantas de cultivo.

Causas de aneuploidía por fragmentos cromosómicos

Al igual que en las mutaciones génicas, en las aneuploidías pueden producirse deleciones o inversiones, aunque en este caso son segmentos completos de cromosomas, o sea, secuencias de numerosos nucleótidos simultáneamente (y no un único nucleótido) que, además, se producen dentro de un único cromosoma. En las translocaciones, luego del corte, el segmento separado se inserta en un segundo cromosoma, lo que puede producir anillos y otras figuras extrañas durante el entrecruzamiento meiótico.

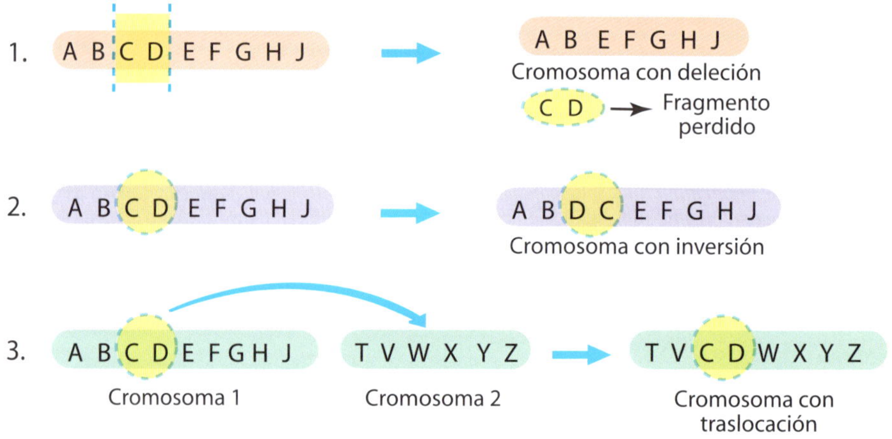

Enfermedades producidas por aneuploidías de cromosomas completos

En el ser humano existen 23 pares de cromosomas (incluido el par sexual, XX o XY). En algunas circunstancias, en vez de un fragmento, puede duplicarse o perderse (sufrir una deleción) un cromosoma completo. Por ejemplo, en la enfermedad conocida como **síndrome de Down**, el cromosoma 21 (autosómico) completo se duplica y el individuo pasa a tener 47 cromosomas en total (en vez de 46). Esta enfermedad puede provocar retraso en el crecimiento, anormalidades esqueletales, enfermedades respiratorias y defectos cardíacos congénitos.

En el caso del **síndrome de Klinefelter**, las personas afectadas tienen cromosomas sexuales XXY (en este caso, se duplica el cromosoma sexual X). Este fenotipo es masculino, aunque los testículos son pequeños y no producen espermatozoides. Las características sexuales secundarias se desarrollan en grado variable y generalmente hay muy poco vello facial.

temasrelacionados

En el capítulo 1 se amplía la información sobre el ADN y otras biomoléculas, y en el capítulo 2 se estudian las características del núcleo y el material genético nuclear.

Euploidías

En el caso de la euploidía o poliploidía, las mutaciones involucran todo el conjunto de cromosomas, lo que puede ser la resultante de defectos en la mitosis cuando las cromátidas no se separan durante la anafase o no se llega a formar el huso acromático. Los poliploides más comunes son los **triploides** (que tienen tres juegos completos de cromosomas) y los **tetraploides** (con cuatro juegos cromosómicos). Sin embargo, la poliploidía es muy poco frecuente en los animales (y virtualmente desconocida en el ser humano) aunque algunos estudios post-mortem en fetos humanos han mostrado que podrían haberse producido por la formación de triploides.

Estructura y función comparadas

Interacciones génicas

En muchos casos, en los seres vivos existe una interacción entre dos o más genes para la determinación de una característica o rasgo.

Por ejemplo, en los mamíferos, como los perros, el color del pelaje se debe a variaciones en la cantidad y distribución de la melanina, un pigmento de la piel.

En este caso, un par de alelos B y b de un gen (locus) determinan el color negro dominante sobre marrón recesivo. Otro gen, el de la formación de depósitos de melanina, con alelos E y e, determina un pelaje amarillo en dominancia. Por otra parte, el gen de la enzima tirosinasa (en la ruta metabólica de la producción de melanina) determina el albinismo en el pelaje. De estas combinaciones surgen diversos colores de las razas domésticas.

Otro caso conocido es la forma de la cresta de algunas aves, como el gallo, donde se produce la interacción entre pares de genes. Para uno de ellos, las combinaciones alélicas rr en un locus y pp en el otro determinan el fenotipo menos común, la cresta única y con forma de nuez. En cambio, **si uno, R, el otro, P, o ambos RP** son dominantes, se producen los tipos de crestas divididas de distintas formas.

Efectos ambientales sobre el fenotipo

Diferentes especies de animales y plantas, como el gato siamés y la hortensia, muestran variaciones de colores en el pelaje de acuerdo, por ejemplo, con la variación de los factores ambientales que permiten o no la manifestación de una característica (o la función enzimática correspondiente).

Por ejemplo, dependiendo de la temperatura, el pelaje de un gato siamés será más claro o más oscuro, y de acuerdo con la acidez del suelo, habrá poblaciones de hortensias de color violeta o rosa.

Determinación sexual en los animales

Diferentes especies de animales exhiben un patrón distintivo de determinación sexual.

En la mayoría de los mamíferos, incluido el ser humano, existen dos cromosomas sexuales, X e Y; las hembras normales son XX mientras que los machos son XY. Si falta el cromosoma X (X0) se tiene una hembra casi normal aunque estéril.

Una determinación similar del sexo existe, por ejemplo, en los dípteros (moscas y mosquitos, incluida la mosca de la fruta tan utilizada en la experimentación genética). No obstante, si se tiene la combinación X0 por pérdida del otro par X, se produce un macho (y no una hembra como en los mamíferos).

En muchas aves, y también en los lepidópteros (polillas y mariposas), la determinación sexual es inversa. En este caso, la combinación ZZ indica la presencia de un macho, mientras que la ZW, de una hembra. Se usan las letras Z y W para evitar confusiones.

En otros insectos, como los ortópteros, y demás organismos, como las lombrices, la determinación sexual es del tipo X0. Si se tiene la variante XX, se trata de una hembra, mientras que X0 es un macho.

Además, hay otros insectos, como los himenópteros (abejas), en donde existe la partenogénesis, y la determinación sexual depende únicamente del nivel de ploidía (número de cromosomas autosómicos y no pares sexuales). Así, en la abeja, los zánganos son A (haploides) y las hembras (reina y obreras), AA (diploides).

TALLER

Aplicación de la ley de Hardy-Weinberg

La frecuencia de los alelos de un gen y los fenotipos presentes en una población permanecen constantes si la reproducción sexual es al azar y no actúan otros factores que afecten las frecuencias de determinados alelos, como la selección natural (que explica que determinado fenotipo se adapta mejor que otro a un ambiente determinado).

Si se consideran dos alelos, A y a, los tres posibles genotipos de la población son AA, Aa y aa. Si la frecuencia de un alelo **A** es **p** y la de un alelo **a** es **q**, entonces la frecuencia de los alelos en la población es el 100 %. $p + q = 1$

La frecuencia de todos los fenotipos en la población debería ser 100 % o 1, por lo tanto: $p^2 + 2pq + q^2 = 1$

Materiales

Anotador; calculadora; grupos de veinte a treinta compañeros.

Procedimiento

1. Analicen la herencia de un solo carácter en una población humana. Para ello, reúnan al grupo de compañeros y anoten la posibilidad de enrollamiento de la lengua. El alelo para el enrollamiento, R, es el dominante. Las personas que pueden enrollar la lengua tienen genotipos RR o Rr, y los que no pueden enrollarla tienen rr.
2. Anoten el número de individuos del grupo que pueden enrollar la lengua y los que no pueden. Calculen el porcentaje del total, por ejemplo, 75 % y 25 %.
3. Apliquen la fórmula de frecuencias de la ley de Hardy Weinberg: $p^2 + 2pq + q^2 = 1$ para obtener el valor de q y de p.
   Por ejemplo:
   $q^2 = 25\ \% = 0{,}25$ entonces $q = \sqrt{0{,}25} = 0{,}5$
   Entonces $p = 1 - 0{,}5 = 0{,}5$
   Para hallar la proporción de la población que presenta cada uno de los dos genotipos dominantes se tiene;
   RR $p^2 = 0{,}5 \times 0{,}5 = 0{,}25$ 25 %
   Rr $2pq = 2 \times 0{,}5 \times 0{,}5 = 0{,}50$ 50 %
4. Repitan el procedimiento con un nuevo grupo de veinte compañeros.
5. Realicen nuevamente los cálculos y comparen. Obtengan un promedio y vuelvan a calcular las frecuencias.

Nota importante. En la actualidad se sabe que la capacidad de enrollar la lengua también depende en parte de la influencia ambiental y del aprendizaje.

Análisis y conclusiones:

a) ¿Se observan cambios de las frecuencias de los genotipos al aumentar el tamaño de la muestra u obtener un promedio entre dos muestras?

b) Expliquen por qué en una población natural se considera que el heterocigota es superior al homocigota recesivo.

c) Busquen información sobre otras características de un solo gen al que se podría aplicar la ley de Hardy-Weinberg.

d) Averigüen por qué se afirma que una población en equilibrio (cumple la ley) no evoluciona. ¿Qué es y cuál es el papel de la selección natural y de la deriva genética?

e) Investiguen acerca de otros ejemplos donde se aplica la ley y en los que actúa sobre las frecuencias la selección natural.

ACTIVIDADES

1. Realicen la siguiente actividad

Sabiendo que el genotipo tallo alto es dominante sobre tallo enano y flor púrpura es dominante sobre flor blanca, realicen un cuadro de Punnett según la segunda ley de Mendel para averiguar las proporciones en la F_2.

A = alto   a = enano   P = púrpura   p = blanco

2. Analicen el siguiente árbol genealógico que muestra la transmisión de la enfermedad de la ceguera para los colores rojo y verde.

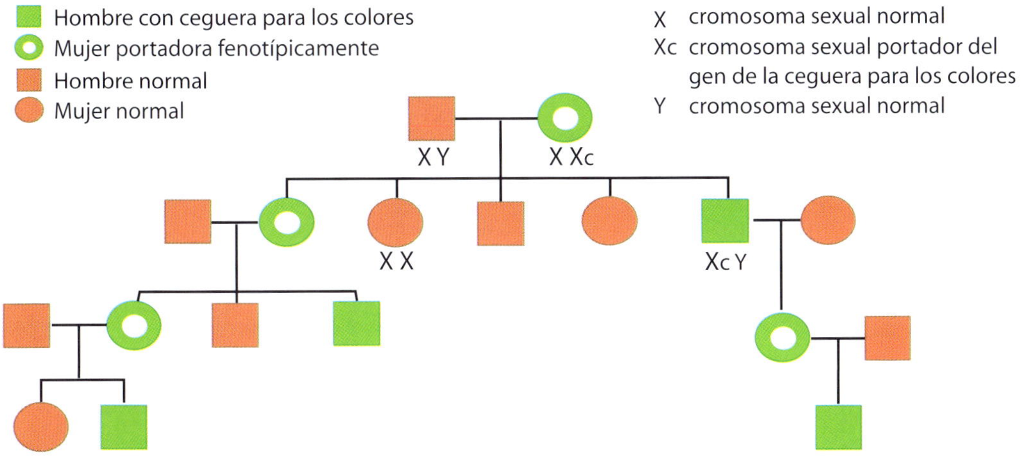

a) Completen el árbol genealógico.
b) ¿Quiénes son los portadores?
c) ¿A qué tipo de herencia se hace referencia?

autoevaluación

Elijan la respuesta correcta

1. La hemofilia es un caso típico de:
a) codominancia;
b) pleiotropía;
c) herencia ligada al sexo.

2. Las mutaciones puntuales son cambios permanentes en el ADN que se manifiestan en cambios funcionales de:
a) las bases;
b) las proteínas;
c) los cromosomas.

3. Mendel aseguraba que:
a) la herencia era una mezcla de los caracteres paternos;
b) los caracteres se segregan en forma independiente;
c) los caracteres no siempre se segregan.

4. El siguiente es un genotipo:
a) A;
b) Aa;
c) rojo.

5. Un fundamento de la genética es que:
a) el genotipo se expresa en el fenotipo;
b) el fenotipo es independiente del genotipo;
c) el fenotipo se expresa en el genotipo.

6. No siempre se cumple la segunda ley de Mendel:
a) por un fenómeno de ligamiento;
b) porque la segregación en animales es diferente de la de las plantas;
c) por un fenómeno de pleiotropía.

7. Un homocigota posee:
a) dos alelos iguales;
b) un alelo mutado;
c) dos alelos diferentes.

8. En la codominancia:
a) ninguno de los dos alelos se expresa;
b) se expresa cualquiera de los dos alelos indistintamente;
c) se expresan ambos alelos por igual.

9. Cuando un carácter presenta alelos múltiples, se llama alelo salvaje a aquel que:
a) no se segrega según las leyes de Mendel;
b) da un fenotipo distinto del paterno;
c) es más abundante en la naturaleza.

10. En las aves se da determinación sexual por:
a) cromosoma sexual Z duplicado en el macho;
b) cromosoma sexual X duplicado en la hembra;
c) falta de un cromosoma X.

13 Sistema reproductor

En el año 1673, el médico holandés Régnier de Graaf describió por primera vez el folículo ovárico, estructura de la cual se forma la célula huevo (el óvulo) humana. Poco después, en 1677, el naturalista holandés Anton van Leeuwenhoek descubrió espermatozoides vivos, a los que llamó animálculos. Recién a mediados del siglo XIX, los conceptos de los ovistas y espermistas comenzaron a ceder frente a los datos experimentales de la herencia de Gregor Mendel y, más tarde, la teoría de la evolución de Charles R. Darwin.

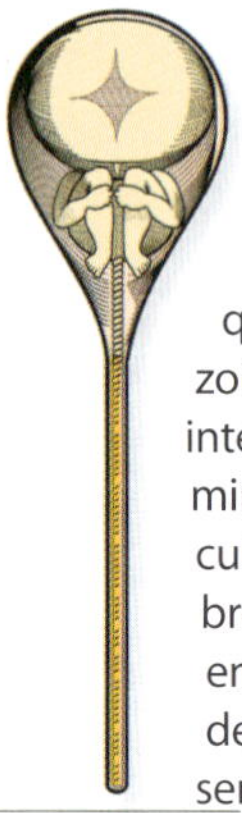

Los adeptos de Leeuwenhoek fueron los espermistas, o animalculistas, que afirmaban que cada espermatozoide llevaba en su interior una criatura en miniatura, el homúnculo o pequeño hombre, que, implantado en el vientre materno desarrollaría un nuevo ser humano (la madre era una incubadora para el ser en desarrollo).

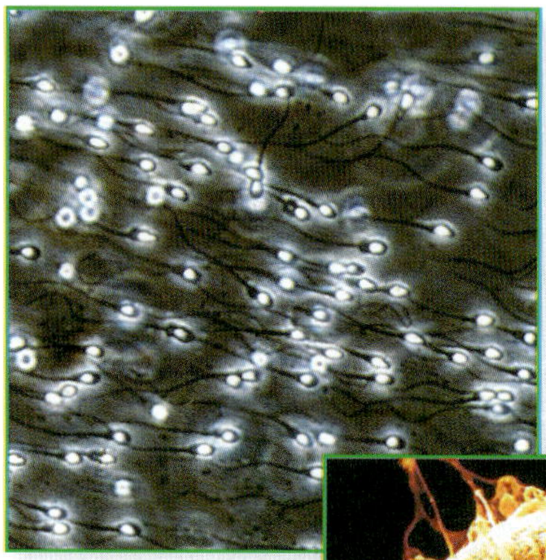

Espermatozoides observados con el microscopio óptico.

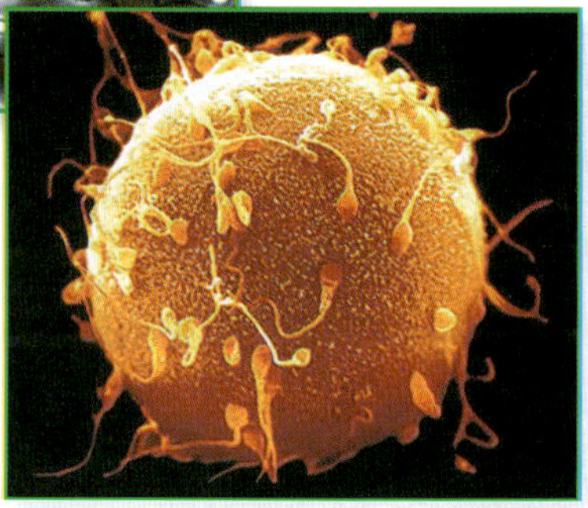

Microfotografía de óvulo. Muchos espermatozoides llegan a la superficie del óvulo, aunque sólo uno logra ingresar con su contenido nuclear y fecundarlo.

Función de reproducción y estructura gamética

La **reproducción** sexual es la producción de un nuevo individuo llevada a cabo por la fusión de dos gametos, o células sexuales: el **espermatozoide**, o **gameto masculino**, y el **óvulo**, o **gameto femenino**.

Los gametos difieren de otras células del cuerpo (las células somáticas) en el número de cromosomas: son células haploides (n). Esto significa que el núcleo contiene 23 cromosomas individuales, incluido un cromosoma sexual X o Y. El cigoto que surge de la fusión gamética es una célula diploide (2n) con un total de 46 cromosomas: 22 pares de cromosomas somáticos (homólogos: uno paterno y otro materno) más el par de cromosomas sexuales: XX en la mujer y XY en el varón.

La **meiosis** es el proceso clave que permite la producción de células haploides (gametos) y, además, la variabilidad genética (mediante el *crossing over*, o entrecruzamiento).

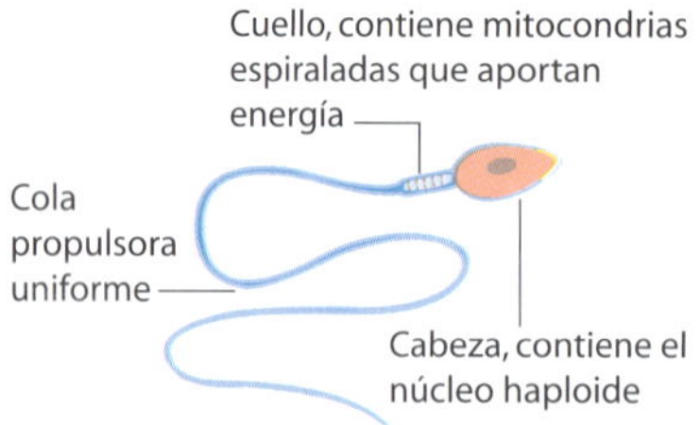

Cada espermatozoide tiene una cabeza de forma oval que contiene el núcleo haploide. Desde el testículo, los espermatozoides todavía inmóviles son llevados al epidídimo donde adquieren movilidad 18 horas después de permanecer en él. A continuación, los espermatozoides pasan al conducto deferente, donde se almacena la mayoría de ellos.

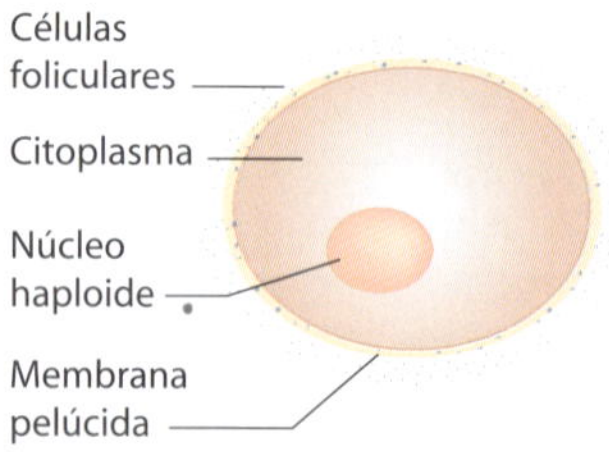

El óvulo posee un núcleo pequeño que se ubica, por lo general, en un extremo de la célula. Esto permite diferenciar dos zonas: el polo animal (que contiene al núcleo) y el polo vegetativo.

Espermatogénesis

La **espermatogénesis** es la producción de los espermatozoides. Se inicia cuando las **células germinales embrionarias** diploides (2n) experimentan repetidas mitosis en la pared de los túbulos seminíferos de los testículos y forman espermatogonias (2n). Entre las **espermatogonias**, se localizan las **células de Sertoli**, que son las encargadas de suministrar sustancias nutritivas. Entre los túbulos seminíferos, a su vez, se ubican las **células de Leydig** que producen las hormonas sexuales masculinas (principalmente, **testosterona**).

Al comenzar la pubertad y por acción hormonal, las espermatogonias continúan su multiplicación, se agrandan y transforman en **espermatocitos primarios** (2n). Cuando se produce la primera división meiótica, se originan **espermatocitos secundarios** haploides (n). Tras la segunda división meiótica, se forman cuatro **espermátidas** (n). Finalmente, se forman los **espermatozoides**, que son los gametos masculinos funcionales.

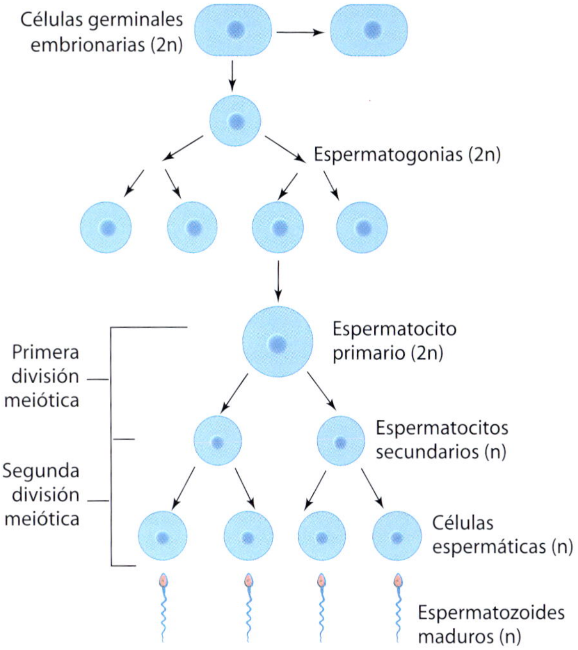

Ovogénesis y ovulación

temasrelacionados

En el capítulo 12 se detalla la temática de la herencia.

Aún antes del nacimiento, los ovarios del embrión femenino contienen las células que durante la pubertad madurarán en los ovarios. La capa externa del ovario es un estrato germinal de células (2n) que se dividen rápidamente por mitosis y originan las **ovogonias** (también 2n). Por cada célula germinal que produce ovogonias, sólo una se agranda y se transforma en **ovocito primario**, u ovocito I (2n), mientras que las restantes degeneran. Cada ovocito se rodea de una capa de **células foliculares** y constituye un **folículo primario**.

El proceso de maduración de los ovocitos primarios se produce al comenzar la primera fase de la meiosis, aunque se detiene en la profase I, y así se mantiene hasta el reinicio de su maduración. La distribución del citoplasma en esta primera división es desigual, una de las células hijas conserva la mayor parte del citoplasma y se denomina **ovocito secundario**, u ovocito II (n). La otra célula, más pequeña y sin funcionalidad, recibe el nombre de **primer glóbulo polar**.

Mientras tanto, las células foliculares se dividen y secretan **estrógenos**, u hormonas sexuales femeninas. El folículo continúa su crecimiento con rapidez y madura formando el **folículo de De Graaf** donde se localiza el ovocito II.

Si el ovocito II no es fecundado en su camino por la trompa de Falopio, se detiene en la metafase II y degenera. Si se produce la **fecundación**, antes de fundir su contenido nuclear con el del espermatozoide, el ovocito secundario completa la segunda división meiótica y forma el **óvulo**, y otra célula de tamaño reducido, el **segundo glóbulo polar**, que degenera con rapidez.

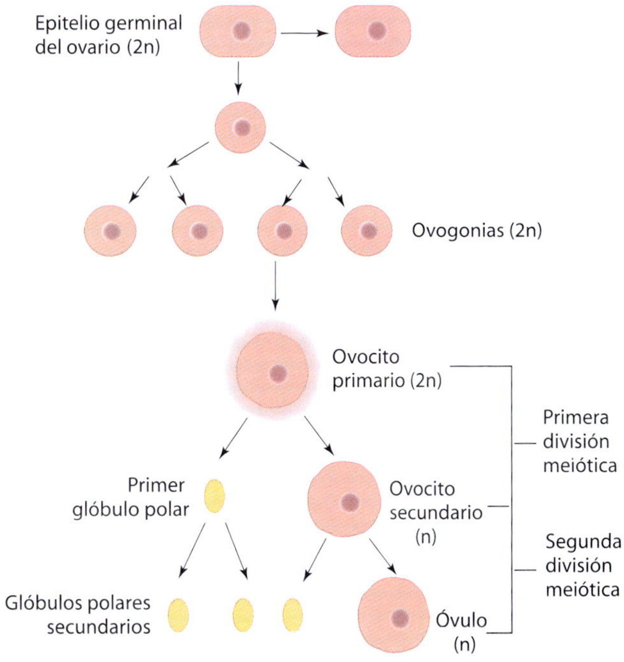

Estructura y función del sistema reproductor masculino

En el **sistema reproductor masculino** se distinguen:

- Los **órganos genitales externos**, el pene y el escroto.
- Los **órganos genitales internos**, esencialmente los testículos, o gónadas masculinas.
- Las **vías genitales**.
- Las **glándulas anexas**.

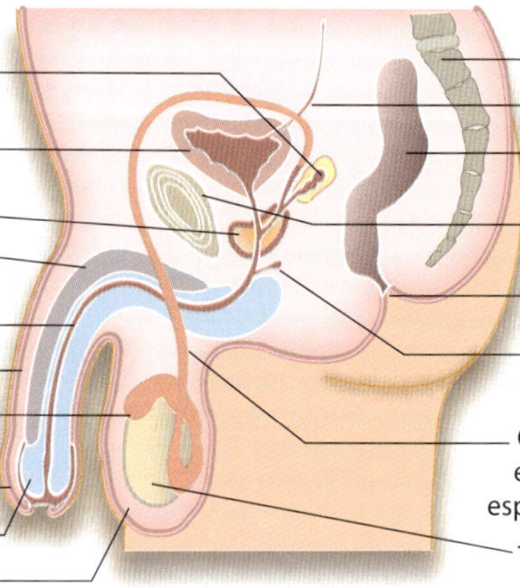

El **pene** es el órgano copulador cuya base se localiza por debajo del pubis y que transporta los espermatozoides al sistema reproductor femenino.

El **glande** es el extremo dilatado del pene, cuya piel es más delgada, suave y con muchas terminaciones nerviosas (es la región más sensible). En el glande se encuentra el orificio de salida de la uretra, para vehiculizar tanto la orina como el semen.

La **uretra** es un tubo de unos 20 cm de largo extendido a lo largo del pene que permite la conducción de los espermatozoides y también la salida de la orina (ya que en el varón, los sistemas urinario y reproductor están relacionados).

El **prepucio** es un pliegue de la piel del cuerpo del pene que se prolonga y forma una envoltura que recubre el glande. La **circuncisión** es la remoción del prepucio por métodos quirúrgicos.

El **escroto** es una bolsa de piel que contiene y protege a los dos testículos. Mantiene una temperatura menor a la de otras partes del cuerpo, lo que permite la producción de los espermatozoides.

Los **testículos** son dos glándulas de forma ovoidea, de aproximadamente 4 a 5 cm de longitud, cada uno dividido en muchos lobulillos dentro de los cuales se encuentran los **túbulos seminíferos** en los que se forman los espermatozoides y se secreta la hormona masculina **testosterona**. Los túbulos se conectan con una red de la que salen 15-20 **conductillos eferentes**.

Las **vías genitales** conectan con los conductillos eferentes e incluyen: el **epidídimo**, conducto de 6 m de longitud, sumamente enrollado, en el que convergen los túbulos seminíferos y almacena temporariamente los espermatozoides; los **vasos deferentes** o **conductos espermáticos**, tubos que llegan a la uretra desde cada testículo y vehiculizan los espermatozoides; el **conducto eyaculador común**, que recibe los espermatozoides y las secreciones de las glándulas anexas.

Las **glándulas anexas** están formadas por: las **vesículas seminales**, que producen una sustancia viscosa rica en fructosa que compone hasta el 60% del semen; la **próstata**, glándula del tamaño de una nuez que elabora una secreción alcalina que neutraliza la acidez característica de la vagina y constituye el 25% del semen; las **glándulas de Cowper**, o **bulbouretrales**, que segregan un líquido lubricante que facilita la penetración y el pasaje del semen por la uretra.

prevención y salud

Higiene genital masculina

La **higiene genital** en el varón se relaciona, especialmente, con la acumulación de secreciones en el prepucio que pueden favorecer un posible foco infeccioso. En los penes no circuncidados, el prepucio debe ser corrido hacia atrás, dejando el glande descubierto.

Resulta primordial el uso de protección adecuada (profilácticos) durante las relaciones sexuales, único medio eficaz para evitar el contagio de enfermedades de transmisión sexual.

temasrelacionados

En el capítulo 7 se analiza la estructura del sistema urinario. En el capítulo 16 se estudia la prevención de enfermedades de transmisión sexual.

Estructura y función del sistema reproductor femenino

El **sistema reproductor femenino** incluye los **órganos genitales internos**, con las gónadas sexuales femeninas, u ovarios, los oviductos, o trompas de Falopio, y las vías genitales femeninas (vagina, útero y cuello del útero, o cérvix), y los **órganos genitales externos**, con el monte de Venus y la vulva.

Los **ovarios** son dos órganos ovoides del tamaño de una almendra situados en la parte lateral de la pelvis. Producen las hormonas femeninas y los ovocitos. Presentan una zona cortical donde se asientan los folículos ováricos y una zona medular con tejido conjuntivo-muscular surcada por numerosos vasos sanguíneos y nervios.

Las **trompas de Falopio**, u **oviductos**, son dos tubos delgados músculo-membranosos de 10 a 12 cm de longitud que comunican el útero con los ovarios. En su interior tienen un fino conducto por donde es conducido el ovocito desde el ovario hasta el útero.

El extremo más ancho y cercano al ovario de cada trompa es la **fimbria**, o **pabellón**, donde se produce la fecundación del ovocito por el espermatozoide.

El **útero**, o **matriz**, es un órgano muscular hueco en forma de pera, de unos 3 a 4 cm de ancho que se ubica en el centro de la cavidad pelviana, entre la vejiga por delante y el recto por detrás. La pared uterina está formada por tres capas: la interna, o **endometrio**, la muscular, o **miometrio**, y la externa, peritoneal o **perimetrio**. El útero alojará al embrión, y su pared interna junto con los tejidos del embrión constituirán la **placenta**. La contracción del miometrio durante el parto permitirá la expulsión del bebé.

El **cuello del útero**, o **cérvix**, es un anillo muscular delgado en la parte inferior del útero, que presenta un orificio por donde sale el flujo menstrual.

La **vagina** es un tubo muscular de más de 8 cm, extendida desde la vulva al cuello del útero, que permite el ingreso del pene durante el coito, de modo que el semen es depositado en la cercanía del cuello uterino. Sus paredes son suaves y muy elásticas, presentando la capacidad de dilatarse y contraerse. En el momento del parto, se puede distender y su apertura permite el tránsito del bebé, para recuperar luego su tamaño normal. Al producirse la excitación sexual, las paredes vaginales segregan un líquido lubricante (flujo) que genera una sensación de humedad en la vulva. La vagina es también el camino de salida de la sangre producida durante la menstruación.

El **monte de Venus** está ubicado por delante y por encima de la sínfisis pubiana, consiste en un panículo adiposo cubierto por vello.

La **vulva** es la parte externa del sistema reproductor femenino y comprende los **labios mayores** y **labios menores**, el **clítoris** y el **vestíbulo**.

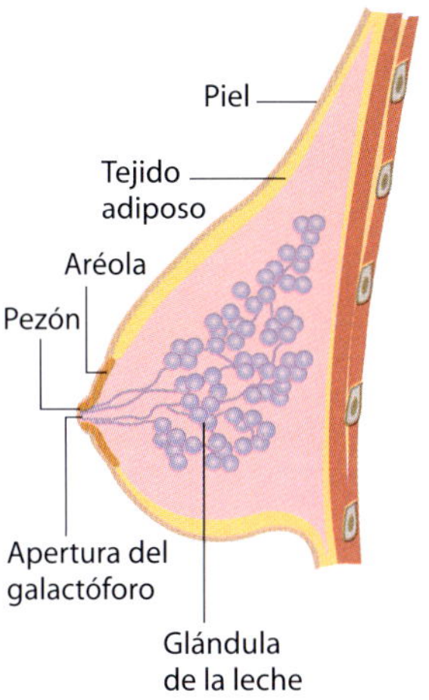

Las **glándulas mamarias** están situadas en la parte anterior del tórax, delante de los músculos pectorales mayores. Las mamas se componen de una envoltura cutánea, la glándula mamaria propiamente dicha, y una envoltura celular-adiposa. La envoltura cutánea presenta una eminencia frontal, el **pezón**, rodeada por una zona coloreada llamada **aréola**. En cada mama hay 15 a 20 lóbulos o secciones, donde se produce la leche. A su vez, cada lóbulo se subdivide en lobulillos y ácinos. De cada lóbulo sale el conducto excretor, o **galactóforo**.

temasrelacionados

El tema de la lactancia se amplía en el capítulo 14.

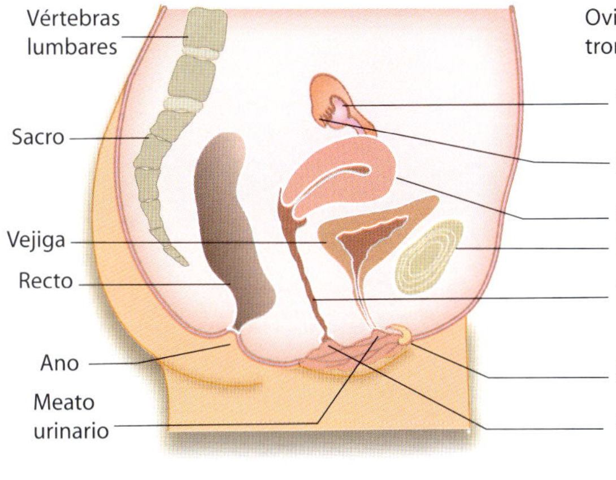

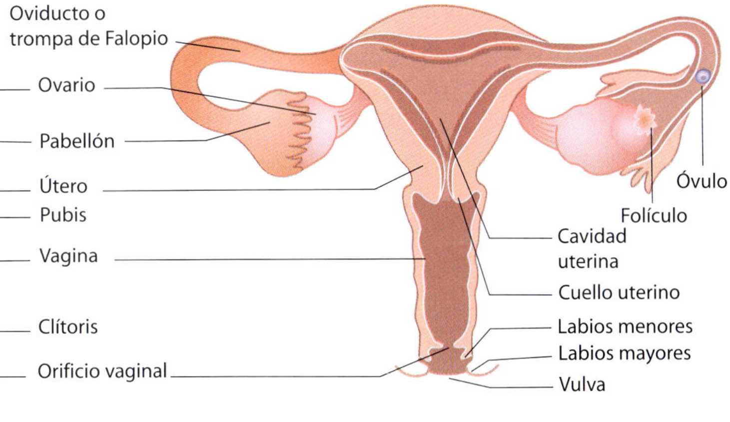

Ciclos sexuales

Los órganos genitales femeninos cumplen un ciclo de cambios, el **ciclo menstrual**, que se produce todos los meses, desde el inicio de la pubertad, entre los 10 a 17 años (**menarca** o primera menstruación) hasta el intervalo de 45 a 55 años, en que cesa en forma permanente (**menopausia**).

El ciclo tiene una duración regular que, en la mayoría de las mujeres, abarca de 24 a 30 días (un promedio de 28 días), aunque puede haber variaciones por encima o por debajo de estas cifras.

El primer día del ciclo comienza con el desprendimiento del endometrio, o pared interna del útero, que produce el sangrado característico, o **flujo menstrual**, que es eliminado a través del orificio vaginal, con una duración de entre 3 y 5 días (esta fase es la **menstruación**, también denominada **regla** o **período**). Aproximadamente en la mitad del ciclo, tiene lugar la ovulación (aunque puede producirse en diferentes momentos del mes, ya que se dan ciclos más regulares que otros, de modo que una mujer podrá ovular el día 10 del mes, y otra, el día 18).

Los estrógenos y la progesterona que continúa segregando el cuerpo lúteo aumentan el grosor del endometrio del útero y lo preparan para el embarazo. En forma simultánea, a medida que el óvulo madura, la pared interna del útero crece para alojar al futuro embrión si se produce la fecundación. Si el óvulo no es fecundado, el cuerpo lúteo degenera y cesa la producción de estrógenos y progesterona, desprendiéndose la pared interna del útero, mientras aparece la menstruación y comienza un nuevo ciclo.

temasrelacionados

En el capítulo 9 se analiza la función del hipotálamo y en el capítulo 11, la regulación hormonal y la relación entre el hipotálamo y la hipófisis.

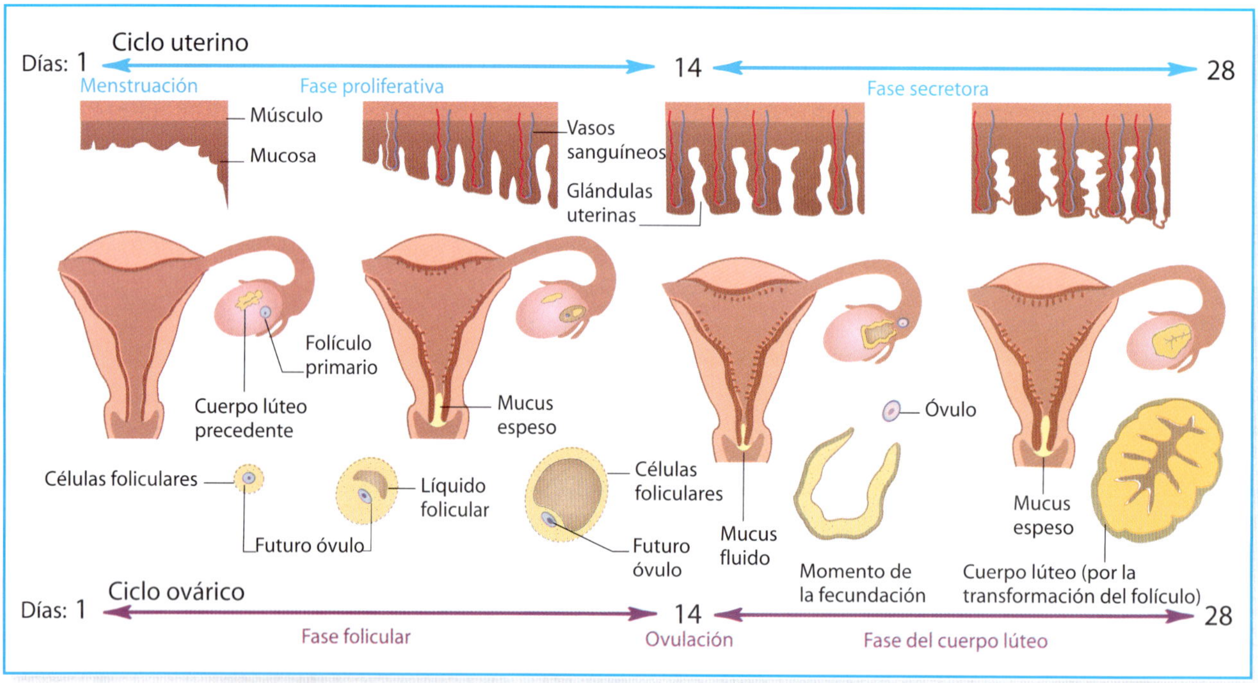

Período de fertilidad

La fecundación se puede producir entre los días 11 y 18 del ciclo, estos días constituyen el **período de fertilidad**.

Además, el momento de la ovulación puede variar en diferentes meses en la misma mujer debido a los cambios hormonales, ciertas patologías, el estrés y otros factores. Esto resulta importante para prevenir embarazos no deseados. Al variar el momento de la ovulación, el "calendario" no es un método seguro de prevención.

El coito y la sexualidad

El **coito**, **cópula** o **acto sexual**, es la fase de penetración del pene, u órgano copulador masculino, en el interior de la vagina de la hembra para depositar el semen (por lo tanto, es una fecundación interna).

La **sexualidad** va más allá del acto sexual y se construye en forma progresiva. Se trata de una expresión integral del individuo que involucra no sólo los aspectos biológicos, sino también los psicológicos, sociales y culturales.

El **orgasmo** representa la etapa de mayor placer dentro del acto sexual y está acompañada de contracciones genitales involuntarias, además de un aumento del ritmo respiratorio y cardíaco en ambos sexos. Es relativamente breve y en este momento el cuerpo experimenta la mayor tensión muscular seguida de una gran relajación. En el varón se produce la **eyaculación**, o expulsión del semen por la uretra. Sin embargo, hay que destacar que eyaculación y orgasmo no son lo mismo y no tienen por qué darse unidos.

El **semen** expulsado durante la eyaculación es un líquido de color blanco, opalescente y con aproximadamente unos 400 millones de espermatozoides, además de las secreciones provenientes de las glándulas anexas (con un pH de 7,35 a 7,5) y un volumen promedio (por cada eyaculación) de 2,5 a 3,5 ml. Es muy común en la pubertad que las primeras eyaculaciones sean "poluciones nocturnas" (erección y eyaculación durante el sueño).

Fertilización y anidación

La **fecundación**, o **fertilización**, es la unión del gameto femenino (en estadio de ovocito secundario u ovocito II) con el gameto masculino (el espermatozoide) como resultado del acto sexual. Así, el ovocito II completa la segunda fase meiótica y origina el óvulo, que al fusionarse con un único espermatozoide forma el cigoto, inicio del embrión.

El ovocito II deja el ovario en el momento de la ovulación y es capturado por el pabellón de la trompa de Falopio. A continuación, desciende en dirección al útero. El encuentro del ovocito con el espermatozoide tiene lugar finalmente en el tercio superior de la trompa de Falopio.

La duración de supervivencia de los espermatozoides en las vías genitales de la mujer se extiende de dos a cinco días; la del óvulo, únicamente uno o dos días.

El óvulo fecundado (cigoto) comienza su migración por la trompa de Falopio, donde tuvo lugar la fecundación, hasta el útero, donde se produce la **implantación** o **anidación** del embrión en la fase temprana de desarrollo (noveno a décimo día desde la fecundación).

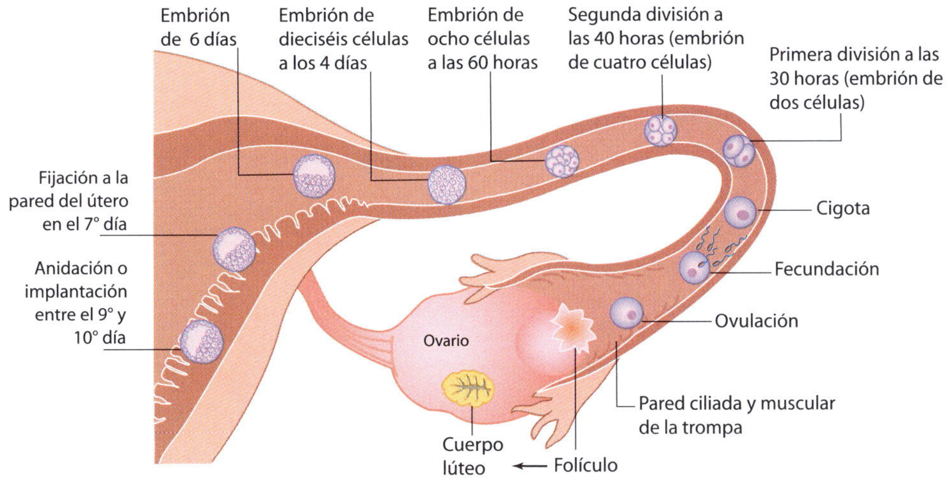

prevención y salud

Fertilización asistida

Las técnicas de fertilización asistida surgen para ayudar a las parejas con dificultades en su fertilidad, que desean tener hijos biológicos. Por ejemplo, el método GIFT (del inglés, *Gamete Intrafallopian Transfer* o transferencia gamética al interior de las trompas) consiste en la transferencia de gametos femeninos y masculinos a las trompas de Falopio, lugar del sistema reproductor femenino donde naturalmente se produce la fecundación, y el método ICSI (del inglés, *Intracytoplasmic sperm injection*, que significa inyección intracitoplasmática de esperma), que es una técnica de micromanipulación en la que se inocula un espermatozoide debajo de la membrana pelúcida del óvulo.

Contracepción

La **contracepción** o **anticoncepción** es la prevención deliberada del embarazo. La decisión del método a utilizar depende de factores como la preferencia individual, la edad, las creencias religiosas y el medio cultural y social.

Los siguientes son algunos de los métodos anticonceptivos más comunes:

Métodos artificiales mecánicos, o de barrera. Son altamente eficaces en la prevención del embarazo no deseado.

- **Profiláctico**, **preservativo** o **condón masculino**: es una cubierta o funda tubular de látex muy delgado que se coloca sobre el pene en erección. Contiene una pequeña bolsa en la punta para recolectar el semen. Es un método eficaz para prevenir las enfermedades de transmisión sexual.
- **Preservativo femenino**: es una funda que cubre el interior de la vagina con dos anillos, uno en cada extremo.
- **Diafragma**: es un disco de látex flexible, con un fino anillo metálico que se ubica en el fondo de la vagina y tapa el cuello del útero. Suele utilizarse con crema espermicida. No previene las enfermedades de transmisión sexual.
- **Dispositivo intrauterino** (**DIU**): es un fragmento de metal delgado que el médico inserta en la cavidad del útero; inhibe la movilidad del espermatozoide e impide el ascenso hacia las trompas. No previene las enfermedades de transmisión sexual.

Métodos artificiales químicos. Son métodos eficaces, aunque no previenen las enfermedades de transmisión sexual.

- **Espermicidas**: son compuestos químicos farmacéuticos; contienen un agente activo que elimina los espermatozoides. Se comercializan en diferentes presentaciones, como cremas, jaleas y pomadas. Se utilizan asociadas al diafragma o al preservativo.
- **Contracepción hormonal**: son las pastillas de control de la natalidad combinadas (con análogos de estrógenos y progesterona a la vez) y las pastillas antiprogesterona. Suprimen la liberación de las hormonas FSH y LH de la glándula pituitaria e impiden la ovulación.
- **Métodos antianidantes**: actúan no sólo al impedir la ovulación, sino también la anidación del embrión en desarrollo en la pared del endometrio.

Métodos anticonceptivos quirúrgicos (esterilizantes). Estos métodos requieren una intervención quirúrgica para ser implantados y, aunque resultan eficaces, sus efectos son irreversibles. Incluyen la **vasectomía**, corte de los conductos deferentes (que impide el paso de los espermatozoides de los testículos al pene) y la **ligadura de trompas**, que consiste en el cierre de las trompas de Falopio, para impedir el paso del semen que contiene los espermatozoides.

Métodos naturales. No presentan efectos colaterales, aunque requieren un control muy exhaustivo, la eficacia es moderada y no previenen las enfermedades de transmisión sexual.

- **Método de Ogino-Knauss**, del **ritmo** o del **calendario**: consiste en un riguroso control de la duración del ciclo menstrual durante un tiempo suficientemente extenso para observar las fechas probables de la ovulación.
- **Método cervical**, o de **Billings**: es el control de la secreción vaginal en el momento de la ovulación (en estos días el flujo es más transparente y abundante y no deben tenerse relaciones sexuales).
- **Método de la temperatura basal**: es el control de la temperatura vaginal durante todo el ciclo menstrual (la temperatura varía durante la ovulación).

prevención y salud

Salud reproductiva

A partir del año 2005, el Gobierno Nacional, a través del Ministerio de Salud y Ambiente, decidió llevar a cabo el **Programa de Salud Reproductiva y Sexualidad Responsable** con el reparto de millones de anticonceptivos en los centros asistenciales para llegar especialmente a la población carente de información y de bajos recursos económicos.

prevención y salud

Procedimiento ineficaz

El coito interrumpido, procedimiento que consiste en retirar el pene de la vagina antes de la eyaculación, no impide la difusión del líquido preseminal que contiene espermatozoides.

Estructura y función comparadas

Tipos de reproducción sexual

En primer lugar, muchos animales tienen los sexos separados, **dioicos**, mientras que otros son **hermafroditas**, o **monoicos**, como los caracoles, las lombrices y las tenias, y pueden madurar ambos sexos en forma simultánea o sucesiva. En la mayoría de las plantas verdes terrestres, en especial las angiospermas, o plantas con flores y frutos, la flor u órgano sexual es hermafrodita: consta de ciclos estériles (cáliz y corola, o perigonio, en este último caso cuando las piezas son del mismo color y consistencia) y dos ciclos sexuales, el exterior formado por los estambres, o piezas masculinas que portan los granos de polen, y el interior formado por los carpelos o pistilos que pueden fusionarse en diferente grado, dejando libre el extremo, o estigma, que recibe el grano de polen. La cavidad del ovario, formada por el extremo inferior de los carpelos, encierra los óvulos y, en cada uno de ellos, existe un gameto femenino, u oosfera, en el interior del saco embrionario.

En segundo lugar, el tipo de fecundación en los animales puede ser **externa**: las hembras depositan los óvulos no fecundados en el medio externo, principalmente el agua, y allí los espermatozoides del macho los fecundan, como en los peces, los anfibios y muchos invertebrados acuáticos, por ejemplo, cnidarios, bivalvos; o bien **interna**, como en los amniotas (reptiles, aves y mamíferos), los insectos, los caracoles, los calamares y otros grupos de organismos menores en que existe un órgano copulador.

Además, el encuentro de las parejas para realizar la cópula, llamado **cortejo** o **apareamiento**, suele ser muy complejo y variar en diferentes especies de animales. A este respecto, se distinguen los animales que presentan **dimorfismo sexual**, como muchos pájaros, en donde el macho tiene bellos plumajes y las hembras colores menos vistosos. Entre los anfibios, a pesar de que la fecundación es externa, se produce el amplexo, o abrazo del macho a la hembra, para que ésta libere los óvulos.

Conjugación y partenogénesis

Otro tipo de reproducción sexual que presentan los protozoos ciliados es la **conjugación**. En ella dos individuos se unen temporalmente e intercambian uno de los micronúcleos que previamente sufrió meiosis y que luego se unirá con el otro micronúcleo inmóvil, originando nuevamente un micronúcleo diploide. Finalizado este intercambio de material genético, los individuos se separan.

Un tipo especial de reproducción es la **partenogénesis** en la que un individuo se desarrolla a partir de un gameto femenino que no ha sido fecundado. El nuevo individuo será entonces idéntico a su progenitor. Sucede en los rotíferos, ciertos insectos y algunos reptiles de zonas desérticas, entre otros.

Ciclos de vida

En los **ciclos diplontes**, como los que presentan los animales, por ejemplo, la anémona de mar y el cangrejo, y algunos protozoos (foraminíferos), la mayor parte del ciclo de vida transcurre con células diploides. Los gametos son las células haploides que se producen en algún momento del ciclo para luego fusionarse y formar la cigota diploide.

En muchos protistas, algas y hongos, el ciclo de vida es **haplonte** y la mayor parte del ciclo transcurre a través de células haploides. La mitosis de las células haploides da como resultado la reproducción asexual de los organismos o el crecimiento de los organismos multicelulares. En algún punto las células haploides reproductoras especializadas se fusionan y la célula diploide resultante sufre meiosis.

En los ciclos **haplodiplontes** se da la alternancia de generaciones: los estadios diploides y haploides son casi de igual duración. Las células del estadio diploide entran en meiosis para formar esporas. Éstas sufren mitosis y así producen un cuerpo haploide multicelular. La especialización de células haploides produce gametos, los que luego se fusionan para formar la cigota. Por mitosis la cigota crece y se desarrolla formando un organismo diploide multicelular.

TALLER

Organización de una mesa redonda sobre temas de salud reproductiva

Una mesa redonda es un espacio de reflexión para la discusión de temas de actualidad o que despiertan interés en la comunidad educativa.

Procedimiento

1. Busquen en Internet información sobre el programa de salud reproductiva que está llevando a cabo el Ministerio de Salud de la Nación. Analicen la siguiente información que brinda el afiche.
2. Averigüen acerca de la importancia de las decisiones en materia de salud reproductiva.

3. Distingan entre los términos sexo, sexualidad, genitalidad y reproducción.
4. Busquen información y expresen sus opiniones sobre los siguientes temas: métodos anticonceptivos, control de la natalidad, carencia de recursos y familias numerosas, embarazos no deseados y responsabilidad de la pareja, esterilidad, infertilidad y fertilización asistida.

Análisis

a) ¿Qué es la sexualidad responsable?

b) ¿En qué sentido el ser humano puede compararse a un animal y en qué otros aspectos esto no es posible?

c) ¿Por qué se considera discriminación el maltrato o la burla a personas diferentes por motivos de orientación sexual?

d) Investiguen acerca de otra problemática importante en nuestro país y en el mundo: la violencia familiar.

ACTIVIDADES

1. Respondan las siguientes preguntas.
a) ¿Cómo se forma el espermatozoide a partir del espermatocito?
b) ¿Cuál es el complemento cromosómico de este gameto?
c) ¿Qué expresa la teoría animalculista o espermista?
d) ¿Qué sucede cuando el núcleo de un espermatozoide logra ingresar al óvulo? ¿Por qué no pueden penetrar otros espermatozoides?

2. Numeren la secuencia correcta del desarrollo en el ciclo ovárico y expliquen lo que sucede en cada etapa.
a) ¿Qué estructura representa la letra A?
b) ¿Qué función cumplen las células foliculares?
c) ¿Cómo se forma el cuerpo lúteo y qué hormonas produce?
d) ¿En qué etapa se produce la ovulación?
e) ¿En qué momento es mayor la fertilidad de la mujer en relación con el método de Ogino-Knauss?

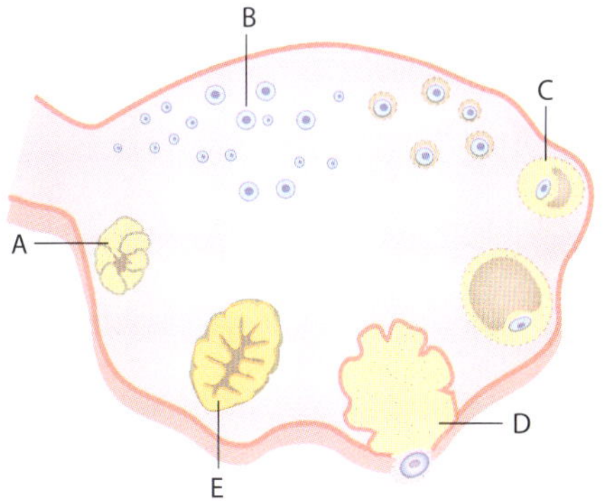

3. Respondan el siguiente cuestionario en la carpeta.
a) ¿Qué hormonas se relacionan con la fase de reparación y la fase de proliferación de tejido secretor?
b) Describan el desarrollo del folículo de De Graaf desde la ovogonia hasta la ovulación?
c) ¿En qué momento y en qué órgano se produce la implantación o anidación?
d) ¿Qué método anticonceptivo impide la anidación?
e) ¿Cómo actúan los métodos químicos hormonales?

autoevaluación

Elijan la respuesta correcta

1. Las glándulas anexas del sistema reproductor masculino son:
a) las vesículas seminales, la próstata, y las glándulas de Cowper, o bulbouretrales; ☐
b) el pene y el escroto; ☐
c) los conductos espermáticos y el conducto eyaculador común. ☐

2. Una de las siguientes células es diploide:
a) la espermátida; ☐
b) la espermatogonia; ☐
c) el espermatocito secundario. ☐

3. Las hormonas sexuales masculinas son producidas en:
a) la próstata; ☐
b) las vesículas seminales; ☐
c) los túbulos seminíferos. ☐

4. La progesterona es secretada por:
a) los ovarios; ☐
b) el útero; ☐
c) las trompas de Falopio. ☐

5. El epidídimo se comunica con:
a) el conducto eyaculador común; ☐
b) los túbulos seminíferos; ☐
c) los vasos deferentes. ☐

6. La implantación del embrión se produce normalmente en:
a) las trompas de Falopio; ☐
b) el útero; ☐
c) el ovario. ☐

7. Del día 1 al 7 del ciclo menstrual:
a) se forma el cuerpo lúteo; ☐
b) se desprende la mucosa uterina (menstruación); ☐
c) crece la mucosa uterina para formar la matriz. ☐

8. El ciclo de vida del ser humano, al igual que el de otros animales, es de tipo:
a) haplonte; ☐
b) diplonte; ☐
c) haplodiplonte. ☐

9. Los anticonceptivos que, además de cumplir con su función, sirven para prevenir las enfermedades de transmisión sexual son:
a) los preservativos; ☐
b) los métodos químicos; ☐
c) los métodos naturales. ☐

10. El período de fertilidad de la mujer se produce entre los días:
a) 11 y 18 del ciclo menstrual; ☐
b) 1 al 7 del ciclo menstrual; ☐
c) 18 y final del ciclo menstrual. ☐

14 Desarrollo

El médico, biólogo y filósofo alemán Ernst Heinrich Haeckel (1834-1919), ferviente seguidor de Charles R. Darwin, puede considerarse el padre de la Embriología comparada. Formuló la "ley biogenética fundamental", y descubrió que los animales pluricelulares complejos (los metazoos), incluido el ser humano, atraviesan una etapa de gástrula en la que se produce la diferenciación de los tejidos del embrión. Según Haeckel, en la evolución de los animales existió, además, una gastrea, u organismo pluricelular animal sin diferenciación de tejidos, similar a una gástrula.

Una de las más famosas opiniones de Haeckel quedó plasmada en la "ley de la recapitulación" que establece la relación entre ontogenia (o historia del individuo) y filogenia (o historia de la raza o linaje).

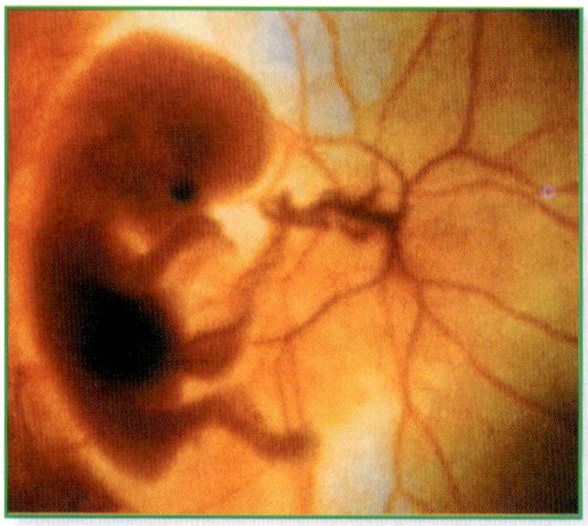

Nutrición fetal. Se realiza a través de la placenta que comunica al feto con la madre.

Lactancia. Es una de las funciones más importantes de la relación madre/hijo en los primeros años de vida; en esta etapa, la madre le suministra importantes nutrientes y anticuerpos al niño, y además se crea un vínculo afectivo fundamental.

Funciones de crecimiento y desarrollo

A través de la vida del ser humano se produce una serie continua de cambios en los tejidos y los órganos del cuerpo. Estos cambios involucran tanto el tamaño como la forma y la estructura del cuerpo y sus partes.

El **crecimiento** es el incremento de la estatura, las dimensiones y el volumen corporal, el peso y el tamaño de determinados sectores del cuerpo.

El **desarrollo**, en cambio, es la modificación o transformación progresiva de la forma general del cuerpo y de los órganos internos, desde el embrión al adulto. Por ejemplo, en el cráneo del bebé existen áreas especiales, las **fontanelas**, que sólo se cierran con el crecimiento óseo entre los 2 a 8 meses, mientras que en el tejido nervioso, desde el nacimiento cambia la forma de las células, aumenta el número de fibras y se hace más gruesa la vaina de mielina.

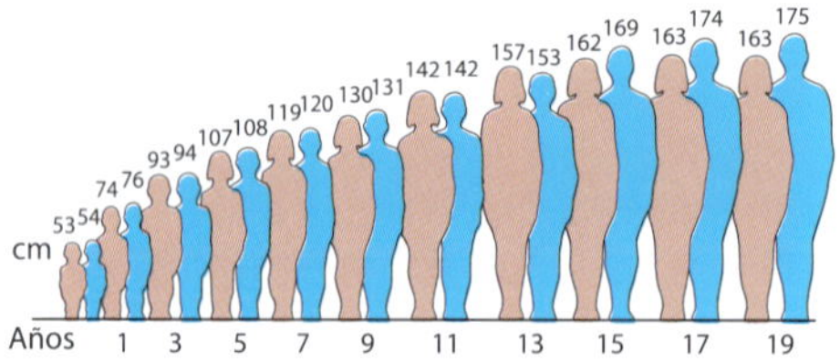

Cuando se representa gráficamente el crecimiento en altura y peso, se observa un rápido crecimiento durante el primer año de vida, uno más lento y paulatino durante la infancia y otro abrupto en la pubertad, para culminar en una desaceleración durante la última parte de la adolescencia hasta alcanzar las características del adulto joven.

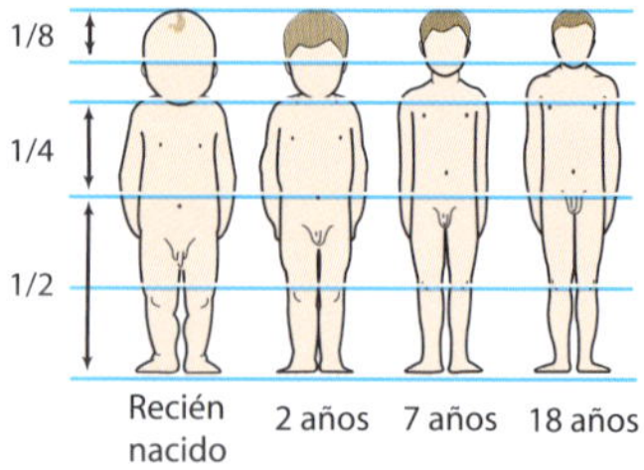

Las proporciones de las diferentes partes del cuerpo se incrementan y alteran con el tiempo. Por ejemplo, al nacer, las piernas representan 3/8 de la longitud corporal, y durante la adolescencia, la mitad.

La diferenciación del embrión y la formación de la placenta

Cuando el embrión en desarrollo llega al útero, se produce un clivaje o división sucesiva de las células o **blastómeros**, se forma la **mórula**. Al progresar el desarrollo, esta esfera maciza pasa a ser hueca y da lugar a la **blástula**, o **blastocisto**, que presenta una cavidad llena de líquido, el **blastocele**.

La implantación o anidación en el útero materno se produce en el estadio de blastocisto. Inmediatamente, da comienzo el **desarrollo embrionario**.

Luego de la implantación, se inicia la **gastrulación**, conjunto de procesos que conducen a la diferenciación del embrión. En esta etapa, el embrión se llama **gástrula** y se distinguen el embrioblasto y el trofoblasto.

El **embrioblasto**, o botón embrionario, es la masa de células internas que darán origen a los tejidos del nuevo ser, está diferenciada en tres capas, **ectodermo**, o capa externa, **mesodermo**, o capa media, y **endodermo**, o capa interna, que en conjunto forman un disco germinativo bilaminar.

- El ectodermo está destinado a desarrollar el sistema nervioso central, los órganos sensoriales y la epidermis.
- El mesodermo se transforma en la columna vertebral y los huesos de las extremidades, los músculos y los tejidos conectivos.
- El endodermo madura en el tracto intestinal y el hígado, los pulmones y las glándulas, como la tiroides, aunque también formará las células germinales primordiales (estrato germinal) de los órganos sexuales.

Entre la segunda y la tercera semana de vida del embrión, se diferencian las **membranas extraembrionarias**: **amnios**, **saco vitelino**, **corion** y **alantoides**, que protegen el embrión. El amnios rodea el embrión encerrando el fluido amniótico dentro de la cavidad del mismo nombre, en el que éste flota. El saco embrionario es el sitio de formación de células sanguíneas y contiene las células germinales de las gónadas. El corion contribuye a la formación de la **placenta** y permite el intercambio de nutrientes y desechos. El alantoides sirve como sitio de formación sanguínea y forma parte del **cordón umbilical** que une el embrión con la placenta.

El **trofoblasto** es la masa de células externas que se introduce profundamente en el endometrio a partir del octavo día mediante las **vellosidades trofoblásticas**. Segrega la **gonadotrofina coriónica**, que actúa sobre el ovario y evita la involución del cuerpo lúteo al inhibir la menstruación.

Formación de las membranas extraembrionarias y la placenta

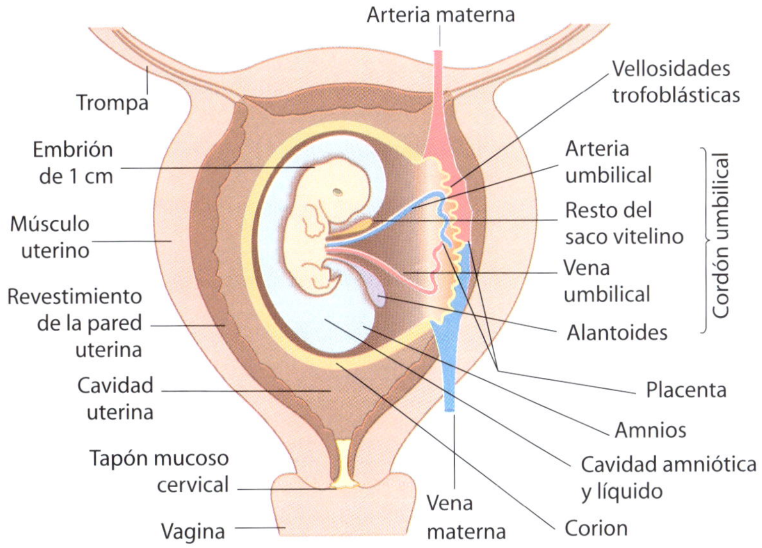

Gastrulación y anidación

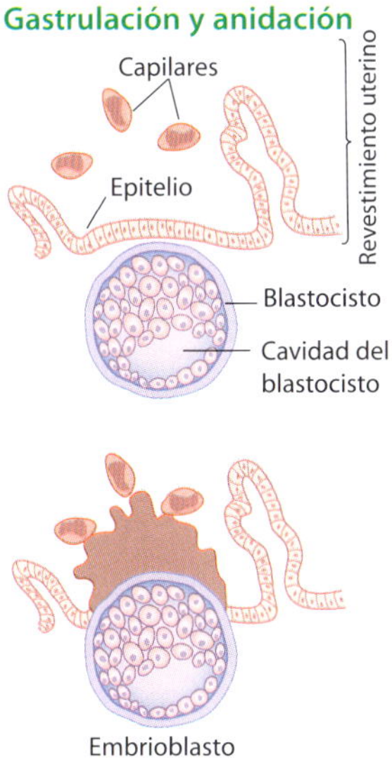

temasrelacionados

En el capítulo 6 se analiza ampliamente la temática de la circulación fetal.

El embarazo y la vida fetal

El **embarazo** es un proceso biológico normal de las mujeres, durante el cual se producen grandes cambios en la futura mamá, tanto físicos como emocionales. Mientras tanto, el embrión cambia paulatinamente y los sistemas orgánicos quedan situados por completo en su ubicación final alrededor de la doceava semana, aunque todavía no se hallan completamente maduros. En este estadio el embrión se denomina **feto**. La **gestación** del bebé dura aproximadamente nueve meses o cuarenta semanas, y para su estudio se divide en tres etapas o trimestres.

Para una mujer normal y sana, el cese de la menstruación es una de las señales indicadoras del comienzo del embarazo. Otros síntomas son las sensaciones de náusea, el agrandamiento y cambio de la textura de los pechos, el cansancio, la sensibilidad emocional y un aumento de la frecuencia de la micción. También se observan signos visibles, como los cambios en el color de la piel y el tamaño del abdomen.

Durante el embarazo, la madre debe alimentarse en forma sana y adecuada, vacunarse y concurrir periódicamente al médico. Es importante que cuide su dentadura y evite el contacto con personas que padecen enfermedades contagiosas. También tiene que evitar el exceso de tensiones y el consumo de alcohol o tabaco.

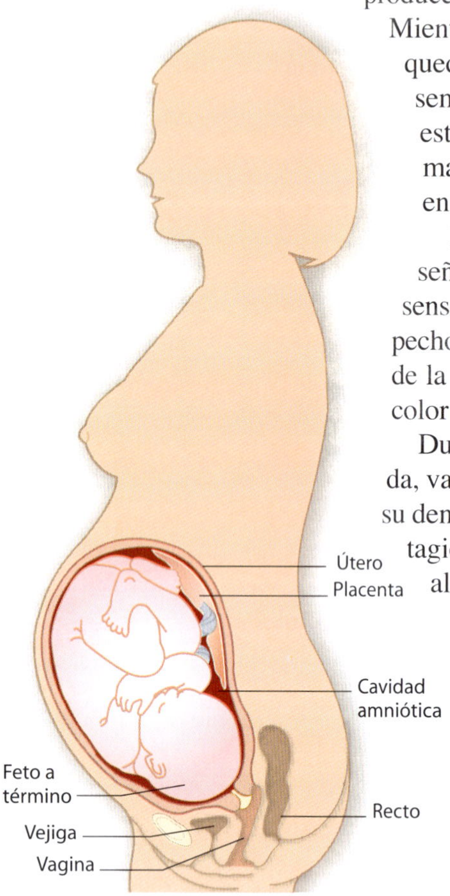

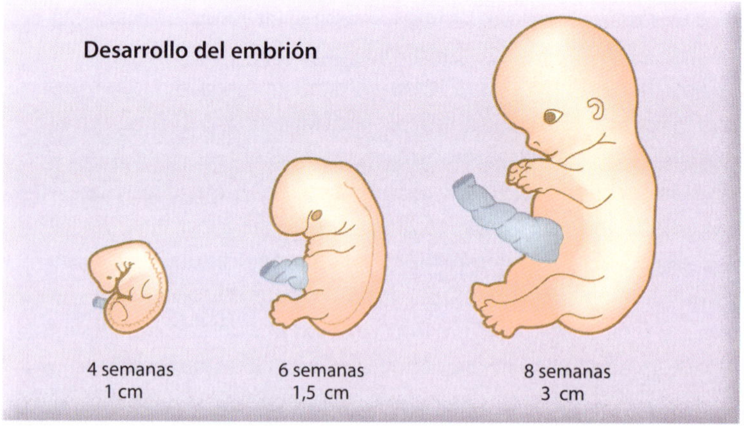

El embarazo "temprano"

UNICEF afirma que un embarazo es "temprano" cuando se presenta en adolescentes cuyas edades fluctúan entre los 13 y 20 años: se habla, entonces, de "madres-niñas". Cuanto más joven es la madre, mayor es la probabilidad de que su embarazo presente riesgos para la salud materna y fetal.

Según la Organización Mundial de la Salud (OMS), el **aborto** es: "la expulsión o extracción de un feto o embrión que pesa menos de 500 gramos, con una edad gestacional aproximada de 20 a 22 semanas completas, o de 140 a 144 días completos, sea o no espontáneo o inducido". En la Argentina, el **aborto inducido** (o interrupción intencional del embarazo no deseado) es ilegal y constituye un grave problema de salud pública.

En la actualidad, el Gobierno Nacional está realizando un esfuerzo importante para mejorar la educación sexual de la población y los servicios integrales de salud de la madre y del bebé, y contrarrestar así las complicaciones del embarazo adolescente, el embarazo no deseado y el aborto, aumentando a la vez los servicios de planificación familiar y salud reproductiva.

temasrelacionados

En el capítulo 9, se analiza ampliamente la estructura y regiones del cerebro. En el capítulo 12, se estudia la herencia y la genética.

El desarrollo fetal

Durante el primer trimestre (semanas 3 a 14) se forman todos los órganos del futuro bebé. En el transcurso de la cuarta semana, el corazón comienza a latir. Durante la quinta semana (segundo mes), la longitud del embrión es de 6 mm (el tamaño de una semilla de manzana) y se desarrollan los esbozos de los brazos y piernas. Al finalizar la octava semana tiene 25 mm de largo (como el tamaño de una frutilla) y comienza la respuesta refleja al roce en los labios. En la novena semana, se desarrolla el cerebro anterior, medio y posterior, y alrededor de 250.000 neuronas crecen por minuto. Al finalizar el tercer mes, el embrión ya tiene aspecto humano y se lo llama feto (se distinguen perfectamente los ojos, las orejas, la nariz y los dedos). Hay actividad eléctrica en el cerebro, por debajo del tallo encefálico. Al comenzar el segundo trimestre, se producen nuevos cambios. En la semana 14, todo el cuerpo responde al estímulo táctil.

Durante el cuarto mes (semanas 15 a 18), la piel es transparente y fina, y el feto se voltea en el útero. En la semana 16 hay movimiento ocular. Al comenzar la semana 20 hay una respuesta al sonido. En el quinto mes (semanas 20 a 24), aparece el cabello en la cabeza y el **lanugo**, un vello suave que recubre el cuerpo, los dedos tienen uñas y huellas dactilares. También se desarrolla ampliamente la corteza cerebral. En el sexto mes (semanas 25 a 28), se mueve activamente cuando está despierto y tiene una posición preferencial.

En el séptimo mes, el feto aumenta de peso y de tamaño, se acomoda cabeza abajo y el vello corporal desaparece. En el séptimo mes comienza la actividad eléctrica en la corteza cerebral. En el período que va hasta el noveno mes, los pulmones están preparados para funcionar, se lo llama **bebé de término**.

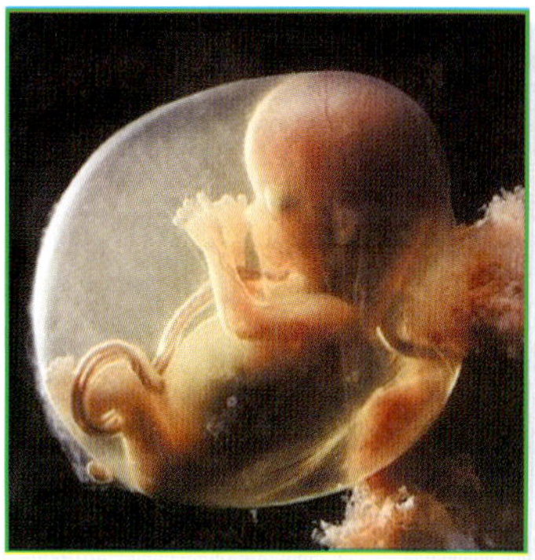

Feto de alrededor de 3 meses.

El parto

A los nueve meses de la fecundación tiene lugar el **parto**, que es cuando se produce la separación del bebé y la madre. El momento estimado del parto se puede realizar calculando 40 semanas desde el primer día de interrupción de la menstruación (en realidad el embarazo dura 38 semanas después de la fecha de fertilización).

Este proceso complejo para la madre y el bebé comienza con el llamado **trabajo de parto**, cuando el bebé desciende a la cavidad pélvica ubicándose cabeza abajo, en dirección al cuello del útero.

El parto dura varias horas, al término de las cuales se produce una serie de cambios importantes que se dividen en fases:

- en la **fase de contracción y dilatación**, el útero comienza a contraerse rítmicamente cada 20 o 30 minutos y de manera más intensa cada vez; se pierde el **tapón mucoso** que cierra el cuello del útero, mientras éste se acorta y dilata hasta alcanzar 10 cm de diámetro; además, se produce la **ruptura de la bolsa** (el amnios que contiene el líquido amniótico) y las contracciones se hacen más fuertes y continuas;
- en la **fase de nacimiento** o **expulsión**, el útero y la vagina forman el **canal del parto**; la contracción cada vez más fuerte del útero ayuda a empujar al bebé por el canal (**pujo**); una vez que el bebé emerge y respira, aún permanece unido a la placenta por medio del cordón umbilical, que el médico debe cortar; el primer color de la piel del bebé es azulado, y cambia a medida que continúa la respiración y se oxigena la sangre;
- en la fase de **alumbramiento**, continúan las contracciones del útero hasta que se expulsa la placenta.

Etapas o fases del parto

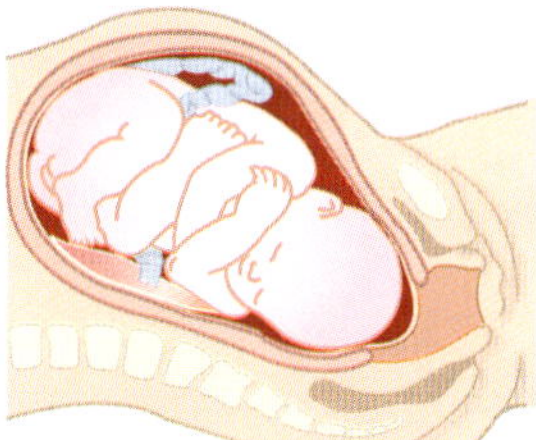

Posición del bebé

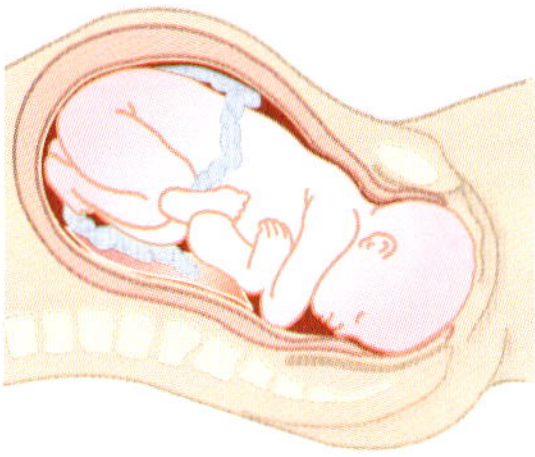

Apertura del canal del parto

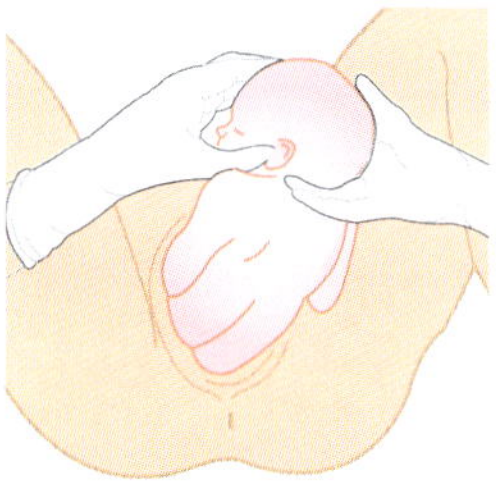

Expulsión

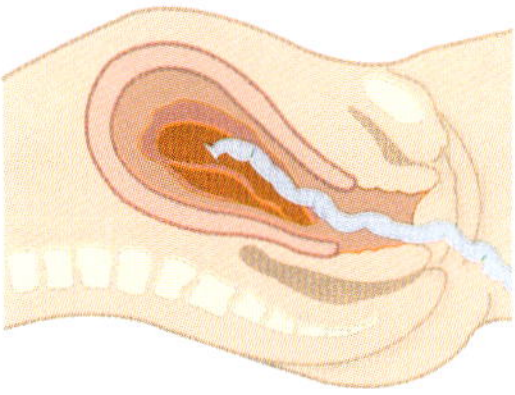

Alumbramiento

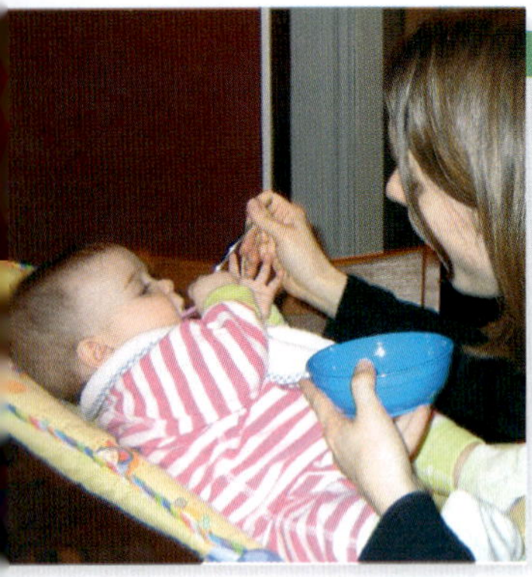

El recién nacido no puede sostener la cabeza y presenta reflejos como el de succión o el de prensión. Otro reflejo importante es el de la marcha, que se produce al mantenerlo parado sin tocar una superficie.

La leche materna es un alimento natural y completo que tiene todos los nutrientes y anticuerpos que el bebé requiere. Durante los primeros días después del parto, la mamá produce un líquido espeso llamado **calostro** que contiene muchas defensas. Después de tres o cuatro días, "baja" la leche madura, que es la que toman los bebés durante el resto de la lactancia.

El recién nacido

Al nacer, el bebé debe adaptarse al nuevo medio y comienza una vida independiente de la madre. Debe respirar, responder a los estímulos, como la luz, el sonido, el tacto y el dolor, enfrentar gérmenes. Además, comienzan a funcionar el riñón y el sistema digestivo, mientras que se produce un cambio sustancial en el sistema circulatorio para separar los circuitos mayor y menor (circulación sistémica y pulmonar).

En el momento del nacimiento, el bebé presenta ciertas características que se van transformando al madurar y crecer.

- Talla de entre 40 y 60 cm.
- Peso de entre 2.500 a 4.500 g al nacer. Después del nacimiento, los bebés descienden entre el 10 y el 15 por ciento de su peso inicial, y lo recuperan en aproximadamente dos semanas.
- Fontanelas craneales (se cierran en el transcurso de los primeros meses).
- El ombligo es la cicatriz que deja el cordón umbilical luego de que se seca y desprende (entre siete y diez días después del parto).
- Piel cubierta por una sustancia grasa, el vérnix y también por lanugo, suave pelusa que desaparece en las primeras semanas.
- Coloración gris azulada del iris.
- Falta de control de los músculos de los ojos.
- Puños siempre cerrados.

El crecimiento del bebé y la niñez

La **niñez** o **infancia** es la etapa inicial del crecimiento, entre el nacimiento y el comienzo de la pubertad. Si bien no todos los niños son iguales, aunque las diferentes etapas pueden variar en lapsos de meses, existe un patrón general: en este período la producción de hormonas sexuales es muy baja.

- **Dos meses:** mira fijamente, estira los brazos y cuando se lo coloca boca abajo, trata de levantarse apoyándose sobre sus brazos.
- **Tres meses:** eleva la cabeza, extiende las manos y los miembros inferiores. Sonríe a todos, juega con las manos, distingue sonidos propios de los que vienen del exterior y se interesa por las caras de las personas. Sostiene la cabeza y puede girarla.
- **Cuatro meses:** cuando se lo coloca boca abajo trata de levantarse apoyando sus puños sobre la cama. Se alimenta de comidas más sólidas, como puré y sopa.
- **Seis meses:** se arrastra y lleva objetos a la boca. Sale el primer diente. Cambia de mano los objetos y se mantiene sentado. Ríe a carcajadas.
- **Siete meses:** se mantiene sentado y en equilibrio, comienza a jugar con sus pies. Emite los primeros balbuceos y reconoce a los padres.
- **Ocho a nueve meses:** gatea y puede repetir sílabas (intenta hablar). Arroja objetos y se tiene de pie, apoyado. Comienza a comer por sí solo con la cuchara. Se mantiene erguido sostenido por algún objeto.
- **Primer año:** camina tomado de la mano y emite algunas palabras breves. Con los primeros pasos se inicia un período de grandes cambios: comienza a deambular y se convierte en un pequeño explorador. Reconoce a la gente con facilidad.
- **Tres años:** camina firme y erguido, corre y se sostiene en un pie. Puede controlar los esfínteres. Reconoce los colores rojo y amarillo. Comparte y juega con otros nenes.
- **Cuatro a diez años:** los dientes de leche son reemplazados por los definitivos. En la edad escolar, los chicos comienzan a desarrollar tareas cada vez más complejas, resuelven problemas y mejoran su lenguaje.

temasrelacionados

En el capítulo 13 se amplía la información sobre la estructura de las glándulas mamarias.

La adolescencia y la maduración sexual

La **adolescencia** se define como una fase o período específico del ciclo de la vida humana, y su extensión depende de factores diversos de tipo social, cultural y étnico. La OMS define la adolescencia como la etapa de la vida en la cual el individuo adquiere la capacidad reproductiva y transita los patrones psicológicos de la niñez a la adultez.

En la adolescencia se suelen considerar dos etapas principales:

- La **pubertad** o **período peripuberal**, alrededor de los 9 a 14 años, cuando se inician los cambios físicos más importantes que se relacionan con la maduración sexual. En las mujeres, la entrada en la pubertad se evidencia con el inicio de la menstruación (**menarca**). En los varones, se relaciona con algunos cambios físicos y las primeras eyaculaciones o **poluciones nocturnas**, durante el sueño. Desde el punto de vista psicológico, el adolescente se preocupa mucho por los cambios del propio cuerpo, intelectualmente aumentan sus habilidades cognitivas y sus fantasías, e inicia amistades con individuos del mismo sexo.
- La **adolescencia media** o **adolescencia propiamente dicha**, de los 14 a 16 años, cuando se completa el crecimiento y desarrollo somático. Está ligada a procesos psicológicos de máxima interacción con los pares, se comparten valores propios y comienza un proceso de afirmación personal que en ocasiones puede derivar en conflictos con los padres.
- La **juventud** o **adolescencia tardía**, de los 17 a los 24 años, caracterizada por cambios físicos, psíquicos y sociales, ligada al cambio de roles en la interacción social de la vida adulta y la toma de responsabilidades.

Algunos cambios importantes de la adolescencia incluyen: evolución del pensamiento concreto al abstracto, necesidad de independencia, pertenencia al grupo de pares (que cambia en forma permanente), manifestaciones de las conductas sexuales con desarrollo del conocimiento del propio cuerpo y el autoerotismo, contradicciones en las manifestaciones de la conducta y fluctuaciones del estado de ánimo, relaciones conflictivas con los padres y la sociedad en general, desarrollo de criterios propios.

prevención y salud

Derechos para jóvenes

La página del Consejo de los Derechos de Niños, Niñas y Adolescentes de la Ciudad Autónoma de Buenos Aires brinda información específica sobre distintos temas de interés para adolescentes. Puede ser consultada en: www.infanciayderechos.gov.ar

Maduración de las características sexuales

Desde la pubertad, se producen los cambios físicos más importantes en el cuerpo del varón y de la mujer. Maduran los **caracteres sexuales primarios**, en esencia, los órganos sexuales externos (pene, clítoris), que permiten desarrollar la sexualidad, así como las **gónadas**, u órganos sexuales internos (testículos, ovarios), que permiten establecer la capacidad de transmitir la vida, mientras se definen paulatinamente los **caracteres sexuales secundarios**, que distinguen externamente a ambos sexos.

Cambios en la mujer

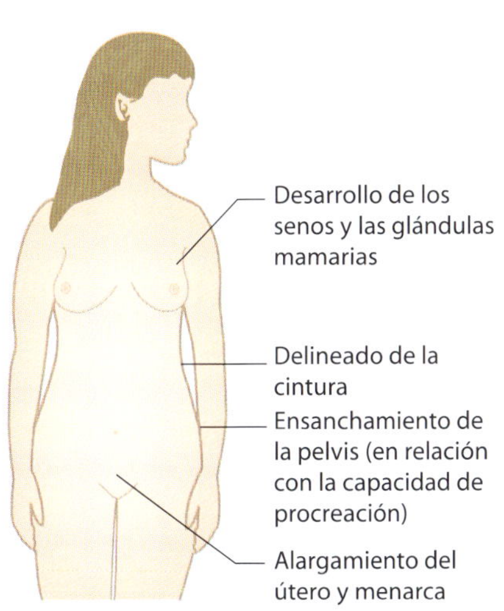

Cambios en el varón

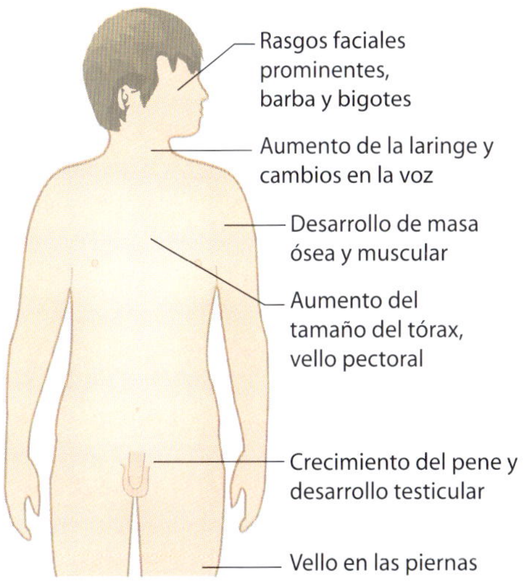

Estructura y función comparadas

Desarrollo en los seres vivos

En la semilla, además del endosperma se distingue la testa o tegumento que rodea al endosperma y al embrión, un micropilo para el ingreso del agua y el hilo que conecta la semilla al fruto.

En las plantas verdes con embrión, o embriófitos, que incluyen básicamente los musgos y todas las traqueófitas, o plantas vasculares, se produce una fase embrionaria multicelular derivada del cigoto diploide que dará lugar al esporofito. Sin embargo, el esporofito de los musgos se nutre a expensas del gametofito del cual se desarrolla, mientras que el de las plantas vasculares es independiente y desarrolla los órganos característicos vegetativos y reproductores.

Las gimnospermas y angiospermas (espermatofitos) tienen flores y semillas. Las **semillas** son las estructuras que contienen el embrión.

En las angiospermas se produce una doble fecundación que da origen al embrión diploide y al endosperma, o tejido nutricio triploide, por la fusión de dos núcleos del tubo polínico, uno con la oosfera y otro con las dos células polares del saco embrionario.

En las gimnospermas, en cambio, el endosperma es diploide al igual que la oosfera (no se produce doble fecundación).

El endosperma suministra energía y nutrientes para el crecimiento del embrión en desarrollo. El material nutricio contiene almidón y aceites, además de los cotiledones o primeras hojas, durante la germinación.

Mientras la semilla germina, se produce el crecimiento de los órganos primarios que forman el sistema radical, o subterráneo, y caulinar, o aéreo. Mediante procesos hormonales de maduración se produce el geotropismo, o crecimiento del sistema radical hacia el suelo por gravedad, y el fototropismo, o crecimiento del sistema caulinar hacia la luz.

En los insectos holometábolos, como las mariposas, las moscas y las abejas, se produce una metamorfosis completa, desde la oruga al adulto o imago, pasando por la etapa de pupa, con cambios morfológicos y fisiológicos sustanciales.

En los animales existen diferentes tipos de desarrollo. En los poríferos, sólo se alcanza el estadio de blástula. En los cnidarios, se forma la gástrula aunque no la capa de mesodermo. En los restantes animales bilaterales se produce el desarrollo de las tres capas embrionarias, aunque algunos animales son **protostomados**, como los anélidos, los moluscos y los artrópodos, en los que se produce la derivación de la boca del adulto a partir del blastoporo, o boca de la gástrula, o **deuterostomados**, como los cordados y equinodermos, en los que se produce el desarrollo de la boca como una neoformación y el ano deriva del blastoporo. Otra característica importante del desarrollo involucra la cantidad de vitelo del huevo que dará lugar a diferentes tipos de segmentaciones. Así, los huevos **oligolecíticos** y con poco vitelo darán una **segmentación holoblástica** (igual tamaño de los blastómeros) mientras que los **centrolecíticos** o los **telolecíticos** con vitelo concentrado en el centro, como los insectos, o en un extremo, como las aves y reptiles, se producirá una **segmentación meroblástica** (céntrica o discoidal, respectivamente).

El desarrollo de los animales puede darse en forma directa o indirecta mediante fases larvarias y metamorfosis. Además, en los insectos (y también en los nematodos o gusanos cilíndricos) se produde el proceso de ecdisis, o muda, controlado por la ecdisona, u hormona de la muda.

Algunos animales son ovíparos (nacen de huevos), otros incuban los huevos en el útero (**ovovivíparos**) o no ponen huevos sino que se forma el nuevo individuo directamente en el útero (**vivíparos**).

Los reptiles, las aves y los mamíferos son **amniotas**, presentan las membranas extraembrionarias aunque con diferente desarrollo.

En los mamíferos **placentarios**, incluido el ser humano, se forma una placenta. En los **marsupiales** el desarrollo se completa en el marsupio o bolsa especial, sin formación de placenta. Los **monotremas** (ornitorrinco y equidna) son mamíferos que ponen huevos.

ACTIVIDADES

1. Analicen los momentos clave en el crecimiento y desarrollo de un grupo de niños y niñas.

Formen grupos de compañeros y realicen una encuesta a madres de recién nacidos o con suficiente experiencia para determinar la edad aproximada en la que se producen los siguientes acontecimientos en la vida de los bebés:

1. Comienza a comer alimento sólido.
2. Sale el primer diente.
3. Cambia el color de los ojos.
4. Comienza el gateo.
5. Se para y camina.
6. Pronuncia la primera palabra, por ejemplo, mamá o papá.

Resultados

a) Establezcan la edad más temprana y la más tardía en la que ocurre cada uno de los acontecimientos estudiados.
b) Determinen la edad media para cada acontecimiento.
c) Corroboren la información recabada con la que aparece en el capítulo o en la bibliografía de consulta.

2. Respondan las siguientes preguntas

a) ¿Qué es la placenta?
b) ¿Cuál es la función de las membranas extraembrionarias y qué posición ocupan?
c) ¿Qué características tiene el recién nacido?
d) ¿Qué características maduran en el varón durante la pubertad?
e) ¿Qué características tiene el crecimiento del varón y de la mujer durante la pubertad.
f) ¿Cuál es la derivación de cada capa embrionaria y la diferencia entre embrioblasto y trofoblasto?
g) ¿Qué cambios se producen en cada etapa del parto?

autoevaluación

Elijan la respuesta correcta

1. El cierre de las fontanelas craneanas se relaciona con:
a) la pubertad; ☐
b) el crecimiento fetal; ☐
c) el primer año de vida. ☐

2. La implantación en el útero materno se produce en el estadio de:
a) blástula; ☐
b) gástrula; ☐
c) mórula. ☐

3. Del ectodermo derivan:
a) la columna vertebral y la musculatura; ☐
b) el tracto intestinal y los pulmones; ☐
c) el sistema nervioso y la epidermis. ☐

4. El último sistema orgánico en comenzar su desarrollo es:
a) el sistema respiratorio; ☐
b) el sistema digestivo; ☐
c) el sistema circulatorio. ☐

5. El alantoides tiene la siguiente función:
a) formar la placenta; ☐
b) es el sitio de formación sanguínea; ☐
c) permitir la flotación y protección del embrión. ☐

6. Se denomina feto al embrión después de:
a) tres semanas; ☐
b) dos meses; ☐
c) finalizado el tercer mes. ☐

7. El trofoblasto es la masa de células externas que:
a) produce las membranas extraembrionarias; ☐
b) segrega la gonadotrofina coriónica; ☐
c) forma el cordón umbilical. ☐

8. La primera de las fases del parto es:
a) contracción y dilatación; ☐
b) alumbramiento; ☐
c) nacimiento. ☐

9. Una señal del recién nacido es:
a) salida del primer diente; ☐
b) gateo; ☐
c) puños siempre cerrados. ☐

10. En la pubertad:
a) se completa el crecimiento somático; ☐
b) se produce la menarca en las mujeres; ☐
c) hay un cambio de roles. ☐

15 Noxas, enfermedades y sistema inmunitario

La viruela es una enfermedad que causó efectos devastadores al producir la mortalidad del 35% de la población mundial durante el siglo XVIII. En 1795, el médico inglés Edward Jenner (1749-1823) descubrió la vacuna contra la viruela, aunque en ese tiempo se desconocía su verdadera naturaleza. Casi un siglo después, entre 1885 y 1886, el químico y biólogo francés Louis Pasteur (1822-1895) desarrolló una forma atenuada del virus de la rabia, una enfermedad transmitida por los animales enfermos, por ejemplo, perros y lobos, y logró salvar miles de vidas al desarrollar un suero para aplicar a las personas enfermas.

Pasteur demostró que el carbunclo era causado por un bacilo, un tipo de bacteria, y sugirió la posibilidad de inducir una forma leve de la enfermedad en los animales vacunándolos con bacilos debilitados.

Vacunación. Jenner desarrolló la vacuna contra la viruela al inyectar a un niño con pus de una ordeñadora infectada. Observó que el niño no contraía la enfermedad. De esta manera, se desarrolló la vacunación como sistema para prevenir el contagio de ciertas enfermedades. El nombre de vacuna deriva de la inoculación inicial que realizó este científico.

Relación entre los agentes patógenos y las enfermedades

Posteriormente a los trabajos de Jenner y Pasteur, el médico escocés Robert Koch (1843-1910) descubrió la bacteria causante de la tuberculosis, y enunció cuatro postulados, que deben tenerse en cuenta para relacionar un germen con una enfermedad:

1. Obtener un germen de un organismo enfermo.
2. Cultivarlo en un medio artificial.
3. Como resultado del cultivo, al ser inoculado el germen a un animal de experimentación, debe producirle dicha enfermedad.
4. Aislar el germen en el animal de experimentación.

Si bien los postulados de Koch todavía tienen vigencia, hoy en día se conoce que, a pesar de que muchos agentes son específicos para determinadas enfermedades, la mayoría de ellas son **pluricausales,** ya que la forma en que éstas se desarrollan dependerá de otros factores, tales como las características propias del individuo y el ambiente en el que vive.

En la actualidad se conoce con mucha precisión la gran variedad de elementos peligrosos (de los cuales los gérmenes constituyen una parte notable) que pueden causar la pérdida del estado de equilibrio o salud. Estos factores se conocen como **noxas**, **agentes etiológicos** o **agentes patógenos**, elementos capaces de producir un desequilibrio en el normal funcionamiento del organismo, de manera tal que constituyen las causas desencadenantes de la enfermedad. No obstante, además de los agentes patógenos existen otros factores, como ciertas **deficiencias internas** de organismos y **alteraciones genéticas** que pueden intervenir en el origen de las enfermedades.

La salud y el estado de equilibrio

Seguramente a la mayoría de las personas muchas veces les ha tocado guardar reposo, concurrir a la consulta médica, consumir por algún tiempo medicamentos o realizar determinado tipo de tratamiento. En todos estos casos se intenta reestablecer el estado de equilibrio del cuerpo: la **salud**.

En la actualidad, la **Organización Mundial de la Salud** (**OMS**) define la salud como un estado de completo bienestar físico, mental y social, y no solamente como la ausencia de afecciones o enfermedad. Esta definición brinda una idea completa del concepto de salud al tener en cuenta las tres áreas específicas de integración del ser humano: el área biológica, el área psíquica y el área de relación, o esfera social. Estos tres ámbitos, que se presentan íntimamente relacionados en la vida cotidiana, mantienen un delicado equilibrio que posibilita la **adaptación** constante a los cambios que se presentan. Estos procesos permiten alcanzar un equilibrio (**homeostasis**) en el medio interno, que favorece el normal desarrollo de las funciones biológicas. El fisiólogo francés Claude Bernard (1813-1878) definió la homeostasis como la recuperación del estado de equilibrio o estabilidad del organismo ante una perturbación causada por agentes externos o internos.

El equilibrio que caracteriza el estado de salud es **dinámico** ya que sufre alteraciones constantes y diarias frente a las cuales el cuerpo se readapta permanentemente para tratar de mantenerlo estable, aunque cuando esto no se logra, se produce un desequilibrio que lleva a desarrollar la enfermedad. A partir de lo dicho, es posible considerar la salud como un **estado de armonía**, o **eutonía**, y la enfermedad como un **estado de distonía**, que puede tener diferentes **etiologías**, lo que significa diversos orígenes o causas propiamente dichas de la enfermedad.

prevención y salud

La importancia de la medicina moderna.
La medicina moderna permitió desarrollar una lucha en varios frentes no sólo contra la enfermedad sino a favor del mantenimiento del equilibrio y la salud. Para el mantenimiento de la salud es primordial la consulta médica y odontológica periódica.

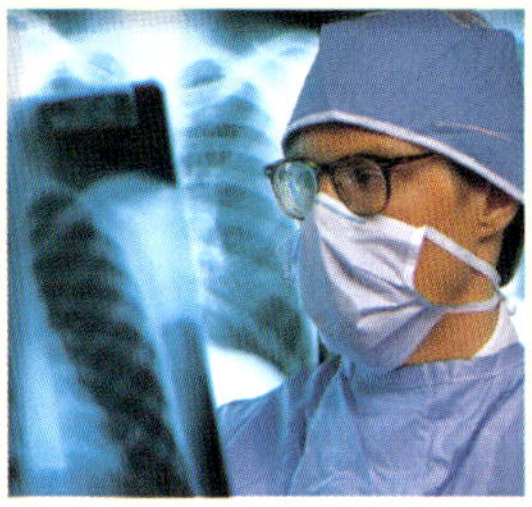

temasrelacionados

En los capítulos 6, 7 y 11 se analizan diferentes aspectos de la homeostasis en acción.

Factores relacionados con el estado de equilibrio

Clasificación de las noxas

Las noxas pueden provocar diversas enfermedades. Las **enfermedades agudas** son las producidas por un período muy breve de tiempo, como ocurre en el caso de los traumatismos o las intoxicaciones graves con sustancias químicas. En cambio, las **enfermedades crónicas** producen un malestar recurrente que puede perdurar a través de un período prolongado de tiempo, como las alteraciones de orden alimentario. Se habla de **noxas específicas** cuando desencadenan un efecto determinado, por ejemplo, el tabaco y el alcohol; y de **noxas inespecíficas**, cuando el efecto producido depende de las características biológicas y psíquicas propias del individuo.

No todas las noxas tienen el mismo origen, ni actúan sobre la misma área del individuo, ni con el mismo nivel de gravedad, por lo que para su estudio resulta importante clasificarlas. De acuerdo con su origen es posible diferenciarlas en:

Biológicas: incluyen a todos los organismos vivos que pueden producir una enfermedad en los seres humanos. Muchos de ellos son microscópicos, y se los denomina genéricamente **gérmenes** o **microorganismos patógenos**, aunque no todos presentan las mismas características, propiedades ni pertenecen a un mismo reino. Otras noxas biológicas son animales o plantas macroscópicos y pueden causar enfermedades o provocar otro tipo de lesiones físicas, como picaduras y mordeduras. En parte, estas últimas también pueden considerarse dentro de las noxas químicas ya que inoculan toxinas o sustancias que producen intoxicación.

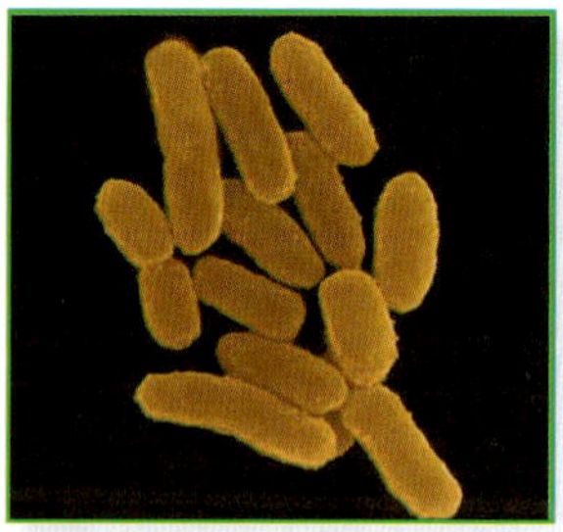

Bacteria patógena *Yersinia pestis.*

Físicas: a este grupo pertenecen todos aquellos elementos como: herramientas, maquinarias y medios de transporte, que usados en forma inadecuada pueden ocasionarnos un daño corporal, una discapacidad e incluso la muerte. Las quemaduras, las lesiones en la piel producidas por descargas eléctricas, la hipotermia, el congelamiento y las quemaduras ocurren también por noxas físicas.

El uso incorrecto de las máquinas puede ocasionar accidentes.

Químicas: en este grupo se ubican todas las sustancias, incluidas las de origen biológico, que actúan como irritantes, corrosivos o tóxicos para el organismo. Diversas noxas químicas pueden ingresar por el consumo de alcohol, tabaco y otras drogas no lícitas, la contaminación del aire por gases tóxicos como los óxidos de nitrógeno y azufre, las mordeduras o picaduras de animales que presentan glándulas venenosas como en el caso de las víboras, los escorpiones y las arañas y, especialmente, la intoxicación con productos químicos que se encuentran presentes en el ambiente, favoreciendo la polución del agua, del aire y del suelo, pueden ingresar fácilmente al organismo a través del contacto directo con ellos.

Psicosociales: como el hombre vive en sociedad y ésta influye sobre cada uno de sus integrantes a través de los hábitos, las creencias, la política y la economía, se crean muchas veces situaciones sociales que pueden afectar al individuo en forma altamente negativa, acarreándole problemas psíquicos y físicos. Por ejemplo, al ser marginado, no poder cubrir las necesidades básicas, no ejercer su derecho a la salud, no expresarse con libertad. El rechazo, la marginación, la discriminación por diferencias raciales, religiosas, ideológicas e incluso económicas, son la fuente de muchas enfermedades.

prevención y salud

Uso y abuso de medicamentos

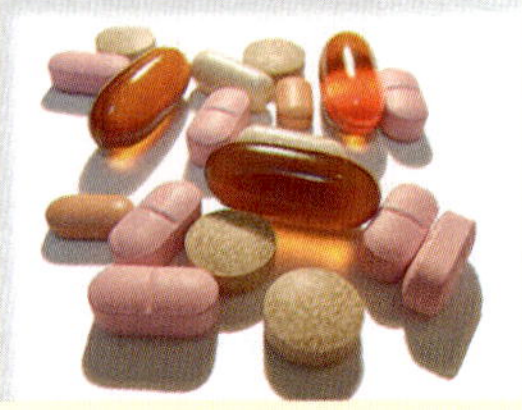

Los medicamentos deben cumplir funciones específicas bajo prescripción médica: para destruir gérmenes patógenos, como los antibióticos; prevenir enfermedades, como las vacunas; suministrar sustancias requeridas, como la insulina; aliviar el dolor, como las aspirinas. Sin embargo, entre las intoxicaciones se destacan aquellas producidas por la **automedicación** y el uso indiscriminado de diversos medicamentos.

temasrelacionados

En el capítulo 4 se amplía la información sobre enfermedades nutricionales. En el 9, se analizan algunos trastornos mentales. En el 16, se desarrolla la prevención de las enfermedades en la adolescencia y la problemática de las drogadependencias.

Diversidad de noxas biológicas: microbios y parásitos

Por su importancia desde las etapas iniciales de la vida del ser humano, las **enfermedades infecciosas**, causadas por agentes patógenos de origen biológico o sus toxinas, se cuentan entre las más estudiadas. Entre ellas se pueden mencionar:

1. Un primer grupo de enfermedades infecciosas que se relaciona con los virus: las enfermedades **virósicas** o **virales**. Los virus constituyen las estructuras biológicas más pequeñas que se conocen, y dadas sus características y propiedades, para muchos investigadores representan el eslabón que relaciona el mundo inerte con el mundo viviente. La única función asociada a la vida que realizan es la de reproducción que sólo pueden llevar a cabo cuando están dentro de una célula viva, por lo que se los considera **parásitos intracelulares obligados**. La mejor prevención contra los virus es la utilización de vacunas. Las enfermedades virósicas más comunes en el hombre incluyen: paperas, poliomielitis, herpes, sida, influenza o gripe, resfrío común, varicela, sarampión, rabia, las diferentes hepatitis (A, B, C son las más comunes), fiebre hemorrágica argentina, hantavirus y rubéola.

2. Otro grupo importante de microbios son las bacterias. Las enfermedades producidas por bacterias se denominan **bacterianas**. Su estructura es relativamente sencilla, son células procariotas que se reproducen asexualmente. Entre las enfermedades bacterianas más conocidas se destacan: tuberculosis, tifus, difteria, carbunclo, cólera, tétanos, lepra, botulismo, salmonelosis.

3. Los protozoos son microorganismos eucariotas, y si bien la mayoría es de vida libre, algunos son parásitos. Entre los protozoos más comunes se encuentran: el *Trypanosoma cruzii*, un flagelado que causa el mal de Chagas-Mazza; el plasmodio de la malaria o paludismo; el toxoplasma; uno de los agentes de la diarrea, *Balantidium colii*, un ciliado relacionado con el paramecio; *Trichomonas*, el agente de la tricomoniasis, un poliflagelado; y *Entamoeba hystolitica*, una ameba parásita que causa disentería amebiana.

4. Los hongos parásitos son causantes de las **micosis**. Entre las más conocidas que afectan al ser humano se encuentran: la aspergillosis, producida por *Aspergillus*, puede afectar gravemente los pulmones; las tiñas, que afectan el cuero cabelludo y destruyen la raíz del cabello; el muguet, micosis provocada por la levadura blanca que ocasiona enfermedades en la boca y la garganta de los niños; el pie de atleta, enfermedad causada por hongos de los géneros *Epidermophyton* y *Tinea*, y la candidiasis, debida a un hongo unicelular, la *Candida albicans*.

5. Los parásitos macroscópicos incluyen los platelmintos, o gusanos planos, los nematodos, o gusanos cilíndricos, los ácaros (arácnidos) y los insectos. Se clasifican en **endoparásitos**, o **parásitos internos**, cuando se ubican dentro del cuerpo de un huésped (generalmente en el tracto digestivo), como la lombriz solitaria y las tenias (platelmintos), *Ascaris lumbricoides* y los oxiuros (nematodos), y **ectoparásitos**, o **parásitos externos**, que viven sobre el cuerpo del huésped, como las chinches, piojos y ladillas (insectos), o las garrapatas y ácaros (arácnidos).

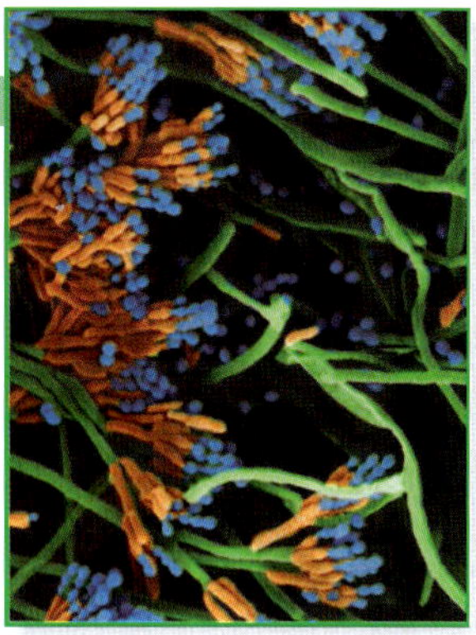

En el año 1929, Alexander Flemming descubrió el hongo del cual se obtiene la penicilina, *Penicillium notatum*, que es una sustancia antibacteriana.

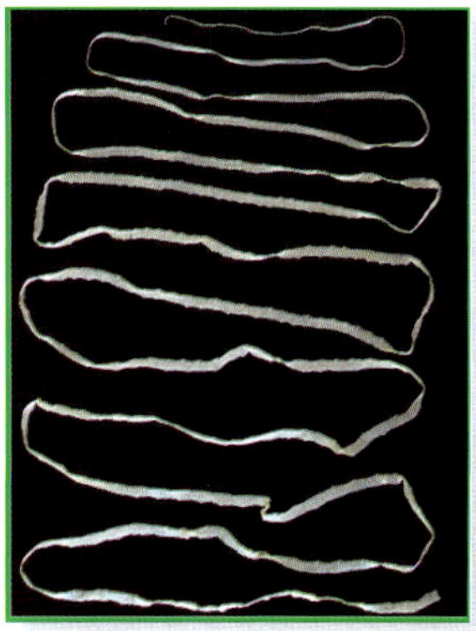

La *Taenia saginata* es un platelminto vulgarmente conocido con el nombre de "lombriz solitaria" ya que es un animal hermafrodita que se reproduce en el interior del intestino del ser humano y propaga sus huevos a través de las heces eliminadas, a diferencia del *Ascaris lumbricoides* que se encuentra en parejas en el intestino de los individuos parasitados.

temasrelacionados

En el capítulo 2 se analiza la distinción entre células procariotas y eucariotas. En el 16, se amplía la información sobre noxas biológicas relacionadas con las ITS (infecciones de transmisión sexual).

Clasificación de las enfermedades infecciosas

Una forma de clasificar las enfermedades es por noxas biológicas que las dividen en **transmisibles** y **no transmisibles**. Asimismo, en el caso de las transmisibles pueden producirse enfermedades conocidas genéricamente como **infecciones** o **enfermedades infecciosas**, que consisten en la penetración, desarrollo y multiplicación de un microorganismo en el interior del cuerpo, y las reacciones que se generan por la reproducción de estos agentes, **infestaciones**, que consisten en la invasión de un organismo por parte de parásitos tanto externos como internos.

Entre las primeras, se debe tener en cuenta cuál es la noxa biológica o agente etiológico que origina la enfermedad y la forma en que se produce el contacto. El agente etiológico puede llegar al cuerpo por diversas vías y alojarse en diferentes órganos: así se distinguen las **infecciones respiratorias**, como la gripe; las **infecciones digestivas**, como las úlceras bacterianas; las **infecciones del sistema nervioso**, como las meningitis, etcétera.

Desde otro punto de vista, se debe diferenciar la forma en que se produce el contacto, por transmisión de una persona o animal enfermo, o desde el ambiente a un individuo sano. Como la mayoría de las enfermedades infecciosas son también **contagiosas**, se habla de **infectocontagiosas**. Sin embargo, el contacto suele presentar diferentes aspectos.

- **Contacto directo:** abarca aquellas enfermedades infecciosas que se producen por contacto físico de persona a persona (contacto con sangre contaminada y acto sexual sin protección), como en el caso de las ITS, o infecciones de transmisión sexual; o bien, a través de las gotas de Flügge, o microgotas de saliva, que se expulsan al hablar, toser o estornudar y a través de las cuales el agente puede pasar directamente del individuo enfermo al sano.
- **Contacto indirecto:** abarca aquellas infecciones que se producen a partir del ambiente (aire, agua, alimentos) o por el uso de utensilios contaminados como son: ropa, vajilla, baños públicos, etc., a través de los cuales "viajan" los agentes que a su vez llegaron por la saliva, las heces o la orina de otras personas.

En los casos de enfermedades que se transmiten a través de huéspedes intermediarios o **agentes vectores**, la prevención apunta a su destrucción definitiva.

En los casos de enfermedades que se transmiten a través del contacto directo, se recomienda el aislamiento del enfermo durante el período que dure el peligro de contagio. Ejemplo de esto es la **cuarentena** que consiste en el aislamiento de un enfermo durante un tiempo no menor a 40 días, que es cuando se considera que el peligro de contagio de la enfermedad ya ha pasado.

prevención y salud

Enfermedades: fuentes y diseminación

Se denominan fuentes de infección o infestación a los lugares donde se reservan y diseminan los agentes que causan la enfermedad. Estas fuentes son muy diversas e incluyen el control sanitario de algunos factores ambientales que pueden vehiculizar microorganismos, como el aire, la tierra y el agua. El control sanitario a través de los organismos correspondientes y la higiene ambiental constituyen las medidas más efectivas de prevención.

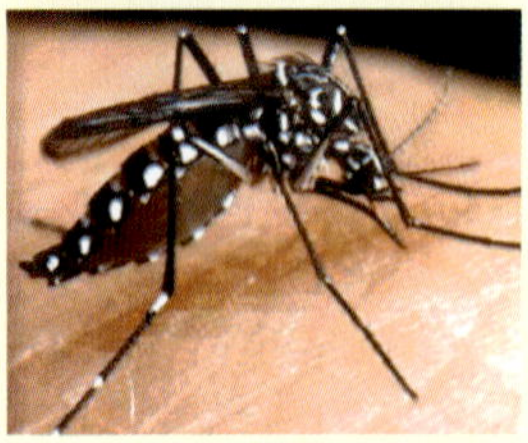

Vías de entrada y desarrollo de las enfermedades

Las enfermedades transmisibles y no transmisibles de tipo biológico pueden llegar al organismo desde diferentes puertas de entrada. En algunos casos, esta vía es la bucal o faríngea, o la nasal, como las enfermedades respiratorias y las alergias (por ejemplo, la fiebre del heno producida por los granos de polen) y en otros casos la causa de la afección se relaciona con el contacto de la sangre infectada, como en la hepatitis B o en las ITS.

Además, varias enfermedades se relacionan con deficiencias internas y se desarrollan desde el interior del organismo.

Parasitosis y parasitismo

El grupo de enfermedades infecciosas causadas por hongos, protozoos y parásitos macroscópicos se denomina **parasitosis**. Desde un punto de vista ecológico, el **parasitismo** es una relación interespecífica que se establece entre dos individuos de diferentes especies en la cual uno de ellos actúa como hospedador.

En muchas de las enfermedades producidas por parásitos macroscópicos, el parásito debe pasar una parte de su vida en el interior de otro individuo conocido como "hospedador intermediario", su presencia es indispensable para que se complete alguna de las etapas del desarrollo parasitario, luego de la cual recién pueden pasar al hospedador definitivo, que es el individuo que padecerá la enfermedad propiamente dicha.

Ciclo biológico de *Schistosoma mansonii*.

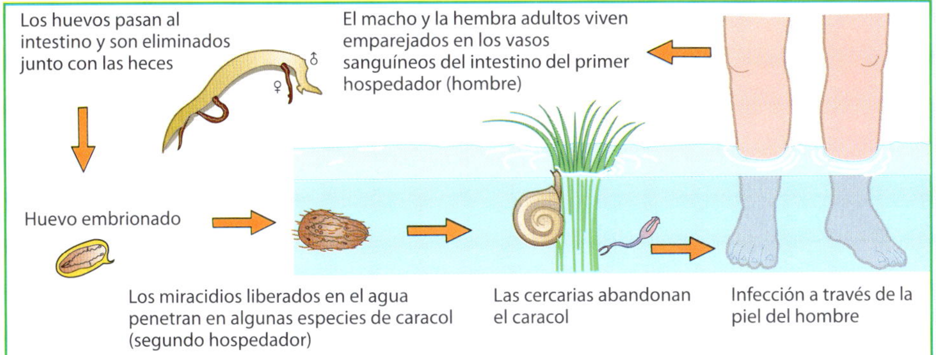

En la **esquistosomiasis**, el parásito es un platelminto del grupo de las duelas. El **hospedador intermediario** es un caracol de agua dulce. A esta enfermedad se la suele conocer también como enfermedad de las represas, ya que éstas crean un medio adecuado para su proliferación.

Epidemias, endemias, pandemias

También las enfermedades transmisibles y no transmisibles se pueden clasificar según el número de casos y la distribución geográfica de la enfermedad. En general, se habla de **epidemias** cuando una enfermedad se expande en una población, con un gran número de casos, en forma explosiva. Si la enfermedad persiste en una región del país, como el mal de Chagas-Mazza que se distribuye en gran parte del territorio argentino, o el bocio endémico, en las provincias del NOA, se habla de **endemias**. Si, en cambio, una enfermedad persiste en el tiempo y alcanza una distribución mundial, como la viruela en otras épocas, o el sida en la actualidad, se habla de **pandemias**.

Enfermedades nuevas y emergentes

Las **enfermedades nuevas** son aquellas antes desconocidas para la ciencia. Muchas veces se relacionan con la alteración del ambiente, por ejemplo, en el caso del virus del Ébola, donde la tala de la selva favoreció el contacto de las personas con animales transmisores de la enfermedad o, recientemente, la SARS y la fiebre aviar. También la expansión del virus Junín transmitido por especies de roedores nativos podría incluirse dentro de las enfermedades que se expanden por la alteración del ecosistema y la proliferación de una especie. En otros casos, algunas enfermedades aumentan su área de distribución por la alteración del ambiente o el cambio climático, como la esquistosomiasis, o mal de las represas, y el virus del dengue transmitido por el mosquito Aedes, que aparecieron en áreas templadas. Las enfermedades que se creían controladas y reaparecen, como la poliomielitis, debido a la expansión de la pobreza, se denominan **emergentes**.

prevención y salud

Dengue

El dengue es una enfermedad viral que transmite un mosquito: el *Aedes aegypti*. Los síntomas son: fiebre, dolor de cabeza, dolor muscular, dolor en las articulaciones, nauseas y vómitos, cansancio intenso, manchas en la piel, picazón, sangrado de encías y de nariz. Ante la presencia de estos síntomas es importante no automedicarse y consultar al médico. Hasta el momento no existe vacuna contra esta enfermedad. La principal medida de prevención es **impedir la reproducción del mosquito** que se cría en recipientes con agua. Es muy importante:

- Desechar todos los objetos inservibles que estén al aire libre y que puedan acumular agua de lluvia, como latas, botellas, neumáticos, frascos, etc.
- Renovar el agua de floreros y bebederos de animales, al menos cada tres días.
- Mantener boca abajo los recipientes que no se usen: baldes, macetas, tachos, etc.
- Tapar los recipientes utilizados para almacenar agua como tanques, barriles y toneles.

Barreras e inmunidad

Cuando la noxa o agente patógeno llega al organismo, éste reacciona con diferentes tipos de **barreras** o **defensas**, que se clasifican en tres clases: primarias, secundarias y terciarias.

Las **barreras primarias** se relacionan con los órganos internos del cuerpo. Incluyen las secreciones de las glándulas sudoríparas y sebáceas de la piel, la protección externa (queratina) y lisozimas de la epidermis, el epitelio ciliado y la secreción de mucus en las vías respiratorias, el ácido clorhídrico del estómago, las enzimas digestivas producidas por la saliva, el jugo estomacal e intestinal y las glándulas anexas, la orina producida por los riñones y almacenada en la vejiga urinaria que elimina diferentes microorganismos.

Las **barreras secundarias** se relacionan con diversos tipos de células sanguíneas.

Los **granulocitos** o **polimorfonucleares** incluyen los **neutrófilos**, relacionados con proteínas plasmáticas denominadas **opsoninas** que se unen a las bacterias y ayudan a neutralizarlas. Estos agentes patógenos son englobados por el movimiento ameboide y la fagocitosis de los macrófagos, que presentan la capacidad de atravesar los capilares sanguíneos, y responder al estímulo químico que producen esos agentes. Por su parte, los **monocitos** son atraídos por las toxinas que liberan los agresores y al llegar al lugar se transforman en macrófagos.

Además, existen proteínas defensivas: como los **interferones**, que atraen a los macrófagos. Tanto los neutrófilos como los basófilos contienen gránulos de **histamina** que desencadenan la **respuesta inflamatoria**, o **inflamación**, que se produce ante la herida o la infección. A diferencia de los neutrófilos, que atacan las bacterias y virus, los basófilos actúan sobre los gusanos parásitos y las proteínas tóxicas (toxinas).

Las barreras primarias y secundarias son inespecíficas y, por lo tanto, no discriminan entre diferentes agentes patógenos (no expresan inmunidad) ni tienen memoria de esta acción.

Las **barreras terciarias** constituyen la **respuesta inmunitaria**, o **inmunidad**, que se relaciona con la acción de los linfocitos. Los **linfocitos T** se producen en el timo. Utilizan a otras células como mediadoras para destruir los antígenos. Son los responsables de la **inmunidad celular**. Los **linfocitos B** son elaborados por la médula ósea, donde también maduran, y el bazo. Fabrican **anticuerpos**, o **inmunoglobulinas**, que son sustancias proteicas, con una forma tridimensional característica, que reconocen específicamente cada agente patógeno y lo relacionan con un **antígeno**.

La activación de los linfocitos B requiere de su unión a un antígeno que ha ingresado en el cuerpo. Algunas de las células hijas se desarrollan en **células plasmáticas** (de vida corta y liberadoras de anticuerpos) y otras, en **células de memoria** (de vida larga, portadoras de anticuerpos).

Un tipo especial de linfocitos, las **células asesinas** o **citotóxicas** naturales (*NKC*, en inglés, *natural killer cells*), buscan a las células anormales y las eliminan rápidamente (funcionan como "policía celular" de los tejidos). Las sustancias tóxicas que liberan se denominan **perforinas**.

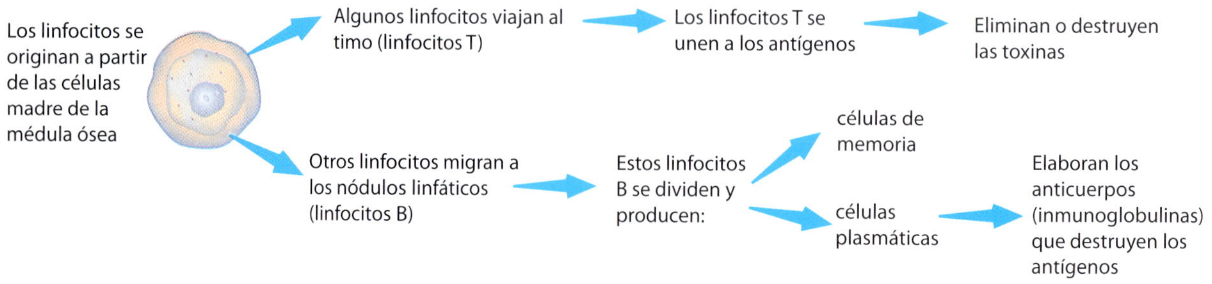

prevención y salud

Tipos de inmunidad

Cuando la inmunidad se adquiere en forma artificial, como en los casos examinados en la apertura del capítulo relacionados con los descubrimientos de Jenner y Pasteur, la inmunidad puede ser:

- **activa:** desarrollada mediante vacunas, que son las noxas biológicas, o toxinas atenuadas, que originan un mecanismo inmunitario aunque no provocan la enfermedad; elaboran los anticuerpos que tienen una acción prolongada.
- **pasiva:** desarrollada a partir de sueros que tienen anticuerpos fabricados por otro ser vivo (no humano) y ofrecen una inmunidad rápida aunque no duradera (poco estable).

temas relacionados

En el capítulo 6 se amplía la información sobre las características de la sangre. En el 7, se analiza la formación de la orina y sus características.

Estructura y función comparadas

Agentes patógenos y enfermedades de otros seres vivos

Los agentes patógenos atacan a todo tipo de seres vivos y producen enfermedades, lesiones y otros trastornos que dificultan su adaptación al ambiente, o incluso aumentan la incidencia de la predación o el parasitismo.

Diferentes especies de virus tanto de ARN como de ADN son parásitos intracelulares de arqueas, bacterias, plantas y animales. Por ejemplo, el virus del tabaco produce graves afecciones en las hojas y los tallos de esta planta y puede destruir cultivos.

Diversas bacterias infectan exclusivamente especies de plantas y animales, como diversas especies de clamidias y micoplasmas que atacan al ganado.

Entre los grupos de parásitos específicos que atacan a otros seres vivos se cuentan los **acantocéfalos**, un grupo de gusanos seudocelomados emparentados con los nematodos y los rotíferos. Estos animales parasitan diversos grupos de invertebrados y vertebrados de importancia económica para el ser humano.

Otro grupo de organismos patógenos investigado recientemente son las **microsporas**, parásitos intracelulares emparentados con los hongos. Estos organismos producen encefalitis y otras enfermedades graves que afectan a los invertebrados marinos y a los peces.

Los **plasmomicotas**, como el género *Spongospora*, son un grupo de protistas que atacan exclusivamente a los hongos, las plantas y las algas.

Finalmente, cabe mencionar tres grupos adicionales de parásitos de descubrimiento reciente que atacan a diversos animales, como los bancos de peces y algunos invertebrados. El primer grupo lo constituyen extrañas algas verdes parásitas, sin cloroplastos, de los géneros *Prototheca* y *Helicosporidium*. El segundo grupo está representado por el género de dinoflagelados, parásitos de los peces del género *Pfiesteria*. El tercer grupo son los **mesomicetozoos**, un grupo de organismos relacionados con los animales aunque muy primitivos, representados por los géneros *Sphaerothecum*, *Dermocystidium* e *Ichtyophonus*, parásitos de peces, ostras, caracoles y lombrices.

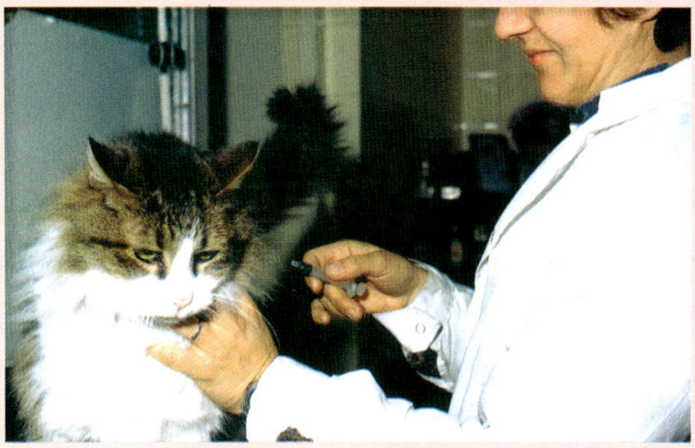

Seres vivos peligrosos

El hombre recibe un gran beneficio de especies tanto animales como vegetales, aunque en algunos casos éstas también pueden perjudicarlo. Entre los vegetales, existe una innumerable cantidad de usos benéficos para la salud del hombre, pero se pueden apreciar sus efectos negativos en los casos de plantas productoras de venenos y sustancias irritantes, como las espinas de las ortigas (familia de las *Urticaceae*), los opiáceos (familia de las *Papaveraceae*) y otra infinidad de toxinas que producen desde alergias, como los granos de polen de las compuestas, hasta severas intoxicaciones.

En el caso de los animales, están los que nos brindan alimento a diario, y los que pueden afectar la salud a través de una acción directa, como ataques y mordeduras, envenenamiento por toxinas (arañas, alacranes, insectos y serpientes), acción de parásitos, protozoos y microbios, y los que actúan como transmisores y sus vehículos. En el caso particular de los artrópodos venenosos, en el país se destacan las arañas *Latrodectus sp.* (viuda negra) y *Loxoceles* (araña de los cuadros). Entre las serpientes agresivas y venenosas se encuentra la yarará, *Bothrops atrox*. En el Instituto Malbrán de la Ciudad Autónoma de Buenos Aires se trabaja con numerosas toxinas de diferentes animales venenosos y se producen sueros específicos.

Zoonosis

Cuando se requiere la intervención de otra especie (generalmente insectos u otros artrópodos, como las garrapatas), para transportar los microbios y ayudarlos a ingresar en el cuerpo, se habla de zoonosis o enfermedades transmitidas por animales. En este caso, el animal transmisor se denomina vector de la enfermedad. Por ejemplo, en el mal de Chagas-Mazza el agente etiológico es el tripanosoma, un protozoo, pero el vector es la vinchuca, un insecto del grupo de los hemípteros. En algunos casos existe una verdadera cadena de vectores, por ejemplo, las pulgas (insectos) de la rata negra (mamífero) pueden transmitir la peste bubónica, causada por una bacteria.

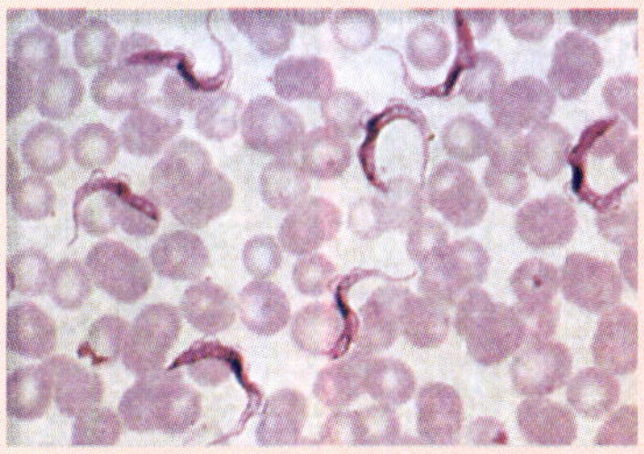

Tripanosomas en un frotis de sangre.

EXPERIENCIAS

Cultivo y observación de microorganismos

La propuesta es la preparación de diversos cultivos de algunos de los organismos descriptos para la observación con el microscopio.

Materiales

Cinco cápsulas de Petri; un pinza o aguja de disección; microscopio; portaobjetos; cubreobjetos; gotero; hojas de lechuga; trozos de frutas maduras; trozos de pan húmedo; agua de un florero con trozos de tallos y hojas de las flores; pasto seco; agua; leche.

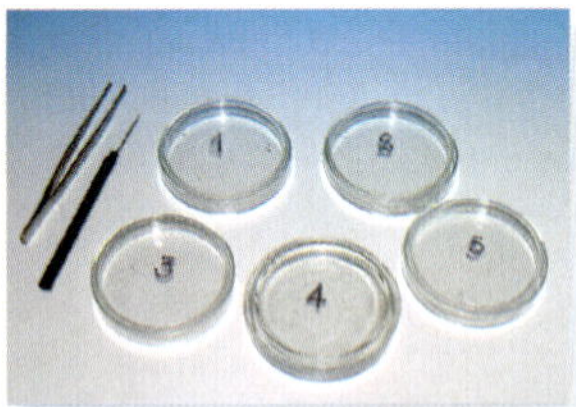

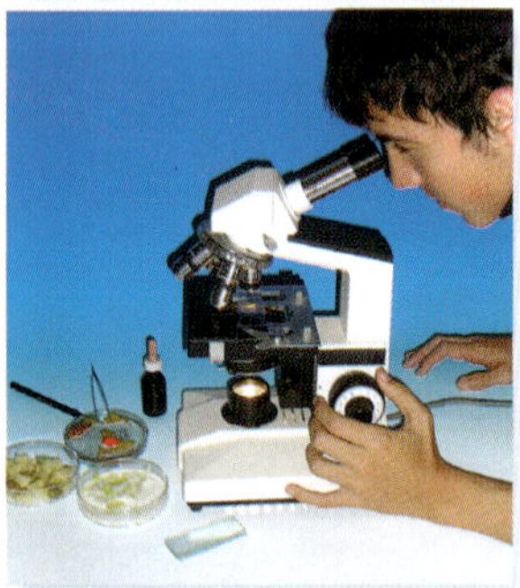

Procedimiento para la realización del cultivo

1. Numeren las cápsulas del 1 al 5.
2. En la cápsula número 1 coloquen los trozos de frutas mezcladas (naranja, ciruela, uvas, etc.), en la cápsula número 2 ubiquen hojas de lechuga y cúbranlas de agua con unas gotas de leche, en la tercera cápsula coloquen el pan húmedo (no debe estar empapado), en la siguiente cápsula viertan agua de la zona superficial de un florero y flotando sobre ella ubiquen pequeños trozos del tallo de las flores y algunas hojas. En el último recipiente pongan el pasto seco y cúbranlo con agua.
3. Dejen los recipientes en contacto con el aire durante 24 horas, luego colóquenles la tapa y manténganlos en un lugar cálido evitando el contacto con la luz directa del sol.
4. Examinen las cápsulas a diario y registren los cambios que perciben en cada una de ellas en la siguiente grilla de trabajo:

Cápsula	Día 1	Día 2	Día 3	Día 4	Día 5	Día 6
1						
2						
3						
4						
5						

5. Al describir los cultivos señalen la apariencia, el color, el tamaño y cualquier otro cambio significativo que observen.
6. Después de seis o más días de haber obtenido y controlado los cultivos, retiren una pequeña porción del material de las cápsulas en las que observen masas algodonosas y blanquecinas, o unas gotas del agua de las cápsulas con medio líquido. En ambos casos coloquen cada una de las muestras en un portaobjetos identificado con el número de la cápsula de la que se retiró el material a observar. Cúbranlos con un cubreobjetos y llévenlos al microscopio para analizar las muestras.

Análisis

a) Realicen un esquema del aspecto macroscópico del contenido de cada cápsula, al lado de cada una de ellas, hagan un esquema de lo observado microscópicamente en la muestra que corresponde. En los esquemas microscópicos, señalen qué microorganismos y estructuras han podido reconocer.

b) Especifiquen a qué conclusiones arribaron y analicen:
¿A qué reinos pertenecen los microorganismos que reconocieron?
¿Qué grupo de microorganismos se encontró más ampliamente distribuido?
¿Qué sucedió con los alimentos a medida que transcurrieron los días?
¿Qué microorganismos observaron que presenten orgánulos para la locomoción?

ACTIVIDADES

- Investiguen sobre las enfermedades que se señalan en la primera columna y luego completen el cuadro.

Enfermedad	Tipo de noxa	¿Presenta agente etiológico?	¿Presenta agente vector?	Tipo de enfermedad
Influenza				
Lepra				
Botulismo				
Varicela				
"Pie de atleta"				
Cólera				
Paperas				
Apunamiento				
Salmonelosis				
Tuberculosis				
Quemadura				
Dengue				
Escorbuto				
Artritis				
Toxoplasmosis				
Triquinosis				
Alcoholismo				

autoevaluación

Elijan la respuesta correcta

1. Se define salud como:
a) la ausencia de síntomas de enfermedad; ☐
b) el estado de completo bienestar físico, mental y social; ☐
c) el equilibrio psico-social de los individuos. ☐

2. Se entiende por noxa:
a) todo ser vivo que produce una enfermedad; ☐
b) todo elemento biológico, físico, químico o social que provoca una enfermedad; ☐
c) los elementos inertes que producen un daño en nuestro cuerpo. ☐

3. Las enfermedades infecciosas son causadas por:
a) noxas biológicas; ☐
b) noxas psicosociales; ☐
c) deficiencias internas. ☐

4. Las enfermedades infectocontagiosas son producidas por:
a) virus y bacterias; ☐
b) todos los microorganismos patógenos; ☐
c) virus, hongos y endoparásitos. ☐

5. Todos los microorganismos presentan una de estas características.
a) actúan como parásitos frente a un huésped; ☐
b) son filtrables; ☐
c) pueden ser observados con un microscopio óptico. ☐

6. Los agentes vectores de una enfermedad son:
a) agentes de contagio directo; ☐
b) grupos de seres vivos capaces de transmitir una enfermedad; ☐
c) grupos de seres vivos que padecen enfermedades típicamente humanas. ☐

7. Los virus son considerados:
a) parásitos intracelulares facultativos; ☐
b) parásitos intracelulares obligados; ☐
c) parásitos intracelulares temporales. ☐

8. Se entiende por bacterias patógenas aquellas que:
a) causan enfermedades al hombre; ☐
b) tienen vida independiente; ☐
c) viven en simbiosis con el hombre. ☐

9. La inmunidad y las barreras terciarias se relacionan con los:
a) linfocitos; ☐
b) granulocitos; ☐
c) mucosas. ☐

10. Las enfermedades degenerativas se producen a partir de una alteración:
a) en las células o en los tejidos de un órgano; ☐
b) en el funcionamiento de algunos órganos; ☐
c) en el material hereditario del individuo. ☐

Prevención de la salud: ITS y drogadependencias

Durante el siglo XIX, los aportes realizados por diferentes investigadores determinaron un vuelco en el enfoque de la Medicina al rescatar la importancia de la prevención a partir de las acciones individuales y colectivas, como el saneamiento ambiental, la nutrición equilibrada, el diagnóstico precoz, la higiene personal y las condiciones de salubridad en los centros asistenciales. Todas estas reformas llegaron de la mano de ilustres médicos, como los ingleses Edwin Chadwick, John Simon y Joseph Lister, el alemán Max von Petterkofer y el húngaro Ignaz Philipp Semmelweis.

Joseph Lister (1827-1912) inició las prácticas antisépticas, además de destacar la importancia de la prevención a través de la consulta médica y la vacunación para evitar las enfermedades infecciosas.

Campaña de salud. Las campañas sobre el cuidado de la salud incluyen charlas, cursos y talleres destinados a la prevención de enfermedades de transmisión sexual y de adicciones. Constituyen algunas de las herramientas de la promoción de la salud.

La prevención y el cuidado de la salud

La **prevención** abarca las acciones o prácticas que permiten el mantenimiento de la salud o evitan la alteración del equilibrio físico, psíquico o social que conducen a la enfermedad.

Es posible distinguir tres tipos de prevención: primaria, secundaria y terciaria.

La **prevención primaria** comprende todas aquellas acciones destinadas a proteger a las personas de los agentes que causan las enfermedades. La higiene personal y del ambiente en el que vivimos, la consulta regular al médico y al odontólogo, un plan alimentario equilibrado, la práctica de deportes, la vida al aire libre, la diversión y el ocio recreativo son conductas preventivas efectivas que se pueden llevar a cabo en forma individual. En lo comunitario, el objetivo de la prevención primaria es disminuir la frecuencia de aparición de las enfermedades.

La **prevención secundaria** comprende todas aquellas medidas tendientes a evitar que una enfermedad avance. Para ello, el médico recurre al diagnóstico precoz a través del examen físico y los análisis clínicos, y a la aplicación de tratamientos oportunos y adecuados.

La **prevención terciaria** abarca las medidas tendientes a disminuir los efectos de la enfermedad a medida que ésta avanza. Busca atenuar las secuelas que produce la enfermedad, limitar la incapacidad que provoca en el paciente y lograr su rehabilitación.

La **promoción de la salud** se relaciona directamente con las campañas preventivas, la difusión de las acciones positivas y la educación sanitaria.

En la adolescencia, la promoción de la salud cobra especial importancia en la escuela, ya que durante esta etapa se presenta como el ámbito social donde los adolescentes encuentran un espacio compartido para aprender prácticas y acciones de vida saludable.

Las ITS (infecciones de transmisión sexual)

Las **ITS**, o **infecciones de transmisión sexual**, constituyen un grupo de enfermedades infectocontagiosas que se transmiten principalmente por vía sexual. En la antigüedad se las conocía con el nombre de enfermedades "venéreas", haciendo referencia a Venus, diosa de la belleza y madre del amor en la mitología romana.

La principal puerta de entrada en el organismo de estas enfermedades son los órganos genitales, y el contagio se produce por contacto sexual. En la actualidad, las transfusiones de sangre, el uso de jeringas contaminadas y la transmisión madre-hijo durante el embarazo o amamantamiento constituyen vías alternativas de contagio muy comunes. Sin embargo, el grado de contagio o virulencia que tiene cada microorganismo considerado agente patógeno resulta muy variable.

Dos ITS habituales: blenorragia y sífilis

La **blenorragia**, o **gonorrea**, es la ITS más frecuente y una de las más antiguas. Esta enfermedad es causada por la llegada al cuerpo de una bacteria conocida con el nombre de gonococo de Neisser que encuentra sus formas de acceso a través del contacto directo producido durante la actividad sexual y, también, aunque de manera poco frecuente, a través del uso de elementos contaminados que pudieran tomar contacto con los órganos genitales.

Luego de un breve período de incubación, pueden aparecer síntomas que llevan a la consulta médica, aunque es importante tener en cuenta que cuatro de cada cinco mujeres que padecen la enfermedad, permanecen completamente asintomáticas durante su desarrollo. Cuando no hay tratamiento oportuno, los gonococos invaden el interior de los órganos reproductores provocando daños mayores.

- En las mujeres, la infección puede atravesar el útero, las trompas y llegar a los ovarios provocando una inflamación que se caracteriza por dolor en el bajo vientre y fiebre. En los casos no tratados puede ocasionar esterilidad.
- En los varones, se produce un cuadro similar que afecta las glándulas productoras de semen. En los casos más severos, la infección invade los testículos dejando como secuela la esterilidad.

Por su parte, la **sífilis** es una enfermedad que puede ocasionar graves complicaciones que afectan la piel, las mucosas, el sistema nervioso y otros órganos internos. Es producida por la bacteria *Treponema pallidum*, comúnmente conocida con el nombre de espiroqueta pálida. De acuerdo con la forma de contagio, es posible diferenciar una **sífilis congénita**, transmitida por la madre al feto antes del nacimiento, y una **sífilis adquirida**, en referencia a la que se contrae después del nacimiento. En este último caso, las espiroquetas llegan al cuerpo e ingresan a través de pequeñas heridas en la piel o las mucosas durante el acto sexual y se multiplican rápidamente.

Durante el curso de la enfermedad se distinguen tres períodos, o fases, diferenciados.

- **Período primario:** en el lugar de entrada de la espiroqueta (generalmente zona genital aunque también puede ser en la boca) se forma un sifiloma primario o chancro, que es una pequeña úlcera redondeada indolora. Al mismo tiempo se inflaman los ganglios linfáticos.
- **Período secundario:** si la enfermedad no es tratada, las espiroquetas invaden otros órganos del cuerpo apareciendo como signo característico lesiones en la piel, como manchas rosadas o ampollas. Cabe aclarar que esta etapa de la enfermedad es la más contagiosa.
- **Período terciario:** sobreviene en los individuos no tratados y aparece luego de unos 20 años del contagio. Los treponemas diseminados por todo el organismo atacan distintos órganos provocando lesiones y destrucción, las más importantes son las que aparecen en el sistema nervioso central.

prevención y salud

Variedad de ITS

Dentro de las enfermedades que se producen con mayor frecuencia es posible mencionar la tricomoniasis, el herpes genital, la candidiasis, la sífilis, la gonococia, o blenorragia, el herpes genital y el sida. Sus agentes son de naturaleza muy diferente e incluyen virus, bacterias y parásitos. Las ladillas (causadas por el piojo *Phtirium pubis*) y dos enfermedades diferentes causadas por virus de ADN, la hepatitis B y la hepatitis C, también se incluyen entre las causas frecuentes de ITS.

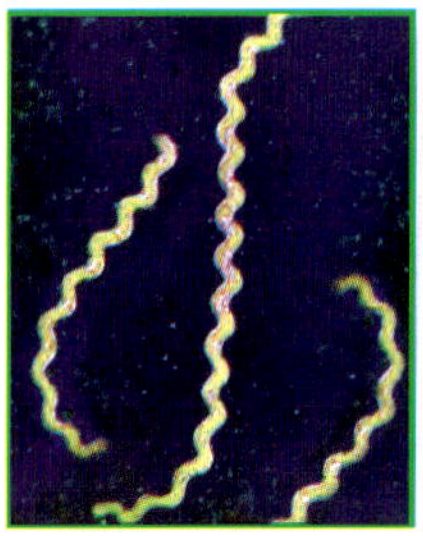

La espiroqueta es una bacteria que se caracteriza por presentar una forma espiralada similar a un tirabuzón.

temasrelacionados

En el capítulo 13 se analizan los cambios que ocurren en la adolescencia y en el 15, se trata acerca de las noxas biológicas y enfermedades infecciosas.

El sida, la última gran pandemia

Virus del sida

El HIV pertenece al grupo de los **retrovirus** que se caracterizan por poseer moléculas de ARN protegidas por moléculas proteicas.

Una de las claves para entender el mecanismo de acción del HIV en el cuerpo es una enzima viral conocida con el nombre de **transcriptasa inversa**. Cuando el virus infecta una célula sana, la presencia de esta enzima posibilita que se utilice el material genético de la célula invadida para copiar la información genética de la molécula de ARN viral formando nuevas moléculas, pero que en este caso serán de ADN. Estas moléculas de ADN intermediarias poseen la información genética proveniente del virus y son capaces de invadir el núcleo de los linfocitos T del huésped integrándose con el ADN celular, formando una estructura conocida como provirus. A partir de esto, cuando el linfocito T infectado se divide, el provirus se transmite a las células hijas como parte de la herencia genética, pudiendo permanecer en estado latente durante mucho tiempo.

temasrelacionados

En el capítulo 15 se amplía la información sobre los mecanismos de acción de los linfocitos T y B, y la inmunidad.

Sida es un término que se utiliza para designar la enfermedad infecciosa crónica provocada por el **virus HIV**, o **virus de inmunodeficiencia humana**, que forma parte del grupo de los retrovirus. Éste ataca a un tipo de células muy particulares, los linfocitos T, que constituyen un tipo de glóbulo blanco encargado de defender el organismo contra otras enfermedades. De esta manera, la enfermedad afecta el sistema inmunológico del organismo al disminuir de manera progresiva e irreversible las defensas del huésped y dejarlo expuesto a contraer diferentes tipos de enfermedades, conocidas como **oportunistas**, porque dada la deficiencia inmunológica del enfermo, pueden provocarle la muerte.

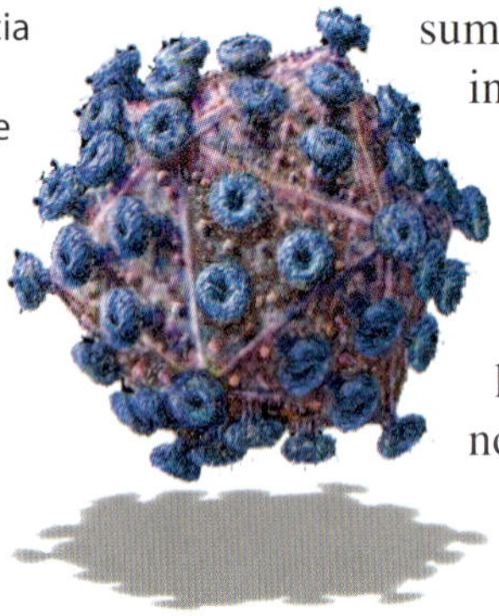

En un principio, la enfermedad pareció afectar únicamente a varones homosexuales (que tienen relaciones con personas del mismo sexo). Pronto se sumaron otros grupos de riesgo, como los drogadependientes, que se infectaban al compartir agujas para inyectarse drogas intravenosas y también los pacientes hemofílicos o quienes se veían obligados a recibir transfusiones sanguíneas periódicas, ya que durante un cierto tiempo no existía un control eficaz de la sangre de los donantes. Por último, surgieron los primeros enfermos de sida entre la población heterosexual y quedó en claro, definitivamente, que esta enfermedad no hacía distinciones de sexo, raza o edad, y que podía afectar a cualquier individuo que no tomaba las prevenciones necesarias, e incluso ser transmitida de madres a hijos.

Entre los grupos de riesgo especialmente vulnerables se incluyen los adolescentes. Por este motivo en el contexto mundial, el programa de las Naciones Unidas ONUSIDA desde 1998 ha centrado la campaña mundial de prevención en los jóvenes, dado que más del 50% de las nuevas infecciones se produjeron en menores de 25 años que mayoritariamente se contagiaron por la vía sexual.

Sida: infección y enfermedad

Es importante destacar que existe una diferencia entre estar infectado con el virus y padecer la enfermedad denominada sida. Una persona infectada de HIV es llamada **seropositiva** (**HIV+**), haciendo referencia a que posee el virus en su cuerpo y, por lo tanto, puede **transmitirlo** por cualquiera de las vías de contagio mencionadas al hablar de enfermedades de transmisión sexual, aunque sólo se dice que la persona está enferma cuando su nivel de linfocitos T desciende por debajo de determinados límites (menos de 200 por milímetro cúbico de sangre) y aparecen las enfermedades oportunistas causadas por la inmunodeficiencia que produce el virus.

En la etapa inicial de infección, los pacientes seropositivos, llamados también **portadores asintomáticos**, tienen mayor capacidad de contagio ya que la cantidad de virus presente en su organismo será la más alta que alcance a lo largo de su vida. El tiempo promedio entre la infección inicial y el desarrollo de la enfermedad puede variar entre ocho y quince años.

El diagnóstico de infección por HIV se efectúa en el laboratorio por medio de análisis específicos. Existen dos tipos de análisis que se realizan para detectar la presencia del virus en el cuerpo. El que se suele utilizar en primer término es llamado ELISA y se realiza a través de un análisis de sangre que detecta la presencia de anticuerpos al HIV. Si este test da un resultado positivo, debe ser confirmado con otra prueba denominada Western Blot que es un test más específico. Si esta segunda prueba también da resultado positivo, se confirma que la persona es seropositiva.

El resultado negativo del test ELISA indica que no se encontraron anticuerpos en la sangre analizada, pero como la respuesta inmune del organismo no es automática sino que demora un tiempo, para estar seguro de no padecer la infección es necesario volver a repetir el análisis tres a seis meses después del anterior. El período de tiempo que transcurre entre el inicio de la infección y la posibilidad de detectar anticuerpos en sangre se denomina **período ventana**. Es importante recordar que de acuerdo con lo establecido por la Ley Nacional de Sida (ley 23.798) estos análisis sólo pueden hacerse con consentimiento escrito de la persona y sus resultados son absolutamente confidenciales.

Si bien el virus HIV se encuentra en todos los fluidos corporales de las personas infectadas; sangre, semen, saliva, lágrimas, leche, calostro, orina, secreciones uterinas y vaginales, solamente la sangre, el semen, los fluidos vaginales y la leche materna, presentan una concentración suficiente como para producir la transmisión, por lo cual, las medidas preventivas se basan en evitar toda forma de contacto con ellos.

Prevención del sida y de otras infecciones de transmisión sexual

La aplicación de medidas de prevención eficaces contra las ITS puede establecerse de acuerdo con los siguientes mecanismos de contagio:

- **Riesgo por transmisión sanguínea:** se previene al evitar compartir elementos cortantes o punzantes, como jeringas, cepillo de dientes o máquina de afeitar. Estos elementos son de uso personal. Es necesario exigir que el material de tipo quirúrgico utilizado por el odontólogo, el pedicuro o incluso el peluquero sea de tipo descartable o haya sido esterilizado.
- **Riesgo de transmisión sexual:** la OMS y la mayoría de los profesionales de la salud recomiendan el **uso de preservativo** como el método indicado para prevenir el sida y otras enfermedades de transmisión sexual, además de prevenir el embarazo.

El preservativo debe ser colocado desde el inicio de la relación sexual y mantenido hasta que finalice.

- **Riesgo por transmisión madre-hijo:** la mejor forma de prevención en este caso es la consulta médica antes de decidir un embarazo, y si el embarazo ya está en curso, será el médico quien indicará el camino a seguir.

Asimismo es importante destacar cuáles son los pasos en caso de sospechar un contagio:

- Abstenerse de toda relación sexual.
- Avisar a su pareja a fin de que también pueda hacer la consulta pertinente.
- Consultar rápidamente con el médico, que en caso de confirmar el diagnóstico, indicará el tratamiento adecuado.
- No tomar medicamentos por cuenta propia o por consejo de amigos no profesionales.
- No demorar la consulta ya que estas enfermedades se controlan más fácilmente con un diagnóstico temprano y un tratamiento oportuno.

No hay que olvidar que para poder llevar adelante estas medidas de prevención, en todo momento se debe tener pleno conocimiento de los actos, por lo que el consumo excesivo de alcohol o de cualquier tipo de drogas constituyen conductas de riesgo, ya que colocan a la persona en una situación en la que no puede tomar plena conciencia de sus propias acciones.

prevención y salud

Sin riesgo

Ante el temor que provocan estas enfermedades, sobre todo el sida, en gran parte de la población, es importante tener en cuenta que existen actividades tales como el contacto casual por el tacto al dar la mano, abrazar, besar, compartir utensilios, como vasos, tazas o cucharas; depilarse con cera descartable, bañarse en duchas o piletas, practicar deportes o probarse ropa, que se pueden realizar sin riesgo alguno, de contagio de estas enfermedades. Asimismo, la donación de sangre es un acto solidario que puede efectuarse sin temor alguno ya que la extracción se realiza con material descartable por lo que los donantes no corren ningún tipo de riesgo.

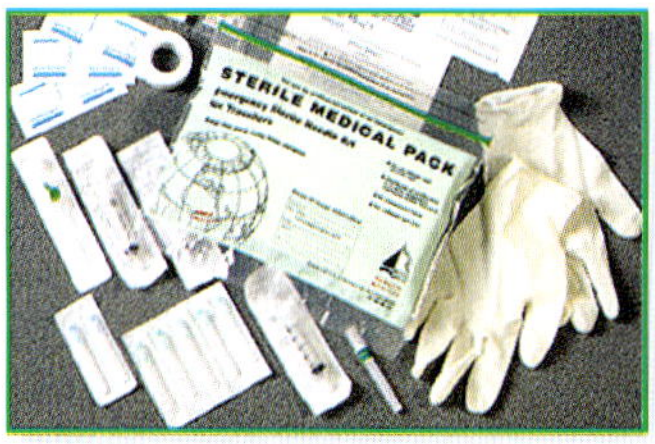

Todo procedimiento que incluya riesgo de corte o punción (pinchazo) debe ser efectuado con material descartable o esterilizado.

Las drogadependencias

Las **drogas** son sustancias químicas, tanto naturales como sintéticas, que una vez introducidas en el organismo actúan sobre él produciendo alteraciones en una o varias de sus funciones. Estas sustancias en general han adquirido diferentes significados en la sociedad; las que están asociadas a la actividad médica, para atenuar dolores o tratar determinadas patologías, son llamadas fármacos o medicamentos; las drogas socialmente aceptadas, donde el uso no se considera un delito, son llamadas drogas **lícitas**, como el alcohol y el tabaco, y las drogas cuyo consumo, tenencia y comercialización se encuentran penadas por la ley, como la cocaína, son llamadas drogas **ilícitas**. Estas últimas son las que en general se asocian al término **drogadicción** o **drogadependencia**, aunque tanto las primeras, utilizadas sin la supervisión médica, como las del segundo grupo pueden provocar adicciones, enfermedades que se manifiestan como una necesidad irrefrenable de utilizar una determinada sustancia.

Las adicciones pueden ser de lo más variadas, cuando éstas se orientan a sustancias tóxicas, se las denomina **toxicomanías** (del griego *toxikon*, que significa veneno; y *manía*, locura). La OMS la define como un estado de intoxicación crónica y periódica originado por el consumo repetido de una droga, natural o sintética, caracterizada por una compulsión a continuar consumiendo por cualquier medio; una tendencia al aumento de la dosis; una dependencia psíquica y a veces física de los efectos.

prevención y salud

Efecto y consecuencia de la adicción

Efecto y consecuencia no son sinónimos. El efecto que produce una droga es la alteración que ocurre en el cuerpo al momento de su consumo, por ejemplo, un cambio en la frecuencia cardíaca, dilatación de las pupilas, náuseas, vómitos, alucinaciones; en cambio, las consecuencias del consumo de drogas son las afecciones que se producirán a lo largo del tiempo como corolario de la adicción. Éstas abarcan consecuencias físicas, como lesiones en distintos órganos del cuerpo; psíquicas, como paranoia, psicosis, depresión, y sociales, como pérdida de relaciones afectivas, aislamiento o imposibilidad de trabajar o estudiar.

Otra forma de definir la drogadependencia

La drogadicción o drogadependencia puede definirse como una enfermedad primaria, progresiva, crónica y mortal.

- **Primaria**, porque es la causa de padecimientos posteriores de orden físico, psíquico y social que sufren todos los adictos a las drogas.
- **Progresiva**, porque la situación vivida por el adicto nunca tiende a mejorar sino que empeora día a día si no recibe tratamiento adecuado.
- **Crónica**, porque si bien puede superarse el período agudo de la enfermedad, la persona que la ha padecido siempre tiene riesgo de volver a caer en ella.
- **Mortal**, porque en estos individuos existe tanto el riesgo de morir a causa de la droga consumida en sí misma, como también por las situaciones de peligro a las que se exponen cuando se encuentran bajo sus efectos.

Uso, abuso y dependencia

En nuestra sociedad existen numerosas oportunidades en que es posible el consumo de drogas, en especial, las socialmente aceptadas, como el alcohol y el tabaco. Sin embargo, la frecuencia del consumo marca una diferencia importante con respecto al compromiso de la salud.

- **Uso:** es la ingesta de sustancias frente a un estímulo y sin continuidad en el tiempo. Se refiere a una forma de consumo ocasional y moderado que se realiza por alguna circunstancia especial, o bien motivado por curiosidad o por presiones del grupo que integran.
- **Abuso:** es la ingesta de sustancias frente a uno o más estímulos pero todavía sin continuidad en el tiempo. Se refiere al consumo habitual y reiterado que se hace de determinadas sustancias.
- **Dependencia:** se refiere al uso compulsivo de determinadas sustancias. No necesita estímulos y mantiene continuidad en el tiempo. Este estado se caracteriza porque el individuo siente que no puede vivir sin ellas por lo que las utiliza en forma permanente.

Tolerancia y síndrome de abstinencia

La drogadependencia está asociada a dos tipos de situaciones que la caracterizan. La **tolerancia** es la disminución de la sensibilidad a una droga producida por su uso continuo; la persona necesita aumentar cada vez más el consumo de droga, la cantidad de sustancia consumida ya no satisface al individuo y se ve obligado a aumentar la dosis para producir el mismo efecto. Una vez que el consumidor ha tomado suficiente droga como para desarrollar la tolerancia, sobreviene el **síndrome de abstinencia**. Este síndrome abarca un conjunto de signos y síntomas que sobrevienen al suspender la sustancia que causa la dependencia. De acuerdo con el tipo de sustancia a la que se es adicto, los síntomas incluyen desde ansiedad, angustia, irritabilidad, agitación y nerviosismo hasta cuadros de manifestaciones corporales, como alucinaciones, espasmos, convulsiones e intensos dolores corporales. La abstinencia de la droga heroína, por ejemplo, produce un inmenso sufrimiento, ansiedad, náuseas, retortijones y agitación.

La prevención de las drogadependencias

Considerando las consecuencias que a largo plazo trae aparejado el consumo de drogas, ¿por qué muchas personas las consumen? Sin duda, los efectos inmediatos placenteros excitatorios o excitatorios e inhibitorios a veces son más poderosos que la conciencia de que a largo plazo sucederán cosas terribles.

Muchísimas personas consumen habitualmente sedantes para dormir sin tener conciencia del efecto adictivo que pueden ocasionar estas sustancias.

Entre las armas para la prevención de la drogadicción se encuentra la información, también es importante evitar que se produzca el primer contacto con la droga. En la actualidad, la mayoría de los jóvenes se mueven en ambientes donde la oferta de diversos tipos de drogas y sustancias adictivas se presenta como un elemento casi habitual. Tanto los locales bailables como los clubes y, muchas veces, hasta las mismas escuelas, se convierten en lugares de preferencia para quienes se dedican a la comercialización de drogas.

Por lo general, los adolescentes toman contacto por primera vez con las drogas impulsados por la necesidad de ser aceptados, de pertenecer, de ser reconocidos por el grupo o por algunos de sus integrantes, a riesgo de ser excluidos y aislados.

La motivación al consumo de drogas puede llegar a ser muy poderosa para un adolescente cuando en su grupo de pertenencia (o para sus ídolos) el consumo de drogas es aceptado e incluso valorado. En la búsqueda de la propia identidad, la necesidad de pertenecer e identificarse con ciertos personajes constituye una presión muy grande. Las características propias de la droga conjuntamente con la motivación que lleva al consumo facilitan recorrer el trecho que separa el uso de la dependencia. La personalidad de cada individuo, su estabilidad emocional y autonomía serán los elementos fundamentales para determinar su capacidad de tomar decisiones.

Una buena comunicación con el entorno familiar, el diálogo abierto con los profesores, la posibilidad de preguntar y aclarar dudas sin temor, el acceso a información actualizada y objetiva, y condiciones sociales que permitan el desarrollo y el bienestar son algunas de las medidas preventivas más eficaces contra el consumo de drogas.

prevención y salud

Alcohol, drogas e ITS

Si bien el alcohol y las drogas no son causa de las infecciones de transmisión sexual, de acuerdo con estudios estadísticos recientes se ha demostrado que en la actualidad existe una correlación entre ellas ya que se ha elevado de manera alarmante el número de individuos que padecen alguna ITS entre las personas que abusan de estas sustancias.

El uso de alcohol o de drogas habitualmente lleva a las personas a hacer cosas que en condiciones normales no harían, de manera tal que aumenta el riesgo de sufrir accidentes en estos individuos porque disminuye su velocidad de reacción cuando están bajo la influencia de estas sustancias. De la misma manera sucede con las enfermedades de transmisión sexual, la persona alcoholizada o drogada no está totalmente consciente de sus actos por lo que aumentan las probabilidades de que mantenga contacto sexual sin ningún tipo de prevención o con personas que normalmente no lo hubiese tenido.

temas relacionados

En el capítulo 5 se analiza el efecto del tabaquismo en la salud y en el capítulo 9, el bloqueo sináptico y otros efectos de las drogas incluido el alcoholismo.

Estructura y función comparadas

Naturaleza de las drogas y efectos de su abuso

Aunque son consideradas drogas lícitas, el tabaco y el alcohol son perjudiciales para la salud.

Diferentes plantas y hongos producen sustancias que tienen efectos estimulantes, alucinógenos o depresores en el organismo.

Muchas angiospermas, como las papaveráceas (amapolas) y ranunculáceas (anémonas) producen unas sustancias denominadas **opiáceos**. La categoría de los opiáceos incluye a los derivados del opio, como la morfina, que se extrae de *Papaver somniferum*, una especie de la familia papaveráceas (amapolas); la heroína es un derivado de la morfina. Como el efecto de los opiáceos disminuye con el uso continuo, el adicto necesita aumentar el consumo para producir el mismo efecto. Los daños personales y sociales que produce el consumo de opiáceos son graves y diversos. Por tratarse de drogas altamente adictivas cuyo efecto disminuye con el uso continuo, el consumo aumenta, la adicción se vuelve más y más incontrolable. El feto de una mujer adicta también se vuelve adicto, por lo tanto, al nacer el bebé habrá que suministrarle droga e ir disminuyendo la dosis gradualmente.

Otra familia de plantas producen alcaloides, sustancias estimulantes como la cocaína, un polvo blanco y cristalino extraído de una planta americana, *Erythyroxylon coca*. El consumo de cocaína hace que las personas se sientan eufóricas, activas y locuaces. Muchas de estas personas se vuelven adictas y conseguir la droga es su principal obsesión. Entre los efectos observados en personas que consumen regularmente cocaína se encuentran: conducta psicótica, alucinaciones, delirios de persecución, conductas repetitivas y perturbaciones graves del estado de ánimo. A menudo se produce muerte por sobredosis.

De la planta *Cannabis sativa* derivan tanto la marihuana como el hachís. La marihuana se obtiene de las hojas, las ramas y las flores, y el hachís es la resina concentrada. Entre otras consecuencias, el uso de marihuana afecta la memoria a corto plazo y deteriora la capacidad para seguir un tema en particular, es frecuente que la persona pierda el hilo de una conversación.

El alcohol es la droga lícita de mayor consumo social. Gran parte de los accidentes automovilísticos, situaciones de violencia y agresión se deben al consumo de alcohol. Es común que los alcohólicos crónicos pierdan sus empleos y familias; muchos mueren por cirrosis hepática.

El tabaco proviene de una solanácea, *Nicotiana tabacum*, cuyo principio activo es la nicotina. La nicotina es una droga estimulante y altamente adictiva. La combinación de nicotina con otras sustancias presentes en el tabaco es carcinógena. El riesgo de padecer cáncer de pulmón, boca, garganta y esófago, ataques cardíacos y apoplejía se incrementa significativamente con el consumo de tabaco. Las mujeres fumadoras dan a luz bebés más pequeños y menos saludables.

TALLER

Análisis de adicciones en la problemática escolar y su prevención

Las estadísticas indican que los adolescentes constituyen el grupo más expuesto a caer en adicciones a diferentes sustancias.

La propuesta es la elaboración de una encuesta dirigida a los restantes compañeros de la comunidad escolar con el fin de evaluar su conocimiento sobre adicciones y determinar el momento cuando es necesario solicitar ayuda.

Procedimiento

1. Plateen un cuestionario según la encuesta modelo.
2. Elaboren la encuesta. Para ello tabulen (calculen) los resultados y elaboren gráficos que reflejen los porcentajes de respuesta obtenidos para poder sacar conclusiones.
3. Como sugerencia, publiquen los resultados en la cartelera escolar o difúndanlos mediante un folleto.
4. Sobre la base de los resultados obtenidos, diseñen una campaña para prevenir los problemas que puedan haber detectado.

ACTIVIDADES

1. **Algunas conductas nos convierten en personas susceptibles de contraer sida y demás enfermedades de transmisión sexual, en cambio, otras se pueden llevar a cabo sin riesgo alguno.** Hagan un cuadro como el que figura a continuación, lean las consignas y ubíquenlas en la columna correspondiente.

Conducta sin riesgo	Conducta de alto riesgo

- Mantener relaciones sexuales sin protección.
- Abrazar a un amigo.
- Prestarle una máquina de afeitar a otra persona.
- Auxiliar a alguien que sufrió una herida sangrante sin guantes de látex.
- Exigir el uso de jeringas descartables al aplicarse una inyección.
- Tomar del mismo vaso que otra persona.
- Agujerearnos una oreja con el aro de una amiga.
- Usar preservativo en toda relación sexual.
- Donar sangre.
- Visitar un hospital donde haya pacientes de sida.
- Permitir el uso de material quirúrgico u odontológico que no sea descartable o no se encuentre debidamente esterilizado.

2. **Relacionen mediante números**

1 Uso
2 Dependencia
3 Tolerancia
4 Síndrome de abstinencia

- ☐ Necesito tomar un sedante todas las noches, o no puedo dormir.
- ☐ Este calmante ya no me hace efecto, necesito uno más fuerte.
- ☐ Si no consigo una farmacia abierta para comprar mi remedio, me voy a volver loco.
- ☐ Beber me hace olvidar mis problemas.
- ☐ Voy a tomar una aspirina porque me duele la cabeza.
- ☐ Necesito tomar un trago para darme valor.
- ☐ Hace cuatro días que dejé de fumar y no puedo soportarlo.
- ☐ El tabaco me ayuda a sentirme relajado.

autoevaluación

Elijan la respuesta correcta

1. **Las infecciones de transmisión sexual se contagian:**
   a) sólo por contacto sexual; ☐
   b) por contacto sexual, vía sanguínea o a través de madre a hijo; ☐
   c) por cualquier forma de contacto con personas enfermas. ☐

2. **Un medio eficaz de prevenir las infecciones de transmisión sexual es:**
   a) utilizar preservativos durante las relaciones sexuales; ☐
   b) ir al médico cada seis meses; ☐
   c) sólo tener trato con aquellas personas que se ven saludables. ☐

3. **La blenorragia en las mujeres:**
   a) generalmente no presenta síntomas; ☐
   b) presenta síntomas sólo en órganos genitales; ☐
   c) presenta síntomas en cualquier órgano del cuerpo. ☐

4. **Las consecuencias más severas de una sífilis no tratada son:**
   a) la formación permanente de chancros de inoculación; ☐
   b) la aparición de lesiones variadas en la piel; ☐
   c) alteraciones en el sistema nervioso central. ☐

5. **En la actualidad, el mecanismo de transmisión más frecuente del sida es:**
   a) la transmisión a través del contacto sexual; ☐
   b) las transfusiones de sangre; ☐
   c) la transmisión madre-hijo. ☐

6. **ONUSIDA es un programa para la prevención del sida centrado en:**
   a) los jóvenes adolescentes; ☐
   b) la población homosexual; ☐
   c) los pacientes hemofílicos. ☐

7. **Un comportamiento de riesgo frente al sida es:**
   a) bailar fuertemente abrazado; ☐
   b) tener relaciones sexuales sin protección adecuada; ☐
   c) concurrir al dentista. ☐

8. **La drogadependencia puede iniciarse por:**
   a) el consumo de medicamentos sin supervisión médica; ☐
   b) el consumo de sustancias ilícitas; ☐
   c) ambas respuestas son correctas. ☐

9. **Se entiende por abuso:**
   a) el consumo ocasional de drogas; ☐
   b) el consumo reiterado de drogas; ☐
   c) el consumo compulsivo de drogas. ☐

10. **El consumo de tabaco:**
   a) no implica daños a la salud; ☐
   b) aumenta las posibilidades de contraer cáncer, pero no provoca adicción; ☐
   c) es perjudicial para la salud y provoca adicción. ☐

Respuestas de la autoevaluación

1

1. a)
2. c)
3. b)
4. c)
5. a)
6. b)
7. a)
8. c)
9. b)
10. a)

2

1. a)
2. a)
3. c)
4. a)
5. b)
6. b)
7. c)
8. b)
9. c)
10. a)

3

1. b)
2. b)
3. b)
4. b)
5. a)
6. c)
7. a)
8. a)
9. a)
10. c)

4

1. c)
2. b)
3. b)
4. a)
5. c)
6. a)
7. a)
8. b)
9. b)
10. c)

5

1. a)
2. c)
3. b)
4. b)
5. b)
6. b)
7. c)
8. c)
9. b)
10. c)

6

1. b)
2. b)
3. c)
4. b)
5. b)
6. c)
7. a)
8. c)
9. b)
10. c)

7

1. b)
2. c)
3. a)
4. b)
5. b)
6. b)
7. a)
8. c)
9. a)
10. a)

8

1. a)
2. a)
3. c)
4. c)
5. a)
6. a)
7. c)
8. b)
9. a)
10. c)

9

1. a)
2. c)
3. b)
4. b)
5. b)
6. c)
7. b)
8. b)
9. b)
10. a)

10

1. b)
2. a)
3. a)
4. b)
5. b)
6. c)
7. c)
8. b)
9. b)
10. a)

11

1. b)
2. c)
3. a)
4. b)
5. b)
6. a)
7. c)
8. b)
9. c)
10. c)

12

1. c)
2. b)
3. b)
4. b)
5. a)
6. a)
7. a)
8. c)
9. c)
10. a)

13

1. a)
2. b)
3. c)
4. a)
5. c)
6. b)
7. b)
8. b)
9. a)
10. a)

14

1. c)
2. a)
3. c)
4. a)
5. b)
6. c)
7. b)
8. a)
9. c)
10. b)

15

1. b)
2. b)
3. a)
4. b)
5. a)
6. b)
7. b)
8. a)
9. a)
10. a)

16

1. b)
2. a)
3. b)
4. c)
5. a)
6. a)
7. b)
8. c)
9. b)
10. c)

Índice analítico

g

h

i

Bibliografía

Albets, B., Johnson, A. y otros. *Biología molecular de la célula. 4ta. edición.* Ediciones Omega S.A., Barcelona, 2004.

Audersik, T. y Byers, B. *Biología.* Editorial Pearson Educación, Buenos Aires, 2004.

Boyd, R. y Silk, S. *Cómo evolucionaron los humanos.* Ariel Ciencia, Barcelona, 2001.

Bordieu, P. y Psseron J. C. *La reproducción. Elementos para una teoría del sistema de enseñanza.* Editorial Manantial, México, 1998.

Caird, R. y Foley, R. eds. *Hombre Mono. La historia de la evolución humana.* Editorial Tusquets, Colección Materia Viva, Barcelona, 1995.

Carlson, B. *Embriología humana y Biología del desarrollo.* Editorial Harcourt Brace, Madrid, 2005.

Curtis, H. y Barnes N. S. *Biología.* Editorial Médica Panamericana. Madrid-Buenos Aires, 2000.

Díaz, A. y Golombeck, D. *ADN, 50 años no es nada.* Siglo Veintiuno editores. Argentina, Buenos Aires, 2004.

Dobzhansky, T. y otros. *Evolución.* Ediciones Omega S.A. Barcelona, 1993.

Drake, R., Gray, M.A. y Vogel W. *Anatomía para estudiantes.* Gray Editorial Elsevier International, Barcelona-New York, 2005.

Donnersberger, A. y Leiska, A. *Libro de laboratorio de Anatomía y Fisiología.* Editorial Paidotribo, Vadalona-Buenos Aires, 2005.

Durand, S. y Mombrú, A. eds. *Encrucijadas del pensamiento. Análisis críticos del quehacer científico.* Gran Aldea Editores, Buenos Aires, 2003.

Elliot, W. H. y Elliot, Daphne, C. *Bioquímica y Biología molecular.* Ariel Ciencia. Barcelona, 2002.

Ganong, W. F. *Fisiología médica.* Editorial El Manual Moderno, México D.F., 1994.

Gilbert, S. *Biología del desarrollo.* Editorial Médica Panamericana, Madrid-Buenos Aires, 2005.

Golombek, D. *Cronobiología humana.* Editorial Universidad de Quilmes, Colección Biomedicina, Buenos Aires, 2002.

Guyton, A. C. *Fisiología humana 6ª edición.* Editorial Interamericana, México D.F., 1987.

Guyton, A.C. *Anatomía y Fisiología del sistema nervioso.* Editorial Médica Panamericana, Madrid-Buenos Aires, 2005.

Hickman, R. *Zoología, principios integrales.* Editorial Interamericana-Mc Graw Hill, Madrid, 1991.

Jiménez, L. y Merchant, H. *Biología celular y molecular.* Editorial Pearson Argentina, Educación, Buenos Aires, 2003.

Latarjet, M. y Ruiz Lliard, A. 1. *Anatomía humana.* Editorial Médica Panamericana, Buenos Aires, 2004.

Latarjet, M. y Ruiz Lliard, A. 2. *Anatomía humana.* Editorial Médica Panamericana, Buenos Aires, 2005.

Luja, A. y Aldape Barrera, R. *Nociones de Anatomía humana.* Editorial Alfaomega Grupo Editor Argentino S.A., Buenos Aires, 1996.

Llusa, M., Meri, A. y otros. *Manual y atlas fotográfico del aparato locomotor.* Editorial Médica Panamericana, Madrid-Buenos Aires, 2003.

Madigan, T., M., Marinko, John M. y Parker, J. Brock *Biología de los Microorganismos. 10ª edición.* Editorial Pearson Prentice Hall. Madrid, 2004.

Meri Vived A. *Fundamentos de Fisiología de la actividad física y el deporte.* Editorial Médica Panamericana, Buenos Aires-Madrid, 2005.

Montagni, W. *Anatomía comparada*. Ediciones Omega S.A., Barcelona, 1981.

Odum, E. P. *Ecología. Bases científicas para un nuevo paradigma*. Editorial Continente, México D.F., 1992.

Passarge, E. *Genética (Texto y Atlas). 2ª edición*. Editorial Médica Panamericana. Madrid-Buenos Aires, 2001.

Pirlot, P. *Morfología evolutiva de los cordados*. Ediciones Omega S.A., Barcelona, 1978.

Potter, N. *Ciencia de los alimentos*. Editorial Acribia, México D.F. 1999.

Prescott, L.M., Harley, Joh, P. y Klein, D. A. *Microbiología. Quinta ed.* Mc Graw-Hill. Interamericana. Madrid, 2004..

Purves, W. K., Sodova, D. y otros. *Vida 7ª edición*. Editorial Médica Panamericana. Madrid-Buenos Aires, 2004.

Rodríguez Smith, S. y Smith Agreda, José M. *Anatomía de los órganos del lenguaje, la visión y la audición*. Editorial Médica Panamericana, Madrid-Buenos Aires, 2003.

Rohen, J., Lutjen-Drecoll, Y. *Atlas de Anatomía humana. Estudio fotográfico*. Editorial Harcourt Brace, Madrid, 2003.

Scheinsohn, V. *La evolución y las ciencias*. Editorial Emecé, Buenos Aires, 2001.

Smith, W. y Wood, A. *Biología celular*. Editorial Addison Wesley-Longman, Washington, 1995.

Smith, W. y Wood, A. *Moléculas biológicas*. Editorial Addison Wesley-Longman, Washington, 1993.

Solomon, E. P. *Biología*. 2001. Editorial McGraw-Hill, New York, 2001.

Starr, C. y Taggart, R. *Biología*. Editorial Thomson International, Nivel Universitario, New York-Madrid, 2004.

Strickberger, M. *Genética. 3ra edición*. Ediciones Omega S.A., Barcelona, 1988.

Suárez, M. y López, L. *Alimentación saludable*. Editorial Akadia, Buenos Aires, 2005.

Sudbery, P. *Genética molecular humana*. Editorial Pearson Educación, Buenos Aires, 2004.

Tamarin, R. *Principios de Genética*. Editorial Reverté, Barcelona, 1996.

Testud, L. y Latarjet, A. *Compendio de Anatomía descriptiva*. Editorial Masson Doyma de Argentina, Buenos Aires, 1983.

Tortora, G. y Gravowski, S. *Principios de Anatomía y Fisiología*. Editorial Oxford University Press, Londres-Madrid, 2002.

Vásquez Martínez, C., De Cos, A. y otros. *Alimentación y nutrición. Manual teórico-práctico*. Editorial Díaz de Santos, México D.F., 2005.

Velázquez, R. *Del horno al embrión. Ética y Biología para el siglo XXI*. Editorial Gedisa, México, 2003.

Vilee, C. *Biología. 8ª edición*. Editorial Interamericana-McGraw Hill, Madrid, 1996.

West, J. *Fisiología respiratoria*. Editorial Médica Panamericana, Madrid-Buenos Aires, 2005.

Wilson, E. O. *La diversidad de la vida*. Editorial Drakontos (Col. Crítica), Grijalbo, México D.F., 1994.

Yen Samuel, S., Barbieri, R. y Jaffe, R. *Endocrinología de la reproducción*. Editorial Médica Panamericana, Madrid-Buenos Aires, 2001.

Esta obra se terminó de imprimir en Gráfica Mendez S.R.L.
Miller 3260 Piso 2 Unidad L, Ciudad Autónoma de Buenos Aires,
en el mes de mayo 2016.
Impreso en Argentina. Printed in Argentina.